"新"核取证

出于安全目的的核材料分析

The New Nuclear Forensics

Analysis of Nuclear Materials for Security Purposes

〔俄〕Vitaly Fedchenko 主编

马 锋 韩 锋 师全林 译

科 学 出 版 社

北 京

图字：01-2020-4269

内 容 简 介

本书研究和分析了 20 世纪 40 年代以来核取证分析的学科发展，重点探讨了核材料及放射性材料分析在核武器研发与军备控制、防核扩散与核安全、核查与情报等国际和平与安全事务中的具体应用。本书共分为两篇。第一篇介绍了出于安全目的的核取证方法，包括核取证分析过程、无机质谱和 γ 能谱测量技术、与核燃料循环及核爆炸爆后分析相关的核取证指纹特征。第二篇介绍了核取证应用实践，包括美国、苏联和瑞典的核取证发展历史，以及核取证分析在核军备控制与打击非法核交易方面的应用。

本书可供核能专业研究者、研究生、本科生参考使用，也可作为核安全监管、核军备控制、禁核试核查等相关领域研究人员的参考读物。

图书在版编目(CIP)数据

"新"核取证：出于安全目的的核材料分析 /（俄罗斯）维塔·费琴科主编；马锋，韩锋，师全林译. —北京：科学出版社，2021.6
书名原文：The New Nuclear Forensics: Analysis of Nuclear Materials for Security Purposes
ISBN 978-7-03-069087-6

Ⅰ. ①新… Ⅱ. ①维… ②马… ③韩… ④师… Ⅲ. ①核工程-工程材料-分析方法 Ⅳ. ①TL34

中国版本图书馆 CIP 数据核字(2021)第 108866 号

责任编辑：吴凡洁　韩丹岫　冯晓利 / 责任校对：王晓茜
责任印制：吴兆东 / 封面设计：蓝正设计

科 学 出 版 社 出版
北京东黄城根北街 16 号
邮政编码：100717
http://www.sciencep.com
北京捷逆佳彩印刷有限公司 印刷
科学出版社发行　各地新华书店经销
*
2021 年 6 月第 一 版　开本：787×1092　1/16
2021 年 6 月第一次印刷　印张：14
字数：295 000
定价：118.00 元
(如有印装质量问题，我社负责调换)

本书研究和分析了 20 世纪 40 年代以来核取证分析的学科发展及其在国际和平与安全事务中的具体应用。书中所用语言和方法，旨在向非专业读者揭示核取证问题及其潜在应用。

1945 年 7 月 16 日，美国在新墨西哥州进行了全球首次核试验。随后，在日本两个人口密集的城市(广岛和长崎)发生了第二次和第三次核爆炸。七十多年来，核能军事应用已成为国家安全政策的一部分，同时也是国际和平与安全备受关注的议题之一。1945 年后，许多国家意识到需要了解核武器对战争和政治的影响，且越来越多的国家开始发展其国家核能力，有的甚至进行了核武器生产与试验。

了解核武器作用和影响的出发点是了解核材料。进行核材料生产，特别是进行核武器试验，不可能不向环境释放一些(即使少量的)核物质及其他放射性物质。当这些核物质或放射性物质释放后，可将其收集并进行分析。自 20 世纪 40 年代起，情报部门一直在探索深入了解核材料的方法和手段，并耗费大量精力研发适用于全球核爆炸和核材料生产的探测与监测能力及各种高灵敏度分析技术。

冷战后，核领域的国际合作变得至关重要并第一次成为可能。苏联解体后，许多非法核材料交易案件被曝光，其中包括可直接用于核武器的材料。1990 年至 1991 年海湾战争后，伊拉克未公开的核武器计划被发现，全面、深入了解全球核发展的需求更加迫切。

国际合作使得各种核情报技术被用于新的(通常较少受限制的)环境。诸如合作性威胁降低计划、加强国际原子能机构(International Atomic Energy Agency，IAEA)核保障监督体系的倡议、1996 年《全面禁止核试验条约》的广泛核查机制等创新框架，均丰富了国际社会分析核材料及其他放射性材料的方法。

出于安全目的的放射性材料分析，已经从大多数机密的情报领域扩展至各种开放性的科学研究和同行评议期刊。得益于 3 次核安全峰会上多国最高层的政治支持，全球从事放射性材料分析的实验室的数量与日俱增，鉴于相关分析方法的成熟和普及，是时候将核取证(分析)视为一门独立的科学学科。

在核取证分析领域的国际合作，已经找到了敏感信息可能会被披露的管控方法，并以这种方式在国家团体(包括核武器国家和无核武器国家)之间建立信任。在未来的发展中，在核取证分析方面更深入广泛的合作将是核查未来核军备控制承诺的一种形式。

作为本书的主编，Vitaly Fedchenko 在许多方面值得赞赏，因为他将这个项目引入港口所取得的成就：海洋并非总是风平浪静。

Ian Anthony 博士
斯德哥尔摩国际和平研究所(SIPRI)主任
2015 年 6 月于斯德哥尔摩

致谢

如果没有两个组织机构提供必要的经费，本书将难以成稿和出版。衷心感谢瑞典辐射安全局（Swedish Radiation Safety Authority，SSM）的慷慨支持，其拨款资助使本书的研究和撰写成为可能；感谢欧盟委员会联合研究中心超铀元素研究所（Institute for Transuranium Elements，ITU）的慷慨援助，为本书的编辑和出版提供所需资金。

特别感谢 Klaus Mayer 的悉心帮助与支持。David Smith 也给予了友好的鼓励，并传授了许多与核取证分析相关的知识。

十分荣幸参加了核取证国际技术工作组（International Technical Working Group，ITWG）的会议，以及 IAEA 的会议和核取证各个方面的咨询会议。非常感激有机会从这么多令人启发的人那里学习受益，其中包括 Klaus Mayer、Benjamin Garrett、David Smith、Michael Curry、Frank Wong、Uri Admon、Carey Larsson、Emily Kröger、Tamás Biró、Zsolt Varga、Diane Fischer、Gene Cheney、Tanya Hinton、Tegan Bull、David Hill、Stephen La Mont、Maria Wallenius、Henrik Ramebäck、Bjorn Sandström、Victor Erastov、Yuri Panteleev、Vladimir Stebelkov、Jon Schwantes、John Wacker 和 Jim Blankenship。

在本书写作的初期，James Acton、Lars van Dassen、Ian Anthony、David Cruickshank 和 Page Stoutland 都曾十分恳切地与我讨论过想法，Maxim Peńkin 和 Vladimir Stebelkov 审阅了本书早期的草稿并提出了宝贵意见，在此对他们表示感谢。

Lars-Erik de Geer、Nicole Erdmann、Sophie Grape、Magnus Hedberg、Robert Kelley、Maria Wallenius、Klaus Mayer 和 Zsolt Varga 撰写了本书大部分内容。在此，对他们深表感谢。

最后，感谢斯德哥尔摩国际和平研究所的编辑 David Cruickshank、Jetta Gilligan-Borg 和 Joey Fox，他们为本书的出版付出了巨大辛劳。

Vitaly Fedchenko

2015 年 6 月于斯德哥尔摩

Lars-Erik de Geer（瑞典人）：斯德哥尔摩皇家理工学院已退休核物理学家、副教授。曾担任联合国原子辐射效应科学委员会（UNSCEAR）顾问，并作为 Fangataufa 环礁和 Mururoa 环礁放射性状况评估国际工作组组长。1997 年，被任命为维也纳全面禁止核试验条约组织（CTBTO）科学方法与数据融合部门负责人。2012 年，开始就职于瑞典国防研究机构（FOI），从事核武器试验碎片和大型核电事故研究。

Nicole Erdmann（德国人，女）：于 1998 年在德国美因茨约翰内斯·谷登堡大学核化学系学习物理学专业并获博士学位。之后，曾在欧盟委员会联合研究中心超铀元素研究所（JRC-ITU）担任为期两年的博士后研究员。2000～2003 年，就职于欧盟委员会联合研究中心环境与可持续发展研究所（IES）（意大利，伊斯普拉）；2003～2006 年，重新回到德国美因茨约翰内斯·谷登堡大学核化学系。2006 年 8 月，重返欧盟委员会联合研究中心超铀元素研究所，参与核保障监督分析技术研发。自 2011 年底起，一直在欧盟委员会联合研究中心超铀元素研究所担任研究项目负责人。

Vitaly Fedchenko（俄罗斯人）：斯德哥尔摩国际和平研究所（SIPRI）欧洲安全计划高级研究员，负责核安全问题以及核军备控制与核不扩散政策、技术和教育研究。历任斯德哥尔摩国际和平研究所访问研究员，曾就职于莫斯科国际问题研究所俄罗斯政策研究中心。编著或合著多部与国际核不扩散与裁军援助、国际核燃料循环和俄罗斯核出口相关的出版物。

Sophie Grape（瑞典人，女）：2009 年获基础核物理学博士学位。目前是瑞典乌普萨拉大学从事核保障监督研究的研究员。其研究领域是与核保障监督相关的非破坏性乏核燃料仪器分析。负责博士生管理、大学教学，担任欧洲核保障研究与发展协会（ESARDA）培训与知识管理工作组组长，兼任瑞典国家核废物委员会委员。

Magnus Hedberg（瑞典人）：自 2006 年起，一直就职于位于德国卡尔斯鲁厄的欧盟委员会联合研究中心超铀元素研究所的核保障监督与取证部门。他是大几何二次离子质谱（LG-SIMS）实验室的负责人，主攻方向是用于核保障监督目的的颗粒物分析。于 1987 年获得瑞典隆德大学电子工程学硕士学位。曾担任奥地利塞伯斯多夫 IAEA 质谱部门负责人 7 年，在瑞典耶尔费拉市的圣犹达医疗公司工作两年半，在瑞典斯德哥尔摩同位素地质实验室（LIG）工作 10 年。

Robert Kelley（美国人）：是一名在美国能源部核武器综合体工作了 35 年的资深雇员，就职于洛斯·阿拉莫斯国家实验室。早期从事研究和工程学，20 世纪 80 年代转行信息分析。曾在劳伦斯·利弗莫尔国家实验室负责离心机和钚冶金学项目，后曾任美国最重要核应急响应机构"能源部遥感实验室"主任。此外，还被美国能源部借调至 IAEA，在 1992 年和 2001 年两度担任伊拉克核视察主任。

Klaus Mayer(德国人)：1987 年获德国卡尔斯鲁厄大学放射化学与分析化学博士学位，随后在欧盟委员会联合研究中心超铀元素研究所作博士后研究员。1990～1996 年，就职于比利时赫尔市标准物质与测量研究所(JRC-IRMM)。1996 年，重返欧盟委员会联合研究中心超铀元素研究所并负责核保障监督分析工作。1997～2010 年，担任欧洲核保障研究与发展协会(ESRDA)破坏性分析工作组组长。2004 年起，一直担任核取证国际技术工作组副组长。目前在欧盟委员会联合研究中心超铀元素研究所负责打击非法核交易及核取证工作。

Zsolt Varga(匈牙利人)：2007 年获匈牙利科学院同位素研究所化学博士学位，并在该所工作至 2008 年。2008 年，作为博士后研究员加入欧盟委员会联合研究中心超铀元素研究所核取证小组，2013 年后留任该所继续从事科研工作。目前研究方向包括运用质谱和放射分析方法进行非法核材料的元素及同位素分析、未知来源铀样品的来源评定。

Maria Wallenius(芬兰人，女)：曾获芬兰赫尔辛基大学放射化学硕士学位，并作为一名研究科学家在赫尔辛基大学从事核保障监督项目研究，致力于铀燃料芯块的电位滴定与热电离质谱分析。1996 年起，在位于德国卡尔斯鲁厄的欧盟委员会联合研究中心超铀元素研究所进行核取证博士课题研究，2001 年获博士学位。此后，作为一名研究科学家继续留任超铀元素研究所，并在核保障监督及核取证领域运用质谱技术(特别是 TIMS 和 ICP-MS)发展出许多新方法。目前在超铀元素研究所负责协调核取证个案研究及核取证合作计划。

目录

缩略语对照表

英文缩略语对照表

缩写	英文全称	中文释义
3F	fission-fusion-fission (bombs)	裂变-聚变-裂变(弹)
ADC	analogue-to-digital converter	模/数转换器
AMS	accelerator mass spectrometry	加速器质谱
BGCS	beta-gamma coincidence spectrometry	β-γ 符合谱
BWR	boiling water reactor	沸水反应堆
D	deuterium (hydrogen-2)	氘(^{2}H)
DA	destructive assay (destructive analysis)	破坏性检测(分析)
CD	Committee on Disarmament (later the Conference on Disarmament)	裁军委员会(后来的裁军谈判会议)
CSA	Comprehensive Safeguards Agreement	《全面保障监督协定》
CTBT	Comprehensive Nuclear-Test-Ban Treaty	《全面禁止核试验条约》
CTBTO	Preparatory Commission for the Comprehensive Nuclear-Test-Ban Treaty Organization	全面禁止核试验条约组织筹备委员会
CZT	cadmium zinc telluride	碲锌镉
DIQ	design information questionnaire	设计信息调查表
DOE	Department of Energy	能源部
EMIS	electromagnetic isotope separation	电磁同位素分离
ENCD	Eighteen Nation Committee on Disarmament	十八国裁军委员会
ES	environmental sampling (database)	环境取样(数据库)
EU	European Union	欧盟
FGPu	fuel-grade plutonium	燃料级钚
FMCT	Fissile Material Cut-Off Treaty	《裂变材料禁产条约》
FOA	Försvarets Forskningsanstalt (Swedish National Defence Research Establishment)	瑞典国防研究机构
FSB	Federal'naya Sluzhba Bezopasnosti (Russian Federal Security Service)	俄罗斯联邦安全局
FT-IR	Fourier-transform infrared spectroscopy	傅里叶变换红外光谱
FT-TIMS	fission-track thermal ionization mass spectrometry	裂变径迹热电离质谱
FWHM	full width at half maximum	半高宽
GIRM	graphite isotope ratio method	石墨同位素比值法

缩写	英文全称	中文释义
GSE	group of scientific experts	科学专家组
HASS	high-activity sealed sources	高活度密封源
HEU	highly enriched uranium	高浓缩铀
HPGe	high-purity germanium	高纯锗
HRGS	high-resolution gamma spectrometry	高分辨 γ 能谱
HWR	heavy-water reactor	重水反应堆
IAEA	International Atomic Energy Agency	国际原子能机构
IC	ion chromatography	离子色谱分析法
ICP-MS	inductively coupled plasma mass spectrometry	电感耦合等离子体质谱
ICP-SFMS	inductively coupled plasma sector field mass spectrometry	电感耦合等离子体扇形场质谱
IDC	International Data Centre	国际数据中心
ID-TIMS	isotope dilution thermal ionization mass spectrometry	同位素稀释热电离质谱
IMS	International Monitoring System	国际监测系统
INF	Incident Notification Form	《事件通报表》
IR	infrared	红外(线)
ISO	International Organization for Standardization	国际标准化组织
ITDB	Incident and Trafficking Database	事故与非法交易数据库
ITU	Institute for Transuranium Elements	超铀元素研究所
ITWG	Nuclear Forensics International Technical Working Group	核取证国际技术工作组
LA-ICP-MS	laser ablation inductively coupled plasma mass spectrometry	激光剥蚀电感耦合等离子体质谱
LEU	low-enriched uranium	低浓缩铀
LWR	light-water reactor	轻水反应堆
MCA	multichannel analyser	多道分析器
MC-ICP-MS	multi-collector inductively couple plasma mass spectrometry	多接收电感耦合等离子体质谱
MOX	mixed oxide	混合氧化物
NDA	non-destructive assay (non-destructive analysis)	非破坏性检测(分析)
NMIP	Nuclear Materials Information Program	核材料信息计划
NNFL	National Nuclear Forensic Libraries	国家核取证图书馆
NPT	Treaty on the Non-Proliferation of Nuclear Weapons (Non-Proliferation Treaty)	《不扩散核武器条约》(《核不扩散条约》)
NRL	Naval Research Laboratory	海军研究实验室
NTM	national technical means of verification	国家(核查)技术手段
NWAL	Network of Analytical Laboratories	分析实验室网络
PMT	photo multiplier tube	光电倍增管
PWR	pressurized-water reactor	压水反应堆
RDD	radiological dispersal device	放射性散布装置
RGPu	reactor-grade plutonium	反应堆级钚

续表

缩写	英文全称	中文释义
RIAN	Radievyi Institut Akademii Nauk (Radium Institute of the Soviet Academy of Sciences)	苏联科学院镭研究所
RTG	radioisotope thermoelectric generator	放射性同位素温差发电器
SAL	Safeguards Analytical Laboratories	保障监督分析实验室
SAUNA	Swedish Automatic Unit for Noble Gas Acquisition	瑞典自动化惰性气体取样单元
SEM	scanning electron microscopy	扫描电子显微镜
SGAB	Swedish Geological AB	瑞典地质 AB 公司
SIMS	secondary ion mass spectrometry	二次离子质谱
SMHI	Swedish Meteorological and Hydrological Institute	瑞典气象及水文研究所
T	tritium (hydrogen-3)	氚(^{3}H)
$T_{1/2}$	half-life	半衰期
TIMS	thermal ionization mass spectrometry	热电离质谱
TOF	time-of-flight	飞行时间
TsAGI	Tsentralniy Aerogidrodinamicheskiy Institut (Central Aerohydrodynamic Institute)	苏联中央航空流体力学研究所
UNSCEAR	United Nations Scientific Committee on the Effects of Atomic Radiation	联合国原子辐射效应科学委员会
UTC	universal coordinated time	全球协调时间
UOC	uranium ore concentrate	铀精矿
VNIINM	High-Technology Scientific Research Institute for Inorganic Materials (Bochvar Institute)	无机材料高技术科学研究所 (波兹瓦研究所)
WGPu	weapon-grade plutonium	武器级钚
XRF	X-ray fluorescence analysis	X 射线荧光分析

单位符号对照表

单位	含义	公制词头	公制前缀(因数)
℃	摄氏度	P	peta(10^{15})
Bq	贝克勒尔	T	tera(10^{12})
eV	电子伏	G	giga(10^9)
g	克	M	mega(10^6)
kt	千吨(相当于 1000t TNT 爆炸威力,或 4.184TJ,1TJ=1×10^{12}J)	k	kilo(10^3)
m	米	h	hecto(10^2)
Mt	兆吨(相当于 1000000t TNT 爆炸威力,或 4.184PJ,1PJ=1×10^{15}J)	da	deca(10^1)
ppm	百万分之一	d	deci(10^{-1})
Sv	希[沃特]	c	centi(10^{-2})
		m	milli(10^{-3})
		μ	micro(10^{-6})
		n	nano(10^{-9})
		p	pico(10^{-12})
		f	femto(10^{-15})

化学元素对照表

原子序数	元素符号	名称	原子序数	元素符号	名称
1	H	氢 (hydrogen)	35	Br	溴 (bromine)
2	He	氦 (helium)	36	Kr	氪 (krypton)
3	Li	锂 (lithium)	37	Rb	铷 (rubidium)
4	Be	铍 (beryllium)	38	Sr	锶 (strontium)
5	B	硼 (boron)	39	Y	钇 (yttrium)
6	C	碳 (carbon)	40	Zr	锆 (zirconium)
7	N	氮 (nitrogen)	41	Nb	铌 (niobium)
8	O	氧 (oxygen)	42	Mo	钼 (molybdenum)
9	F	氟 (fluorine)	43	Tc	锝 (technetium)
10	Ne	氖 (neon)	44	Ru	钌 (ruthenium)
11	Na	钠 (sodium)	45	Rh	铑 (rhodium)
12	Mg	镁 (magnesium)	46	Pd	钯 (palladium)
13	Al	铝 (aluminium)	47	Ag	银 (silver)
14	Si	硅 (silicon)	48	Cd	镉 (cadmium)
15	P	磷 (phosphorus)	49	In	铟 (indium)
16	S	硫 (sulphur)	50	Sn	锡 (tin)
17	Cl	氯 (chlorine)	51	Sb	锑 (antimony)
18	Ar	氩 (argon)	52	Te	碲 (tellurium)
19	K	钾 (potassium)	53	I	碘 (iodine)
20	Ca	钙 (calcium)	54	Xe	氙 (xenon)
21	Sc	钪 (scandium)	55	Cs	铯 (caesium)
22	Ti	钛 (titanium)	56	Ba	钡 (barium)
23	V	钒 (vanadium)	57	La	镧 (lanthanum)
24	Cr	铬 (chromium)	58	Ce	铈 (cerium)
25	Mn	锰 (manganese)	59	Pr	镨 (praseodymium)
26	Fe	铁 (iron)	60	Nd	钕 (neodymium)
27	Co	钴 (cobalt)	61	Pm	钷 (promethium)
28	Ni	镍 (nickel)	62	Sm	钐 (samarium)
29	Cu	铜 (copper)	63	Eu	铕 (europium)
30	Zn	锌 (zinc)	64	Gd	钆 (gadolinium)
31	Ga	镓 (gallium)	65	Tb	铽 (terbium)
32	Ge	锗 (germanium)	66	Dy	镝 (dysprosium)
33	As	砷 (arsenic)	67	Ho	钬 (holmium)
34	Se	硒 (selenium)	68	Er	铒 (erbium)

原子序数	元素符号	名称	原子序数	元素符号	名称
69	Tm	铥 (thulium)	94	Pu	钚 (plutonium)
70	Yb	镱 (ytterbium)	95	Am	镅 (americium)
71	Lu	镥 (lutetium)	96	Cm	锔 (curium)
72	Hf	铪 (hafnium)	97	Bk	锫 (berkelium)
73	Ta	钽 (tantalum)	98	Cf	锎 (californium)
74	W	钨 (tungsten)	99	Es	锿 (einsteinium)
75	Re	铼 (rhenium)	100	Fm	镄 (fermium)
76	Os	锇 (osmium)	101	Md	钔 (mendelevium)
77	Ir	铱 (iridium)	102	No	锘 (nobelium)
78	Pt	铂 (platinum)	103	Lr	铹 (lawrencium)
79	Au	金 (gold)	104	Rf	𬬻 (rutherfordium)
80	Hg	汞 (mercury)	105	Db	𬭊 (dubnium)
81	Tl	铊 (thallium)	106	Sg	𬭳 (seaborgium)
82	Pb	铅 (lead)	107	Bh	𬭛 (bohrium)
83	Bi	铋 (bismuth)	108	Hs	𬭶 (hassium)
84	Po	钋 (polonium)	109	Mt	鿏 (meitnerium)
85	At	砹 (astatine)	110	Ds	𫟼 (darmstadtium)
86	Rn	氡 (radon)	111	Rg	𬬭 (roentgenium)
87	Fr	钫 (francium)	112	Cn	鿔 (copernicium)
88	Ra	镭 (radium)	113	Nh	鉨 (nihonium)
89	Ac	锕 (actinium)	114	Fl	𫓧 (flerovium)
90	Th	钍 (thorium)	115	Mc	镆 (moscovium)
91	Pa	镤 (protactinium)	116	Lv	𬭳 (livermorium)
92	U	铀 (uranium)	117	Ts	鿬 (tennessine)
93	Np	镎 (neptunium)	118	Og	鿫 (oganesson)

附加议定书 (additional protocol)	国际原子能机构与各个国家按照 1997 年批准的《保障协定附加议定书范本》单独签署的、赋予国际原子能机构视察权力的法律协定，以补充保障协定的基本规定
准确度 (accuracy)	获得接近于真实值的能力 (附录 A)
(放射性材料的) 年龄 (age)	自最近一次分离或化学纯化起算的时间
同素异形体 (allotropes)	当元素的原子以不同方式键合时，同一种化学元素出现的结构变化。例如，金刚石和石墨是碳的同素异形体
原子弹 (atom bomb，A-bomb)	重原子核通过裂变快速释放杀伤破坏性力量的炸弹
归因 (attribution)	非法核交易及核恐怖主义事件调查中的重建过程
靶 (barn)	一种面积单位，等于 10^{-28}m^2
散料 (bulk material)	散状材料，如液体、气体或粉末，或由大量无法逐一识别的小单元 (如芯块或小球) 组成的材料
燃耗 (burn-up)	燃耗是从核燃料中提取能量多少的一种量度。例如，燃耗可用发生裂变的重金属 (U 或 Pu) 原子的百分比来表示。裂变越多，意味着燃耗越高、裂变产物越多、钚的品质越低。因此，高燃耗得到的是反应堆级钚，低燃耗得到的是武器级钚
分类 (categorization)	将感兴趣的材料快速归入某一预定分组，以便决定如何对其做进一步处理
表征 (characterization)	测定 (测量) 样品的特性
准直 (collimate)	使光线或粒子束精确平行
全面保障监督协定 (comprehensive safeguards agreement)	某一国家与国际原子能机构为防止将和平利用的核能转用于核武器或其他核爆炸装置而签署的协定；全面保障监督以核材料衡算为基础，辅以各种封隔和监督技术
交叉污染 (cross-contamination)	无意将可能会导致错误结果的物质引入到样品中。交叉污染的可能来源包括取样介质本身、取样工具包、另一种样品、取样小组和 (或) 取样后处理，如分析
截面 (cross section)	一种用于表示入射粒子与靶粒子 (如中子与原子核) 之间发生相互作用概率的概念，概率用单个入射粒子轰击并发生反应的区域的面积大小表示 (截面通常以靶计)；截面越大，相互作用的概率越高
子核 (daughter nuclide)	参见"衰变链 (decay chain)"
碎片 (debris)	核爆炸装置的残余物及被爆炸分解和抛撒的任何其他周围物质。进入大气中的碎片将逐渐下沉至地面，形成所谓的"沉降 (fallout)"现象
衰变链 (decay chain)	一系列核素，其中每个 (母体) 核素通过核衰变转变为下一个 (子体) 核素，直至形成某种稳定核素。同义词为放射性链和放射系
解耦爆炸 (decoupled explosion)	一种在足够大空腔中进行的爆炸，爆炸在腔壁中仅可产生弹性运动；随后几乎所有的能量被转化为空腔内部气压的上升，因而可能会导致严重的动态气体排放风险
δ 相钚 (delta/δ phase of plutonium)	钚的一种同素异形体，特别适用于制造核武器
贫化铀 (depleted uranium)	^{235}U 同位素含量低于天然铀 (小于 0.7%) 的铀，例如，用天然铀作为燃料的反应堆乏燃料中的铀，以及铀浓缩过程产生的尾料

续表

剂量(dose)	单次接受或吸收的电离辐射量
剂量负担(dose commitment)	特定群体因大气层核试验等特定事件而受到的平均(人均)剂量率在无限长时间内的无穷积分
剂量率(dose rate)	单位时间内辐射在靶目标中能量沉积的量度
两用(dual-use)	兼具军事用途和非军事用途
电子伏(electronvolt)	核物理中一种常用的能量单位：$1eV=1.602 \times 10^{-19}$J，其数值等于将 1 个电子通过 1V 电场进行加速所获得的动能
排除(elimination)	参见"排除法(method of exclusion)"
环境取样(environmental sampling)	IAEA 给出的定义为："从环境中收集样品，以便分析其中可用于揭示核材料处理或相关活动信息的材料痕迹。取样介质包括各种表面(如设备和建筑物的表面)、空气、水、沉积物、植物、土壤和生物群"(International Atomic Energy Agency (IAEA), *IAEA Safeguards Glossary: 2001 Edition*, International Nuclear Verification Series no. 3 (IAEA: Vienna, 2001), p. 72)
裂变材料(fissile material)	由可以被快中子或慢(热)中子分裂的原子组成的材料。^{235}U 和 ^{239}Pu 是最常见的裂变材料。也可参阅"高浓缩铀(highly enriched uranium)"、"低浓缩铀(low-enriched uranium)"、"分离钚(separated plutonium)"和"武器级铀(weapon-grade uranium)"
新鲜核燃料(fresh nuclear fuel)	尚未在反应堆中辐照的核燃料，也可参阅"乏燃料(spent nuclear fuel)"
取证(forensic)	关于或表示科学方法和技术在法律和法规问题中的应用
分凝(fractionation)	混合物中的一种组分在化学或物理过程中相对于另一种组分发生富集。在核武器试验中，该术语涵盖除放射性衰变以外的许多过程，这些过程可导致化学元素在核爆炸后出现不同的冷凝速率。在地球化学中，水在蒸汽、液态和冰之间的相变可导致氢与氧的同位素分馏
爆心投影点 (ground zero or hypocentre)	位于爆炸核弹正上方或正下方的地面位置点
生长(growing-in or in growth)	通过其母体核素的放射性衰变而生成某种核素
高浓缩铀(highly enriched uranium)	^{235}U 浓缩度大于等于 20%的铀
氢弹(hydrogen bomb)	一种利用氢同位素(氘和氚)聚变产生破坏力的核弹
同位素组成(isotopics)	同位素的组成
实物形式(Item form)	由单个可识别单元(如燃料组件、束、销、板或挂片)组成的保持完整的材料(IAEA, *IAEA Safeguards Glossary: 2001 Edition*, International Nuclear Verification Series no. 3(2001), p. 26)
低浓缩铀(low-enriched uranium)	^{235}U，浓缩度介于 0.72%~20%(通常为 3%~5%)的铀，适用于反应堆中
排除法(method of exclusion)	通过逐个排除所有可能的错误假设或似是而非的假设，仅保留并确定某一正确假设，又称淘汰法
国家安全(national security)	一国的国防和外交中，使其能够抵御各种内部或外部、公开或隐蔽敌对或破坏行为的有利条件，更广泛的定义也包括环境安全等。如果采用后一种定义，可能也会论及"核取证分析(nuclear forensic analysis)"的其他应用，例如，分析 1986 年切尔诺贝利核电站事故的碎片
中子注量(neutron fluence)	既定时间内在某一空间点穿过单位面积的中子总数，以中子/cm^2 计。它是"中子通量(neutron flux)"的时间积分
中子通量(neutron flux)	本质上是中子流的强度：单位体积中的中子数乘以中子速度，以中子/(cm^2·s)计
中子反射层(neutron reflector)	核武器中紧贴裂变材料外围的一层材料，旨在将中子反射回弹芯区域，从而降低临界质量并提高武器的效率，也可参阅"惰层(tamper)"
核取证分析(nuclear forensic analysis)	在"国家安全(national security)"事务中，对核材料或放射性材料样品及任何相关信息进行分析，以便为确定材料的历史提供证据

续表

核取证解译 （nuclear forensic interpretation）	将样品的特征与已知的材料生产、处理和使用方法信息进行关联的过程
核燃料循环（nuclear fuel cycle）	核电生产或核材料生产中涉及的、通过核材料流相互联系的核设施系统及核活动
核材料衡算 （nuclear materials accounting）	旨在确定既定区域内的核材料存量及其在既定时期内存量变化的活动
核安保（nuclear security）	IAEA 给出的定义为："防止、发现并响应各种涉及核材料、其他放射性物质或相关设施的偷盗、破坏、擅自接近、非法转移行为或其他恶意行为"
核恐怖主义（nuclear terrorism）	根据 2005 年联合国《制止核恐怖主义行为国际公约》，核恐怖主义行为指任何人以任何方式非法和故意使用放射性物质，意图造成人员伤亡或严重人体伤害、重大财产损失或环境破坏，或意图迫使他人实施或不实施某一行为的犯罪行为
核走私（nuclear smuggling）	非法核材料交易
核素（nuclide）	一种具有特定质子数和中子数的原子或原子核
母核（parent nuclide）	参见"衰变链（decay chain）"
精确度（precision）	在相同输入的情况下，近似再现相同测量结果的能力（附录 A）
辐射（radiation）	以电磁波或亚原子粒子形式发射的能量
放射性的（radioactive）	发射电离辐射或粒子，或与之相关的发射
放射分析（radioassay）	测定放射性样品，确定其辐射强度
放射性散布装置 （radiological dispersal device）	任何用于蓄意散布放射性物质，以期造成恐怖或伤害的装置
放射性核素（radionuclide）	具有放射性的"核素（nuclide）"
反应堆级钚（reactor-grade plutonium）	^{240}Pu 含量大于 18%的钚
重建（reconstruction）	将核取证解译得到的信息与其他所有可供利用的信息相结合，尽可能完整地确定核或放射性材料样本、核或放射性事件的历史过程
保障监督（safeguards）	参见"《全面保障监督协定》（Comprehensive Safeguards Agreement）"和"附加议定书（additional protocol）"
长期平衡（secular equilibrium）	如果母体放射性核素的半衰期远大于"子体放射性核素（daughter radionuclide）"的半衰期，以至于母体放射性核素在某一关注时间段内的活度变化可忽略不计，随后，子体放射性核素经过一段时间的生长，其活度将等同于母体放射性核素的活度，这种状态被称为长期平衡
分离钚（separated plutonium）	从经辐照核燃料中化学提取的钚（即与核燃料的其他组分相分离）
指纹特征（signature）	可用于识别某种材料的特征
烧结（sinter）	通过加热使粉体结合为固体，通常也会进行压缩
源材料（source material）	含有天然形成的同位素混合体的铀；^{235}U 被贫化的铀；钍；金属、合金、化合物或浓缩状态的上述任何材料；任何含有一种或多种上述物质并达到 IAEA 理事会随时间确定的浓度的材料；理事会随时间确定的该类其他材料。该术语不适用于矿石或矿渣，但适用于"铀精矿（uranium ore concentrate）"
种（species）	一种特殊的原子、分子、离子或粒子
乏燃料（spent nuclear fuel）	在核反应堆中经过辐照的核燃料，也可参见"新鲜核燃料（fresh nuclear fuel）"
溅射（sputtering）	用高能粒子轰击靶的表面，从固体靶溅射出原子的过程。例如，随后可将溅射原子用于质谱分析
标准偏差（standard deviation）	标准偏差是一种用于衡量单次观测值与同一组其他观测值偏离程度的数值。标准偏差越小，表明观测结果越倾向接近平均值。标准偏差越大，表明单次观测值偏离组观测平均值越大

续表

惰层（tamper）	核武器中，包绕在裂变材料外围的一层致密材料。惰层可在短时间内延缓裂变材料在极端爆炸高压下的解体时间，进而通过增加裂变材料的裂变反应份额来提高武器的效率。也可参见"中子反射层（neutron reflector）"
热核（thermonuclear）	用于表示在极高温度下才可发生的核聚变反应
总活度（total activity）	单位时间内整个放射性物体或物质中的衰变总数
痕量元素（trace element）	平均浓度小于100ppm原子或小于$100\mu g/g$的任何元素
铀精矿 （uranium ore concentrate，UOC）	铀精矿，有时也称"黄饼"，是铀水冶厂产品的一种总称。尽管也存在其他形式的铀精矿，但大多数情况下，铀精矿是一种以U_3O_8为主的氧化物，其中含重铀酸钠、重铀酸镁和重铀酸铵等。所有的铀精矿都含有大量杂质。尽管俗称"黄饼"，但铀精矿的颜色取决于多种因素，包括生产工艺的细节，富含U_3O_8的铀精矿可能呈绿色、卡其色、棕色或黑色。不过，重铀酸镁和重铀酸铵的确是黄色
武器碎片（weapon debris）	由裂变产物、各种中子相互作用产物、核爆后残余的未裂变的铀和钚组成的强放射性物质
武器级钚（weapon-grade plutonium）	^{240}Pu含量小于7%的钚
武器级铀（weapon-grade uranium）	一般指^{235}U浓缩度大于90%的铀
黄饼（yellowcake）	铀矿加工过程中得到的不纯的铀氧化物，也可参见"铀精矿（uranium ore concentrate）"
威力（yield）	核爆炸释放的能量，以千吨（kt）或兆吨（Mt）计；一次1kt核爆炸约释放4.184×10^{12}J能量，相当于1000t三硝基甲苯（TNT）爆炸释放的能量

资料来源：SIPRI Yearbook, various editions; *Concise Oxford English Dictionary*, 12th edn (Oxford University Press: Oxford, 2011); International Atomic Energy Agency (IAEA), *IAEA Safeguards Glossary: 2001 Edition*, International Nuclear Verification Series no. 3 (2001); International Atomic Energy Agency (IAEA), *IAEA Safety Glossary: Terminology Used in Nuclear Safety and Radiation Protection* (IAEA: Vienna, 2007); McNaught, A. D. and Wilkinson, A., International Union of Pure and Applied Chemistry (IUPAC), *Compendium of Chemical Terminology*, 2nd edn (Blackwell Scientific Publications: Oxford, 1997); Argonne National Laboratory, 'Radiological dispersal device (RDD)', Human Health Fact Sheet, Aug. 2005, http://www.evs.anl.gov/pub/doc/rdd.pdf; Glasstone, S., Dolan, P. J. (eds.), *The Effects of Nuclear Weapons* (US Government Printing Office: Washington, DC, 1977); IAEA, *Physical Model, Volume 1, Mining and Milling*, STR-314, 1999; Albright, D., Berkhout, F. and Walker, W., *Plutonium and Highly Enriched Uranium 1996: World Inventories, Capabilities and Policies* (Oxford University Press: Oxford, 1997)。

第1章

引　言

Vitaly Fedchenko

核科学发展伊始，便提出核能既可用于制造威力空前的武器，也可用于发电和发热。早在 1903 年，人们就曾估算了原子核的能量，同年，欧内斯特·卢瑟福(Ernest Rutherford)提出，"如果能找到某种适当的引爆装置，则可以想象在物质中有可能会引发一系列原子裂变，它的确可使这个旧世界灰飞烟灭"[1]。最早使用术语"原子弹"的，可能并不是科学家，而是英国科幻小说家威尔斯(H. G. Wells)。1913 年，威尔斯在小说《解放全世界》(*The World Set Free*)中描绘了"原子能"的运输和工业应用，以及研制在全球战争中用于摧毁大城市的"原子弹"[2]。正如历史学家托马斯·鲍沃斯(Thomas Powers)曾指出的那样，"在人类耗资研制第一枚原子弹三十年前，原子弹就已得名"[3]。事实上，第一枚核武器于 1945 年试爆成功，比 1954 年第一座核电站并网发电早了几乎近十年[4]。

尽管核能有着巨大的军事和工业潜能，但多年来一直未被证实。核能双重用途(军用和民用)问题的巨大重要性，无疑引起了世界大国政府的密切关注，并很快将其列入"国家安全"范畴进行开发部署[5]。

1.1　国家安全政策与核材料分析

20 世纪 40 年代，以英国和美国为首，许多国家相继制定了关于核材料应用的国家安全政策。这些政策主要包括三个相互影响的目标：核能军事应用的发展与管控；寻找抑制有核能力国家或非政府组织从事核扩散的方法途径；一旦防核扩散失败，尽可能完整地获取与他国核计划或核武库相关的信息。实现第一个目标，主要是指本国的核武器生产。然而，在某些情形中，一国可能会为另一国制造核武器提供援助——例如，20 世纪 40 年代英国曾帮助过美国，20 世纪 50 年代苏联曾帮助过中国[6]。实现第二个目标，最

---

1 Eve, A. S., *Rutherford: Being the Life and Letters of the Rt. Hon. Lord Rutherford, O. M.* (Macmillan: New York, 1939), p. 102. For background see Rhodes, R., *The Making of the Atomic Bomb* (Simon & Schuster: New York, 1986), pp. 24, 43-44。

2 Wells, H. G., *The World Set Free* (Macmillan: London, 1914), p. 96。

3 Powers, T., *Heisenberg's War: The Secret History of the German Bomb* (Da Capo Press: Cambridge, MA, 2000), p. 51。

4 See e.g. Kramish, A., 'Atomic energy in the USSR', *Bulletin of the Atomic Scientists*, vol. 15, no. 8 (Oct. 1959), p. 326。

5 关于此处使用的"国家安全(national security)"的狭义定义，详见术语表。

6 Reed, T. C. and Stillman, D. B., *The Nuclear Express: A Political History of the Bomb and Its Proliferation* (Zenith Press: Minneapolis, MN, 2009), pp. 92-101。

先进的方法是在核材料和核技术转让中引入国际法律和制度屏障。与此同时，实现第三个目标主要是依托各种国家情报机构[7]。

这些国家安全政策的实施，逐步发展成各种国家法律和国际条约。例如，国家核武库的发展，导致了国际核军备控制条约的缔结及履约核查需求的出现。与之类似，防止核材料和核技术转移的努力，形成了今天的防核扩散机制：尽管各国的核设施属国家所有，但大多数核设施必须接受各种国际条约和协定的强制监管和约束[8]。1968年的《不扩散核武器条约》(Non-Proliferation Treaty，NPT)是这一机制的法律和政治基础[9]。该条约规定大多数国家必须执行国际原子能机构(International Atomic Energy Agency，IAEA)的"保障监督"核查机制。将这一方法延伸至各种非政府组织，即所谓的"核安全"，主要是打击非法核交易(即核走私)，最终打击核恐怖主义威胁[10]。

随着国际核军备控制和防核扩散条约的不断发展，各种情报机构、方法和设施也开始以一种新的方式服务于前两项政策目标。各类国际条约开始写入了希望在核查中运用国家技术手段(national technical mean，NTM)以及禁止干扰和以任何方式阻碍其使用的条款[11]。相关的多边条约包括1963年的《部分禁止核试验条约》(Partial Test-Ban Treaty，PTBT)和1996年的《全面禁止核试验条约》(Comprehensive Nuclear-Test-Ban Treaty，CTBT)[12]。在《不扩散核武器条约》文本中，尽管并未明确讨论各种国家技术手段的使用，但各缔约国可以向IAEA提供其自认为与各种核保障监督目的相关的他国信息[13]。苏美或俄美的一些双边条约，包括1974年的《限当量禁核试条约》(Threshold Test-Ban Treaty，TTBT)、1991年的《美苏关于削减和限制进攻性战略武器条约》(Treaty on the Reduction and Limitation of Strategic Offensive Arms，START I)和2010年的《美俄关于进一步削减

---

7 关于政府机构评估他国核燃料循环和武器综合体的情报工作的信息，可参阅美国、英国和苏联(数量较少)的各种开源文献。See e.g. Richelson, J. T., *Spying on the Bomb: American Nuclear Intelligence from Nazi Germany to Iran and North Korea* (W. W. Norton: New York, 2006); Ziegler, C. A. and Jacobson, D., *Spying without Spies: Origins of America's Secret Nuclear Surveillance System* (Praeger: Westport, CT, 1995); Goodman, M. S., *Spying on the Nuclear Bear: Anglo-American Intelligence and the Soviet Bomb* (Stanford University Press: Stanford, CA, 2007); Vasil'ev, A. P., [Created by the nuclear age], vols 1-3 (Self published: Moscow, 2002) (in Russian); Vasil'ev, A. P., [The long-range system to detect nuclear explosions and the Soviet atomic programme], ed. V. P. Vizgin, [History of the Soviet atomic program: documents, memoirs, research], 2nd edn (Russian Christian Humanitarian Institute: St Petersburg, 2002) (in Russian)。

8 关于将该方法及其他方法应用至防扩散领域的详细讨论，可参阅 Fedchenko, V., 'Multilateral control of the nuclear fuel cycle', *SIPRI Yearbook 2006:Armaments, Disarmament and International Security* (Oxford University Press: Oxford, 2006)。

9 《不扩散核武器条约》，又称《核不扩散条约》(NPT)，于1968年7月1日对外开放供各国签署，1970年3月5日生效，IAEA Information Circular INFCIRC/140, 22 Apr. 1970, http://www.iaea.org/Publications/Documents/Treaties/npt.html；旨在实现这一目标的国家法律如美国于1978年3月10日批准的《核不扩散法案》(美国公法95-242)，http://www.gpo.gov/fdsys/pkg/STATUTE-92/pdf/STATUTE-92-PgUO.pdf。

10 关于"核安全(nuclear security)"和"核恐怖主义(nuclear terrorism)"的定义，详见术语表。

11 关于此类条约的部分清单和对国家技术手段的讨论，可参阅 Krass, A. S., SIPRI, *Verification: How Much is Enough?* (Taylor and Francis: London, 1985), pp. 4-7。

12 《禁止在大气层、外层空间和水下进行核武器试验条约》，又称《部分禁止核试验条约》(PTBT)，于1963年8月8日对外开放供各国签署，1963年10月10日生效，United Nations Treaty Series, vol. 480 (1963)；《全面禁止核试验条约》(CTBT)于1996年9月24日对外开放供各国签署，至今仍未生效，http://treaties.un.org/Pages/CTCTreaties.aspx? id=26。

13 关于在伊朗发现地下浓缩工厂的例子，可参阅 Kile, S. N., 'Nuclear arms control and non-proliferation', *SIPRI Yearbook 2010: Armaments, Disarmament and International Security* (Oxford University Press: Oxford, 2010), p. 385。

和限制进攻性战略武器措施的条约》(Treaty on Measures for the Further Reduction and Limitation of Strategic Offensive Arms，New START)，也都允许在条约执行过程中使用各种国家技术手段[14]。

大多数情形中，为了实现既定的设计目标，相应的政策和法律不得不将重点放在核材料上，其次是放射性材料，而不是着眼于相关设备。其原因显而易见：核材料是核能产生的源头。按照定义，核材料存在于核燃料循环的各个阶段和核武器中，且往往伴随有其他的放射性材料。此外，一个普遍的共识是，在制造核爆炸装置中，最困难、成本高昂的步骤是生产足够数量所需品质的核材料。因此，核材料和放射性材料分析往往是许多与核能军事应用相关技术和科学方法的关键组成部分。

核燃料循环是指在核电或核材料生产过程中所涉及的一整套与核材料流紧密联系的核设施和核活动[15]。核材料可被想象成通过一套管网从一个设施"流向"另一个设施，期间，核材料的化学和物理性质不断发生变化，从矿石转变为核燃料，继而转变为废物[16]。燃料循环的每一步或核材料的每一次使用，将不可避免地在材料中留下相应的"印记"。换句话说，核材料会保留某些与过去曾经历过的事情或原始状态有关的信息。这是可能的，因为在现实中，对于有限数量的、已有的核材料种类，仅有为数不多的物理和化学处理工艺可供使用，在大多数情形中，研究人员知道——至少可大概知道——相关的处理工艺和材料是什么。因此，从理论上讲，在某一事件后对核(或放射性)材料进行分析，可给出关于所研究事件的信息(与这些核取证指纹特征相关的更多信息，详见第5章和第6章)。不言自明，开展核材料及其他放射性材料测量与分析，对于实现上述三项国家安全政策目标具有必不可少的重要意义。

1.2 核取证分析作为一个统称术语

本书旨在描述核材料及相关放射性材料测量和分析在各种核能潜在军事应用中的运用，特别是在推进前面提到过的三个目标中的运用：核武器研发与军备控制；防核扩散与核安全；核查与情报。某些测量和分析技术多年来已经以一种孤立形式在这些应用中得以运用，一直未将其明确地相互联系在一起。然而，随着所涉及的各种技术的日渐成熟和普及，是时候将其视为一门独立的科学学科。

在此，我们建议将这门新学科称为"核取证分析"或"核取证"。这是对已有术语的

14《美苏限制地下核武器试验条约》，又称《限当量禁核试条约》(TTBT)，于1974年7月3日签署，1990年12月11日生效，United Nations Treaty Series, vol. 1714 (1993)；《美苏关于削减和限制进攻性战略武器条约》(START I)，于1991年7月31日签署，1994年12月5日生效，2009年12月5日到期，http://www.state.gov/t/avc/trty/146007.htm；《美俄关于进一步削减和限制进攻性战略武器措施的条约》(New START)，于2010年4月8日签署，2011年2月5日生效，http://www.state.gOv/t/avc/newstart/c44126.htm。

15 International Atomic Energy Agency (IAEA), *IAEA Safeguards Glossary: 2001 Edition*, International Nuclear Verification Series no. 3 (IAEA: Vienna, 2001), p. 37.

16 See e.g. Wilson, P. D. (ed.), *The Nuclear Fuel Cycle: From Ore to Waste* (Oxford University Press: Oxford, 1996)。

一种扩展和延伸，包括了所有旨在国家安全目的、涉及核材料分析的应用。术语"核取证分析"和"核取证"的最早提出，可能与20世纪90年代初为应对开始出现的核走私问题的大背景有关[17]。对早期这类案件的调查和起诉，要求相关技术的发展和应用，以分析所涉及的核材料，进而为法庭提供所需证据——因此取名术语"取证"。

《牛津英语词典》将"取证(forensic)"定义为"与法庭有关或用于法庭，适用于或类似于法庭证据"[18]。更广泛地说，在专业文献中，"取证"被认为是"将科学用于法律"[19]。尽管这种定义更多的是与国内法律有关，但也可被解释为涉及各种国际法和规则，特别是各种国际条约。甚至可将术语"取证"进一步延伸到包括各种政策的实施。政策和法律的设计有时是为了实现相同的目标，只不过二者在立法和执行强制性方面的程度不同而已。

2006～2015年，IAEA将"核取证(nuclear forensics)"定义为："对截获的非法核材料或放射性材料及任何相关材料进行分析，进而为核归因提供证据"。其中，"归因"(attribution)是指确定非法活动所用核材料或放射性材料的源头，进而确定涉及这类材料的原产地和运输途径的过程，最终促成对相关责任方的控诉"[20]。2015年，IAEA又再次细化了"核取证"定义，即"在与核安全相关的国际法或国内法的法律诉讼背景下，对核材料或其他放射性材料，或受放射性核素沾染的证据物进行检查"[21]。这些定义被用于IAEA除核保障监督活动之外、与核安全相关的专门事务中[22]。然而事实上，在打击非法核交易中所用到的各种分析技术，在其他领域也具有更大的潜力，且多年来一直在被广泛运用。

将术语"核取证分析"延伸至涵盖国家安全的各个方面，而不仅仅只是违反国内法律，有时被批评为援引了过多的刑事学涵义。有人也曾提出"核材料分析"等备选术语。例如，在俄罗斯，术语"核取证分析"通常适用于犯罪或非法活动，术语"专家技术核分析"则适用于其他情形[23]。

在此，之所以采用术语"核取证分析"，是因为与任何其他的短语相比，其用意更为广泛。例如，关于核取证(狭义)的著名教材讨论了如何运用这门学科来确定恐怖主义袭击中所用核爆炸装置的来源，但这样做将不可避免地会罗列关于装置性能的参数信息，显然，这与军备控制、裁军和情报领域的信息息息相关[24]。这或许并不是一种巧合，因

17 Moody, K. J., Hutcheon, I. D. and Grant, P. M., *Nuclear Forensic Analysis* (CRC Press: Boca Raton, FL, 2005), pp. vi-vii。

18 *The Oxford English Dictionary*, vol. IV (Oxford University Press: Oxford, 1978), p. F-438。

19 Saferstein, R., *Criminalistics: An Introduction to Forensic Science*, 4th edn (Prentice Hall: Engle-wood Cliffs, NJ, 1990), p. 1, quoted in Moody et al. (note 17), p. vi。

20 International Atomic Energy Agency (IAEA), *Nuclear Forensics Support: Reference Manual*, IAEA Nuclear Security Series no. 2, Technical Guidance (IAEA: Vienna, 2006), pp. 2-3. IAEA 的这些定义基于美国能源部各个国家实验室参与打击核走私的相关工作。Kristo, M. J. et al., *Model Action Plan for Nuclear Forensics and Nuclear Attribution*, UCRL-TR-202675 (US Department of Energy, Lawrence Livermore National Laboratory: Livermore, CA 5 Mar. 2004)。

21 IAEA, *Nuclear Forensics in Support of Investigations: Implementing Guide*, IAEA Nuclear Security Series (IAEA: Vienna, forthcoming 2015). This publication is a revision of IAEA (note 20)。

22 IAEA, 'Nuclear security',http://www-ns.iaea.org/security/。

23 IAEA, Division of Conference and Document Services, English and Russian Translation Sections, Personal communication with author, 14 Sep. 2010。

24 Moody et al. (note 17), pp. 203-205。

为核材料的性质与其应用的政治背景无关。

为了囊括所述技术所有可能的应用，本书采用了方框 1.1 中给出的广义定义。这些定义及其他的定义也都包含于术语表中。

方框 1.1　定义[a]

核取证分析(或核取证，nuclear forensic analysis)是指对某一核材料或放射性材料样品及任何相关信息进行分析，进而为确定该材料的历史提供证据。核取证分析包括分类、表征、核取证解译和重建。

分类(categorization)是指将感兴趣的样品快速分配给某一预定的小组，以便决定对其做进一步处理。

表征(characterization)是指确定(即，测定)某一样品的特征。样品表征通常涉及样品元素分析，往往包括对核材料(即铀或钚)和选定的次要组分(如，铅)的同位素分析。此外，样品表征还包括物理表征，例如，测量固体样品的关键尺寸，或测定粉体样品的粒径和形状分布[b]。

核取证解译(nuclear forensic interpretation)是指将样品特征与各种已知的材料生产、加工和使用方法信息进行关联的过程。核取证解译过程所得到的信息是核取证实验室的最终产品。

重建(reconstruction)是指利用核取证解译得到的信息，结合其他所有可用信息(例如，源自对样品相关非核证据的取证分析，或源自各种情报源)，尽可能完整地确定核材料、放射性材料或某一事件的历史的过程。在非法核交易和核恐怖主义事件调查中，该阶段也被称为归因(attribution)。

a The definitions of 'nuclear forensic analysis', and 'reconstruction', were developed in cooperation with Dr James Acton on the basis of the definitions in International Atomic Energy Agency (IAEA), *Nuclear Forensics Support: Reference Manual*, IAEA Nuclear Security Series no. 2, Technical Guidance (IAEA: Vienna, 2006).

b IAEA (note a), pp. 3-4; Mayer, K., Wallenius, M. and Ray, I., 'Tracing the origin of diverted or stolen nuclear material through nuclear forensic investigations', eds R. Avenhaus et al., *Verifying Treaty Compliance: Limiting Weapons of Mass Destruction and Monitoring Kyoto Protocol Provisions* (Springer: Heidelberg, 2006), p. 402.

1.3　核取证分析的应用及目的

对某一材料样品，通常有一些令研究人员感兴趣的具体特征，例如，材料的来源和生产商、生产工艺、偏离其合法用途的关键节点、年龄、运输路线及预定的最终用途。核取证的目标——重建材料或某一事件的历史——使其成为一种在诸多应用中可供选择的技术。具体应用决定了取样材料所需发现的信息——特别是核取证的应用及未来的潜在应用存在许多法律框架(表 1.1)。按照前面所给出的定义，可选择下列准则用于指导这些框架的选择：分析某种含核材料或其他放射性材料的样品或物品；分析目的是确定样品或某一相关事件中的材料历史；为与国家安全相关的某种目的服务。

表 1.1 核取证分析的应用

框架体系	可用于推断材料或物品历史的信息
核军备及库存研发与控制、核裁军	
国家武器发展计划	装置的爆炸威力、效率及其他性能特征
部分禁止核试验条约	碎片的核爆炸源头及其年龄和位置，特别是碎片的泄漏是源自某一缔约国的地下核试验
全面禁止核试验条约	碎片的核爆炸源头
裂变材料禁产条约	核材料及燃料循环废液的源头和年龄；某一核设施的全寿命材料生产过程
防核扩散与核安全	
核不扩散条约 (旨在 IAEA 保障监督的环境取样)	年龄和生产过程(与申报的一致性)
非法交易个案中的归因	年龄、生产过程和生产商
核恐怖主义事件的归因	爆炸装置的设计特征、所使用的核材料、爆炸威力、装置及材料的来源
核情报	
监测国外核爆炸	武器性能特征
监测国外核设施及核材料	核材料库存及产率

例如，核走私案件的调查人员希望能确定材料的来源、偏离其合法用途的关键节点及其可能的非法用途等。核或放射性恐怖主义事件的调查人员希望找出材料的来源，以便确保做出正确的、有针对性的响应。IAEA 保障监督视察人员或许希望知道从某一国家核设施采集的样品材料的同位素组成和生产日期是否与该国的申报清单相一致。全面禁止核试验条约组织(Comprehensive Nuclear-Test-Ban Treaty Organization，CTBTO)为了探测可疑爆炸，会采集空气样品及检测其核性质。如果《裂变材料禁产条约》(Fissile Materials Cut-Off Treaty，FMCT)启动谈判并缔结，其核查程序可能会包括测定核材料及某些环境采样的年龄，以确保按条约规定停止生产新的核材料。

本书共分为两篇。第一篇描述了出于各种安全目的的核取证核材料分析方法，并阐述了其过程及相关的科学技术。其中，第 2 章列举了核取证过程的各个阶段，讨论了核取证在不同应用背景中的差异。附录 A 简要介绍了与测量有关的基本术语和技术。第 3 章和第 4 章描述了用于核取证分析的最重要的测量技术：无机质谱和 γ 能谱。第 5 章简要介绍了在与核燃料循环相关材料中可发现的各种核取证指纹特征。第 6 章介绍了广义核取证的独特性，讨论了可用于核爆炸爆后分析及与核取证指纹特征相关的信息。第二篇阐述了如何运用核取证技术。其中，第 7 章和第 8 章描述了核取证的发展历史，讲述了推动美国、苏联和瑞典核科学家发展核取证技术的动机。第 9 章通过当代核取证技术应用实例，旨在说明新核取证的现状和未来。

第一篇　核取证方法

第一篇　材料成形方法

第 2 章

核取证分析过程[1]

Vitaly Fedchenko

正如第 1 章给出的定义，核取证调查或分析通常包括四个阶段：样品采集与分类、对样品中材料的表征、结果解译、重建(再现)材料或与材料相关事件的历史。核取证调查通常是由于对某些事件或活动的预期或回应而发起。这类事件或活动可以是核材料失窃或转移、核爆炸或秘密的核材料生产。核取证的目的是为决策人员规划对事件或活动的响应提供知识支持。

核取证分析过程的第一步是样品采集与分类，提供被认为含有与某一感兴趣事件或活动相关线索的少量材料或实物(物项)。

第二步是表征，以原始数据的形式进行样品描述。这些原始数据即"样品特征"，本身并没有意义，它只不过是一堆未经处理的数字、图像或其他的装置测量结果，是以各种符号表示的物理量。

第三步是解译，将原始数据转化为有意义的信息。例如，对某铀样品所做的表征可能显示其含 0.37%的 ^{236}U 同位素。对这一数据进行解译将可得出结论：该铀材料很可能曾在核反应堆中进行过辐照。如果在样品中还可发现痕量的钚，那么则可确证上述结论。解译原始数据往往需要借助专家判断。

第四步是重建事件或材料的历史。在该阶段，源自核取证的数据和信息将与所有其他来源的数据和信息相结合。重建的结果代表着知识将被传递至决策圈。因此，随着核取证分析过程的逐步推进，分析结果将逐步凝练。

上述前三个步骤构成了本章的前三小节。为了确定材料的来源，核取证通常会用到排除过程(即"排除法")。对第一批表征结果的解析，可排除掉样品中所含材料某些潜在源头的可能性。然而，可能仍会存在很多备选的源头，进一步的排除将需要额外的表征或解析。因此，核取证分析过程往往不是一种线性过程，而是一个反复的过程，即它需要重复上面所讲的所有或部分步骤。核取证分析或许并无法给出毫无争议的证据。相反，核取证分析尽管有可能会得到与某些理论一致的结果，但或许这些结果仍不够明晰，与作为证据使用仍存在一定距离。例如，在美国的刑事审判中，证据的法律标准——"排除合理性怀疑(beyond reasonable doubt)"是相当严格的，这也是国际上对科学证据

---

1 本章基于下列文献拓展而来：International Atomic Energy Agency (IAEA), *Nuclear Forensics Support: Reference Manual*, IAEA Nuclear Security Series no. 2, Technical Guidance (IAEA: Vienna, 2006), pp. 21-37; Mayer, K., Wallenius, M. and Ray, I., 'Tracing the origin of diverted or stolen nuclear material through nuclear forensic investigations', eds R. Avenhaus et al., *Verifying Treaty Compliance: Limiting Weapons of Mass Destruction and Monitoring Kyoto Protocol Provisions* (Springer: Heidelberg, 2006), pp. 390-400.

的适用要求。然而，政策制定者和情报官员们往往不得不在有限的时间内、基于不完整的信息而行事，进而有可能会接受较不严格的证据标准[2]。

2.1 样品采集与分类

2.1.1 样品采集

针对核取证目的的样品获取过程，可能在某些方面不同于出于纯科学应用目的的取样过程。一方面，为了能够处理多种多样和出乎意料的样品，核取证样品采集可能必须相当全面。在不同的框架体系中，样品本身可能会表现出很大的差异性（表 2.1）。与大多数科学学科不同，科学取样通常处理的是明确界定的样品类型，而核取证调查可能需要分析各种各样的东西——从气体和尘埃颗粒物到葡萄酒和人体排泄物。尽管感兴趣的材料仅以四种形式中的一种存在于样品中——物项、块材、颗粒物或气体，但其可能附着于各种载体上或混合在某些基体中，这将不可避免地对样品采集程序产生影响。另一方面，核取证样品采集过程往往会遇到不同于常规科学取样程序的许多限制，原因有二，一是法律层面，二是实践层面。

表 2.1 用于核取证目的的材料取样及其形式

框架体系	典型的样品形式、内容（及来源）
核军备及库存研发与控制、核裁军	
国家核武器发展计划	块状材料、颗粒物和气体（源自武器碎片）
《部分禁止核试验条约》	颗粒物和气体（源自武器碎片）
《全面禁止核试验条约》	
国际监测系统（IMS）放射性核素部分	颗粒物、氙气（源自武器碎片）
现场视察	空气中的颗粒物和气体（源自武器碎片）
《裂变材料禁产条约》	惰性气体（源自核反应堆、燃料后处理厂或同位素生产设施）、块体石墨样品（源自关停的钚生产堆）
防核扩散与核安全	
《不扩散核武器条约》（旨在 IAEA 保障监督的环境取样）	颗粒物（对核材料生产区和操作区的擦拭取样）；空气、水、沉积物、植被、土壤、生物
非法核交易归因	核材料或放射性材料、物品或块状材料形式（源自核燃料循环设施）
核恐怖主义事件归因	颗粒物和气体（源自武器碎片）；颗粒物（源自放射性散布装置）；人体组织、衣物和排泄物
核情报	
监测国外核爆炸	颗粒物和气体（武器碎片）
监测国外核设施及核材料	惰性气体（核反应堆、燃料后处理厂或同位素生产设施）；各种人造介质（如葡萄酒或衣物）、空气、水、沉积物、植被、土壤和生物中的颗粒物

2 关于用于确定朝鲜是否在其 2006 年核试验中使用了钚的证据标准的讨论，可参阅 Kang, J., von Rippel, F. N. and Zhang, H., 'Letter to the editor: the North Korean test and the limits of nuclear forensics', and Smith, H., 'Harold Smith Responds', *Arms Control Today*, vol. 37, no. 1 (Jan./Feb. 2007). 关于朝鲜核试验，详见第 9 章。

1. 法律或规章限制

核取证作为一门学科("将科学用于法律")的属性,意味着样品的采集和处理往往会受到某些法律或规章的限制。样品采集必须拿到可供进一步分析的合格(从法律或规章层面讲)样品。

例如,如果是在非法交易案件调查过程中所采集的样品,则必须确保完整的监管链,以便能够证明样品的合法完整性。否则,样品在法庭上将不能被接纳为证据,因而将无法达到服务于起诉的目的[3]。针对核取证调查人员在该情形下的样品采集指南业已建立[4]。

与样品采集相关的规章限制,如 IAEA 保障监督视察员在获准进行环境取样、以核实不存在未予申报的核材料和核活动时,须遵守相关的规定。环境取样的基本思想是,每一道核工艺,无论其密封程度有多好,总会排放出一些核物质或放射性物质。尽管这些细微的排放物不至于引发环境或健康问题,但可将其收集起来,作为一种与核材料生产工艺相关的信息源[5]。IAEA 与各个国家缔结的《全面保障监督协定》(comprehensive safeguards agreements,CSA),只允许 IAEA 视察员在进行例行视察或设计信息核查时、在已获准进入的地点进行环境取样(通常指用旨在收集尘埃颗粒物的特种织物擦拭设备或建筑物)[6]。《全面保障监督协定》的非强制性《附加议定书范本》(Model Additional Protocol)放宽了这一限制,并引入了另一种采样技术——广域环境取样,但是,只有获得 IAEA 理事会的批准才能使用[7]。此外,IAEA 视察员只能使用经事先批准的样品取样程序和"擦拭取样工具包"[8]。

2. 实践限制

样品采集的实践限制源自核取证的调查性质。核取证调查希望利用可得到的样品获得致使样品中的材料出现在取样时刻和地点的相关过程或事件的信息。几乎所有核取证应用的共同困难在于,调查人员通常无法控制这些过程或事件,并且可能也没机会进行额外的样品采集。无论取证调查采用何种取样程序,调查人员都不能假定样品中的材料

---

3 Champion, D. J., *The American Dictionary of Criminal Justice: Key Terms and Major Court Cases*, 3rd edn (Scarecrow Press: Lanham, MD, 2005), p. 40。

4 IAEA (note 1), p. 17。

5 关于"环境取样(environmental sampling)"的定义,详见术语表。

6 IAEA, The structure and content of Agreements between the Agency and States required in connection with the Treaty on the Non-Proliferation of Nuclear Weapons, INFCIRC/153 (Corrected), June 1972, http://www.iaea.org/Publications/Documents/Infcircs/Others/infcirc153.pdf, p. 18. See also Kuhn, E., Fischer, D. and Ryjinski, M., 'Environmental sampling for IAEA safeguards: a five year review', IAEA-SM-367/10/01, *Symposium on International Safeguards, Verification and Nuclear Material*, Vienna, 29 Oct. - 2 Nov. 2001 (IAEA: Vienna, 2001). 关于《全面保障监督协定》(CSA)的简要说明,可参阅术语表。

7 International Atomic Energy Agency (IAEA), 'Model protocol additional to the agreement(s) between state(s) and the International Atomic Energy Agency for the application of safeguards', INFCIRC/540 (Corrected), Sep. 1997, http://www.iaea.org/Publications/Documents/Infcircs/1997/infcircnrl97.shtml, articles 5, 9; and International Atomic Energy Agency (IAEA), *IAEA Safeguards Glossary: 2001 Edition*, International Nuclear Verification Series no. 3 (IAEA: Vienna, 2001), p. 72。关于《全面保障监督协定》的附加议定书的简要说明,可参阅术语表。

8 International Atomic Energy Agency (IAEA), *Safeguards Techniques and Equipment: 2003 Edition*, International Nuclear Verification Series no. 1 (IAEA: Vienna, 2003), p. 77。

就是大多数批次或分组的代表性材料。

例如，在 IAEA 保障监督的核材料衡算中，须按照预定的、详细的取样计划进行样品采集[9]。在这种情形下，IAEA 视察员可接触到所有批次的材料，并可以自由地进行必要的作业。相比之下，在非法交易过程中所截获的材料样品则仅限于被截获的材料。旨在保障监督目的的环境取样，只能拿到某些(不一定事先已知的)设备在某个时间段内泄漏出的材料。全面禁止核试验条约组织(Comprehensive Nuclear-Test-Ban Treaty Organization，CTBTO)监测台站和用于核查各种双边条约或情报的各国技术手段，旨在收集载带着跨洲或全球范围内、可能无法抵达事发位置的事件信息的惰性气体和颗粒物。

当调查人员拿到样品时，材料中的某些信息或许已经丢失或改变。在某些情形中，例如，某些短寿命惰性气体同位素的采集，放射性衰变可能会使样品发生急剧变化，以至于样品变得毫无意义。与之类似，核武器爆炸产生的沉降物中的放射性核素分凝，会改变爆后取样核武器碎片的组成[10]。由于许多关于核武器性质的分析需要基于出现分凝前的裂变碎片的核素比值，因此，必须考虑分凝过程的影响[11]。

取证样品中的材料未必能代表取样批次或分组的基材，因此在后续的核取证分析过程中应特别注意这方面的影响。在样品采集阶段，必须采集尽可能多的样品并采用快速处理流程。

2.1.2 样品分类

样品采集过程中，为了确定对样品的进一步处理方法，有时需对样品进行分类，即通过无损分析对感兴趣的材料进行快速和粗略的现场测量。在非法交易或核恐怖主义事件中，第一响应人(即消防队员、警察或医务人员)可能会出乎意料地遇到一系列不同的物项或材料，以及各种独特的样品采集环境，此时，样品分类就显得尤为重要。

样品分类的目的有两个：①确定第一响应人、执法人员和公众所面临的安全风险；②确定是否存在危及国家安全的犯罪活动或威胁[12]。第一个目的，确定事件现场的核材料或放射性材料所构成的安全风险，通常可理解为确定与材料有可能放出的辐射相关的风险。这就需要运用各种放射线分析技术和方法，例如，估算源自 α、β、γ 或中子辐射的总活度和剂量率[13]。

利用 γ 能谱等无损分析技术，通过现场测量可实现的第二个目的是揭示所发现材料或物项的数量和主要成分。这样可将材料或物项划归至合适的分类。样品分类将有助于确定某一具体突发事件所造成的威胁的大小，这些威胁"可能从环境污染，到危及公共

9 IAEA, IAEA Safeguards Glossary (note 7), pp. 59, 76.

10 关于"分凝(fractionation)"的定义，详见术语表。Glasstone, S. and Dolan, P. J. (eds), *The Effects of Nuclear Weapons*, 3rd edn (Department of Defense/Energy Research and Development Administration: Washington, DC, 1977), pp. 634, 389; Chamberlain, A. C., *Radioactive Aerosols* (Cambridge University Press: Cambridge, 1991), p. 65。

11 May, M. et al., Joint Working Group of the American Physical Society (APS) and the American Association for the Advancement of Science(AAAS), *Nuclear Forensics: Role, State of the Art, Program Needs*(AAAS: Washington, DC, 2008), p. 22.

12 IAEA (note 1), p. 3.

13 关于"总活度(total activity)"的定义，详见术语表。

健康与安全，到涉及核扩散等，针对每一种威胁需做出不同的响应。初步的分类将可指导进一步的分析"[14]。各个分类都应建立起与之相应的预定流程，这样现场人员可清楚地知道下一步该做什么。

针对核取证分类，IAEA 已给出推荐的分类方法(表 2.2 和表 2.3)。核材料和放射性材料的不当使用而产生的威胁呈现出截然不同的性质，因此二者有着各自单独的分类方法。IAEA 对核材料的分类，主要根据将其制造成最具破坏性的形式——核爆炸装置部件——所需的时间和努力进行分类。而放射性材料根据其对人体健康的潜在影响共分为五类，其中第一类最危险，第五类的危险程度最低。

表 2.2 核材料的分类

分类	材料种类	放射性成分
未经辐照的直接使用核材料	高浓缩铀	$^{235}U > 20\%$
	钚	$^{238}Pu < 80\%$
	^{233}U	已分离同位素
经辐照的直接使用核材料	经辐照核燃料中的上述三种材料	经辐照燃料元件或乏燃料后处理溶液中的材料
替代核材料	镅(^{241}Am)	已分离元素，或存在于经辐照的核材料、分离钚或二者的混合物中
	镎(^{237}Np)	
非直接使用核材料	贫化铀	$^{235}U < 0.7\%$
	天然铀	$^{235}U \approx 0.7\%$
	低浓缩铀	$0.7\% < ^{235}U < 20\%$
	钚(^{238}Pu)	$^{238}Pu > 80\%$
	钍	^{232}Th

资料来源：International Atomic Energy Agency(IAEA), *IAEA Safeguards Glossary: 2001 Edition*, International Nuclear Verification Series no. 3(IAEA: Vienna, 2001), pp. 30-33; International Atomic Energy Agency(IAEA), *Nuclear Forensics Support: Reference Manual*, IAEA Nuclear Security Series no. 2, Technical Guidance(IAEA: Vienna, 2006), p. 5。

表 2.3 除核材料之外的放射性材料分类

放射源的种类	装置类型(举例)	典型的放射性成分
第一类	放射性同位素热电池	^{238}Pu, ^{244}Cm, ^{90}Sr
	辐射器/杀菌器	^{60}Co, ^{137}Cs
	远距放射治疗源	^{60}Co, ^{137}Cs
第二类	工业用 γ 射线照相源	^{60}Co, ^{192}Ir, ^{75}Se, ^{169}Yb, ^{170}Tm
	高、中剂量率近距治疗源	^{60}Co, ^{137}Cs, ^{192}Ir
	刻度源	^{60}Co, ^{137}Cs
第三类	固定式工业仪表	^{60}Co, ^{137}Cs, ^{252}Cf, ^{241}Am
	测井源	$^{241}Am/Be$, ^{137}Cs, ^{252}Cf
	起搏器	^{238}Pu

---

14 IAEA (note 1), p. 3。

续表

放射源的种类	装置类型(举例)	典型的放射性成分
第四类	低剂量率近距治疗源	$^{137}Cs, ^{226}Ra, ^{125}I, ^{92}Ir, ^{198}Au, ^{252}Cf$
	测厚仪	$^{85}Kr, ^{90}Sr, ^{241}Am, ^{147}Pm$
	料位计	$^{241}Am, ^{137}Cs, ^{60}Co$
	便携式仪表	$^{241}Am/Be, ^{137}Cs$
	骨密度仪	$^{109}Cd, ^{153}Gd, ^{125}I, ^{241}Am$
	静电消除器	$^{241}Am, ^{210}Po$
第五类	X射线荧光装置	$^{55}Fe, ^{109}Cd, ^{57}Co$
	避雷器	$^{241}Am, ^{226}Ra, ^{3}H$
	穆斯堡尔(Mössbauer)谱仪	^{57}Co
	医用诊断源	短寿命同位素，如 ^{131}I
	火灾探测器	^{241}Am 和 ^{238}Pu

资料来源：International Atomic Energy Agency（IAEA），*Categorization of Radioactive Sources: Safety Guide*, IAEA Safety Standards Series no. RS-G-1.9（IAEA: Vienna, 2005），pp. 4-6, 15-29; International Atomic Energy Agency（IAEA），*Nuclear Forensics Support: Reference Manual*, IAEA Nuclear Security Series no. 2, Technical Guidance（IAEA: Vienna, 2006），p. 5。

在某些应用中，特别是样品采集地点位于受控较严或较为规范的环境中时，如样品中的材料组成在某种程度上已知，或样品中材料的数量对现场测量而言太少，则可以省去样品分类。例如，IAEA 保障监督视察员在某个铀浓缩工厂收集擦拭样品时，会将一块块的擦拭织物封装和贴标签，随后送往实验室，并不会试图在现场进行材料分类。

2.2 样品表征

一旦获得样品，样品将被送往实验室，测定其中所含材料或物项的特征。实验室负责样品中的材料测量，并将结果汇编成适用于调查目的、尽可能精确的样品描述。

2.2.1 材料表征

事先不一定都知道需测量的材料特征的清单，以及需用到的样品测量技术的清单。在某些情形中，一些常见的基础测量便可满足核取证调查的目的。在其他情形中，在对初步测量结果进行解析之后，表征过程仍将继续，可能还需要进行某些新的，甚至意想不到的测量。核取证涉及核燃料循环中的各种核材料或放射性材料，这些材料的品种众多但数量有限，因此可将其特征编成一个简单的分类清单。IAEA 针对核安全工作所采用的特征分类清单如表 2.4 所示。

表 2.4　待测材料或物项的特征分类

特征类型	特征
物理	固体的大小、形状和织构 粉体的特征：粒径分布、形态 液体的特征
化学(分子)	核材料或放射性材料的化学组成 核燃料循环中用到的非放射性化学制剂
元素	构成样品的主要元素(如果化学成分无法明确测定) 次要元素 [a] 痕量元素 [b]
同位素	核材料的同位素组成 非核材料的同位素组成

a 次要元素是指为了改进或改变材料的物理或化学特性，通常在材料中有意加入的少量元素。

b 痕量元素是指在材料生产或制造过程中通常被无意引入的元素。例如，利用钢铁设备进行铀金属加工时，将会残留痕量的铁和铬，详细定义参见术语表。

资料来源：International Atomic Energy Agency(IAEA), *Nuclear Forensics Support: Reference Manual*, IAEA Nuclear Security Series no. 2, Technical Guidance(IAEA: Vienna, 2006), pp. 29-30。

2.2.2　测量技术及设备

用于提取样品特征的各种分析技术(即测量方法)和适用设备如表 2.5 所示。根据既定的分类方法，所采用的分析工具可分为三类：整体分析、成像分析和微量分析(表2.6)[15]。这些分类和技术具体阐述如下：

分析技术可能是破坏性或非破坏性的。破坏性分析(destructive analysis/ assay, DA)是指，在测量样品中核材料的组成、元素或同位素浓度时，会涉及材料物理和化学形式的改变(即破坏)[16]。通常，需要先对样品进行某些处理(如采用酸液溶解)，使其变成适于特定分析的状态。然后用所制备的材料进行破坏性分析。相对比，非破坏性分析(non-destructive analysis/ assay, NDA)是指在测量样品中核材料的组成、元素或同位素浓度时，不会导致材料发生显著的物理或化学改变[17]。非破坏性分析通常测量的是样品发出的辐射或热量，并与已通过破坏性分析确定其含量、本质上相似的材料的辐射发射或热释量标定值进行比较。非破坏性分析可以是无源式的或有源式的。无源式非破坏性分析测量的是样品自发发射的辐射或热。例如，γ 谱仪可记录样品发射出的 γ 辐射并测量其能量，进而能够识别出样品中可衰变产生该特定能量光子的同位素。在有源式非破坏性分析中，被测辐射是由测量仪器(如中子束)激发产生。

1. 整体分析

整体分析工具就是将待测量的材料作为一个整体来进行表征，因此可提供与样品的

15　IAEA（note 1），pp. 29-30。

16　IAEA（note 7），p. 60。

17　IAEA（note 7），p. 62。

表 2.5　典型的材料特征分类及测量技术

框架体系		尤为关注的特征	测量技术
核军备及库存研发与控制、核裁军			
国家武器研发计划[a]		全部	HRGS, 质谱
《部分禁止核试验条约》[a]		同位素	HRGS, 质谱
《全面禁止核试验条约》[b]	IMS 放射性核素部分	同位素	HRGS, BGCS
	现场视察	同位素	HRGS, BGCS
《裂变材料禁产条约》[b, c]		同位素	HRGS, 质谱
防核扩散与核安全			
《核不扩散条约》(IAEA 保障监督环境取样)[a]		元素，同位素	HRGS, XRF, SEM, 质谱
非法核交易案件的归因[a]		全部	HRGS, SEM, 质谱
核恐怖主义事件的归因[a]		全部	HRGS, 质谱
核情报			
国外核爆炸的监测		全部	
国外核设施及材料的监测		全部	

注：BGCS 为 β-γ 符合能谱；HRGS 为高分辨 γ 能谱；IMS 为国际监测系统；SEM 为扫描电子显微镜；XRF 为 X 射线荧光分析。

a 该框架对待测的材料特征或所用的测量技术并无限制。表中给出的仅是一些典型例子。

b 该框架对待测的材料特征和所用的测量技术均有限制。

c《裂变材料禁产条约》(Fissile Material Cut-Off Treaty, FMCT) 所许可的测量技术和感兴趣的材料特征，将决定着能否以及何时可谈判达成《裂变材料禁产条约》，并将取决于条约核查机制的具体细节。条约所选定的待测材料特征，或许有望确定核材料的年龄、正在进行的材料生产(或不存在)事实和反应堆钚的生产总量。

资料来源：关于 IAEA 用于保障监督的测量技术，可参阅 International Atomic Energy Agency (IAEA), *Safeguards Techniques and Equipment: 2003 Edition*, International Nuclear Verification Series no. 1 (IAEA: Vienna, 2003), pp. 5-34。关于全面禁止核试验条约组织(CTBTO)采用的技术，可参阅 Kalinowski, M. B. et al., 'The complexity of CTBT verification: taking noble gas monitoring as an example', *Complexity*, vol. 14, no. 1 (Sep./Oct. 2008), p. 93; Takano, M. and Krioutchenkov, V., 'Technical methods employed for the on-site inspection', *Kerntechnik*, vol. 66, no. 3 (2001), p. 144。

表 2.6　用于核取证分析样品表征的典型测量技术

工具类型	破坏性检测	无损检测
整体分析	热电离质谱(TIMS)、电感耦合等离子体质谱(ICP-MS)、放射化学分离	高分辨 γ 能谱(HRGS)、β-γ 符合能谱(BGCS)、β 门控 γ 能谱(BGGS)、X 射线荧光分析(XRF)、α 粒子能谱(APS)
成像分析		直接肉眼检查、照相、光学显微镜、扫描电子显微镜(SEM)、透射电镜(TEM)
微量分析	裂变径迹 TIMS(FT-TIMS)、ICP-MS、共振电离质谱(RIMS)、加速器质谱(AMS)	表面电离质谱(SIMS)、扫描电镜/能谱仪(SEM/EDS)、扫描电镜/波谱仪(SEM/WDS)

资料来源：International Atomic Energy Agency (IAEA), *Nuclear Forensics Support: Reference Manual*, IAEA Nuclear Security Series no. 2, Technical Guidance (IAEA: Vienna, 2006), pp. 46-54; International Atomic Energy Agency (IAEA), Department of Safeguards, *Research and Development Programme for Nuclear Verification 2010-2011* (IAEA: Vienna, 2010), p. 147。

平均组成有关的信息。这对于充分检测和鉴定各种痕量组分可能是必要的[18]。如果样品是均质的(即如果材料的组成和状态是均匀的，如一块铀金属)，那么仅进行整体分析或许足以完成材料表征。整体分析可以是破坏性或非破坏性的。

2. 成像分析

各种成像工具可给出高倍放大的材料图像或图谱。这类图像可服务于两个相互关联的目标。首先，成像分析可确定样品是非均质性(即样品由不同的组分或部分构成)还是均质性的。对于非均质性样品，只做整体分析或许是不够的，这是因为对整个样品进行均值化分析可能会掩盖样品的某些重要特征。因此，后续还需对各个组分进行微量分析。例如，1994 年在慕尼黑机场曾截获了一份粉状样品，SEM 分析显示，样品中存在三种截然不同的颗粒物——氧化铀(U_3O_8)和两种形式的氧化钚(PuO_2)。这就要求对每一种颗粒物进行单独的微量分析[19]。

其次，成像工具可提供材料中与各种微粒物质、颗粒、薄层片晶及其他组分的形状和大小有关的信息。这类信息或许与样品中材料的生产模式和历史密切相关。例如，浓缩工厂使用的铀是一种气体化合物——六氟化铀(UF_6)。在空气存在条件下，如果 UF_6 蒸气沉积在工厂设备的内壁上，则会形成直径约 $1\sim2\mu m$ 光滑的球形颗粒。随着时间的推移，这些颗粒物的形状将会逐渐变化，聚结并形成一层光滑的薄膜。这种薄膜随后会破碎并形成更大的片状颗粒物[20]。这些颗粒物的形状可能会有助于分析其历史。

3. 微量分析

微量分析通常是指测定极微量化学物质或同位素的绝对丰度或相对丰度(一般用浓度表示)。"原位微量分析"则被定义为"利用聚焦粒子束或射线束，直接分析研究固体的微观结构区域"[21]。如果某些破坏性的整体分析技术适用于表征块状材料的单个组分，那么 IAEA 也会将其包括在该分类中。

例如，如果成像分析显示某样品为非均质性，则可使用微量分析。针对在慕尼黑截获的粉状样品，对通过 SEM 识别出的不同种类的氧化钚颗粒进行逐个挑拣，并利用质谱进行微量分析，可测定其同位素组成、计算其年龄、确定其生产堆的类型[22]。

---

18 IAEA (note 1), pp. 29-30。

19 Schenkel, R. et al., 'From illicit trafficking to nuclear terrorism: the role of nuclear forensic science', International Atomic Energy Agency (IAEA) and Institute for Transuranium Elements (ITU), *Advances in Destructive and Non-destructive Analysis for Environmental Monitoring and Nuclear Forensics*, Proceedings of an International Conference, Karlsruhe, 21-23 Oct. 2002 (IAEA: Vienna, 2003), p. 13。

20 Kaurov, G. A., Stebelkov, V. A., Kolesnikov, O. N. and Frolov, D. V., *Atlas of Uranium Microparticles from Industrial Dust at Nuclear Fuel Cycle Plants* (Ministry for Atomic Energy, Laboratory for Microparticle Analysis: Moscow, 2000), p. 11; Stebelkov, V., Khoroshilov, V. and Stebelkov, Yu., 'Occurrence of particles with morphology characteristics which are typical for certain kinds of nuclear activity', IAEA-CN-184/82, *Symposium on International Safeguards: Preparing for Future Verification Challenges*, Vienna, 1-5 Nov. 2010 (IAEA: Vienna, 2010)。

21 McNaught, A. D. and Wilkinson, A., International Union of Pure and Applied Chemistry (IUPAC), *Compendium of Chemical Terminology*, 2nd edn (Blackwell Scientific Publications: Oxford, 1997)。

22 Schenkel et al. (note 19), p. 14。

4. 与样品表征有关的限制

与样品采集一样，核取证应用中的样品表征通常也会受到各种法律或法规文件的限制。通过测量所揭示的某些与样品内容物相关的信息，可能被视为是过度信息：在某一特定的法律框架内，某些信息或许显得过于暴露或机密。

对 CTBTO 国际监测系统(International Monitoring System，IMS)的放射性核素组成分析的相关限制就是这方面的一个很好例子。IMS 设备通过空气过滤收集其中的惰性气体和放射性颗粒物[23]。气体和颗粒物一旦被收集，IMS 便会着手查找某次核爆炸的放射性核素指示物：在其惰性气体监测台站中查找四种氙同位素(即 ^{131m}Xe、^{133}Xe、^{133m}Xe、^{135}Xe)，在颗粒物中筛查既定的 84 种相关放射性核素(42 种裂变产物和 42 种活化产物)[24]。IMS 仅限于使用特定的测量技术：用于分析滤材放射性颗粒物的高分辨 γ 能谱(high-resolution gamma spectrometry，HRGS)；用于测量惰性气体的 HRGS 和 β-γ 符合能谱(beta-gamma coincidence spectrometry，BGCS)[25]。其他测量技术包括可能更强大的质谱等测量技术，均不得使用。这种安排可使 CTBTO 监测系统在探测核爆炸的同时，不至于引发推断与核武器设计相关敏感信息的风险。

2.3 核取证解译

2.3.1 指纹特征

通过测量来确定样品特征，以形成足以进行材料识别(即从其他所有材料中辨识样品中的材料)的详细的样品描述。这种识别是核取证解译的本质所在。材料识别应达到满足分析目标所需的程度。能够区分或识别不同材料的特征或特征组合被称为指纹特征。

单一的指纹特征有可能并不足以回答核取证分析师在特定情形中提出的各种问题。例如，如果事先知道被测形状的燃料芯块只能由某一特定的工厂进行制造，那么简单地测量燃料芯块的尺寸和形状，或许便可确定其制造商。如果调查需要知道生产日期等信息，则必须寻找额外的指纹特征。因此，每一种核取证指纹特征都将反映材料的部分历史，揭示与材料有关的特定信息。材料可能会存在许多相互独立但蕴含着与同一种感兴趣特征相关信息的指纹特征。

指纹特征大致可分为两种：比较性(又称经验性)指纹特征和预测性指纹特征。通过系统测量核材料或放射性材料，可发现比较性的指纹特征。例如，自然界中的氧由三种

23 Dahlman, O., Mykkeltveit, S. and Haak, H., *Nuclear Test Ban: Converting Political Visions to Reality* (Springer: Dordrecht, 2009), pp. 47-50。

24 de Geer, L.-E., *CTBT Relevant Radionuclides*, Comprehensive Nuclear-Test-Ban Treaty Organization (CTBTO) Provisional Technical Secretariat (PTS) Technical Report PTS/IDC-1999/02 (CTBTO: Vienna, Apr. 1999), pp. 24-25。

25 Kalinowski, M. B. et al., 'The complexity of CTBT verification: taking noble gas monitoring as an example', *Complexity*, vol. 14, no. 1 (Sep./Oct. 2008), p. 93; and Auer, M. et al., 'Intercomparison experiments of systems for the measurement of xenon radionuclides in the atmosphere', *Applied Radiation and Isotopes*, vol. 60, no. 6 (June 2004), p. 866。

稳定同位素组成：^{16}O 占 99.762%、^{17}O 占 0.038%、^{18}O 占 0.200%。不过，轻微的同位素分馏可导致雨水中 $^{18}O:^{16}O$ 值的相对变化高达 5%，且这种变化取决于年平均温度、与海洋之间的平均距离和纬度，即取决于具体的地理位置。核燃料循环过程中，任何一家工厂的水(燃料循环中一种常见的溶剂)中的氧都将会通过反应进入所生产的二氧化铀(UO_2)中。因此，测定 UO_2 燃料芯块中的 $^{18}O:^{16}O$ 的值或许有助于确定燃料芯块的产地位置[26]。因此，$^{18}O:^{16}O$ 的值是比较性(或经验性)指纹特征的一个例子。

通过对核燃料循环、核武器制造及试验所涉及的各种物理和化学过程进行建模，可得到预测性指纹特征。例如，如果知道反应堆的类型及其运行模式、初始燃料组成、燃料在反应堆中的辐照时间，那么通过计算就可预测出燃料中钚产物的数量及同位素组成[27]。如果某一样品所测得的钚同位素组成与计算得到的预测性指纹特征相匹配，则可确定钚源自该生产设施。

2.3.2 解译过程

在核取证解译过程中，分析师将会运用可供利用的材料特征，试图构建有用的指纹特征。随后，利用这些指纹特征来区分样品中的材料和其他所有不相干的材料。材料识别通常可通过排除法来完成[28]。材料的生产仅涉及有限数量的核材料或放射性材料和物理过程，因此往往只能列举出这些材料的可能来源和历史。然后，运用可供利用的指纹特征排除其中的某些可能性。如果排除后仅剩一种可能，那么解译过程则宣告成功。如果排除后剩下的可能性不止一种，分析师则必须决定采用哪种额外的指纹特征区分剩余的选项，然后必须重新返回表征步骤，以便测量必需的材料性质并构建所需的额外的指纹特征。在某些情形中——例如，如果进一步排除所需的信息为机密信息或已经丢失，则解译过程不算结束，仍会留下不止一种选项。

解译通常可分为两种：内源性解译和外源性解译[29]。仅仅运用物理定律等一般性知识，通过解译与样品特征有关的原始数据，便可获得内源性信息。相比之下，外源性信息则不可能单单从样品本身获得。

内源性信息通常不证自明，或可以通过直接计算而得到。例如，根据样品中各种放射性核素的相对浓度，可直接计算得到核材料的"年龄"(即完成上一次化学纯化后所需要的时间)[30]。为了得到核材料的年龄，除需用到样品特征外，无需其他的数据，因此，材料的年龄信息是一种内源性信息。在某些框架体系中，仅使用内源性信息便足以满足需求。例如，CTBTO 的放射性核素监测台站和实验室如果能确信探测到含有大量与核爆炸密切相关的裂变产物(如 ^{99}Mo 和 ^{95}Zr)的颗粒物，便可达到该系统的目的——确定与这

26 Mayer et al. (note 1), pp. 403-404。

27 关于钚同位素组成计算，可参阅第 5 章。计算钚产率的方法，可参阅 Albright, D., Berkhout, F. and Walker, W., SIPRI, *Plutonium and Highly Enriched Uranium 1996: World Inventories, Capabilities and Policies* (Oxford University Press: Oxford, 1997), pp. 461-63。

28 Redermeier, A., 'Fingerprinting of nuclear material for nuclear forensics', *ESARDA Bulletin*, no. 43 (Dec. 2009), p. 76。

29 Mayer, K. and Wallenius, M., 'Nuclear forensic methods in safeguards', *ESARDA Bulletin*, no. 38 (June 2008), p. 45。

30 Moody, K. J., Hutcheon, I. D. and Grant, P. M., *Nuclear Forensic Analysis* (CRC Press: Boca Raton, FL, 2005), pp. 178-217。

些颗粒物有关的爆炸的核性质[31]。在出于 IAEA 保障监督目的的环境取样中，未能探测到与国家申报不符的同位素，也算是一种有意义的结果。

在诸如非法交易调查等许多其他重要的案件中，单靠内源性信息是不够的。通过将各种样品特征与外部参考数据相匹配，进行更复杂的解译，可得到某些外源性信息。这类参考数据可从公开文献、个人专业知识、数据库、存档样品、专门获取的样品或模型计算中获得[32]。利用外源性信息成功进行核取证解译的一个例子是 2003 年 8 月对伊朗的核查(事后伊朗予以承认)，IAEA 在伊朗境内发现的痕量的高浓缩铀(highly enriched uranium, HEU)源自由巴基斯坦供应的离心机部件。IAEA 的确能将伊朗境内发现的高浓缩铀颗粒物与 2005 年 5 月对巴基斯坦提供的零部件进行擦拭取样所获得的颗粒物相匹配[33]。

2.3.3 图书馆、数据库和档案

正如上述在伊朗境内发现源自巴基斯坦的高浓缩铀颗粒物案例所示，有时可能仅仅需要提供一个用于核取证解译的参考样品。为了打击非法核材料交易，部分国家和国际组织已经建立并在维护一些核取证数据库。此外，还建有大量出于不相关目的(如质量控制、保障监督或核材料衡算)的数据库、参考数据库及参考材料库。下面将简要介绍这两类中的某些相关数据库及其主要特点。

值得注意的是，IAEA 耗时一年多才拿到巴基斯坦的高浓缩铀参考样品。在要求及时、准确地进行核取证评估的应用中，如对核恐怖主义事件的调查，这样的延误被认为是不可接受的。因此，在打击核走私和核恐怖主义行为的大背景下，为更好地服务于核取证解译，积极推进数据库或存档样品支持能力的建议绝非巧合[34]。此事已经具体化为如下建立国家图书馆协调网络的提议。

1. 由各种国际组织维护的数据库

1995 年启动的 IAEA "事件与非法交易数据库(incident and trafficking database, ITDB)"，被描述为一种记录和分析"涉及脱离管控核材料及其他放射性材料的非法交易及其他非授权活动和事件"的信息系统[35]。截至 2013 年 12 月，共有 125 个国家参与其中。该数据库的信息是保密的，只有一些汇总数据和某些涉及高浓缩铀和钚事件的数据对外公布[36]。

---

31 Matthews, K. M., *The CTBT Verification Significance of Particulate Radionuclides Detected by the International Monitoring System*, National Radiation Laboratory (NRL) Report no. 2005/1 (New Zealand Ministry of Health, NRL: Christchurch, 2005), pp. 5,41。

32 在模型计算中，用于提供参考数据的模型已经是采用独立于所研究样品的数据建立和验证，因此模型的使用根本不同于用于获取内源性信息的计算。

33 详见第 9 章。

34 Luetzenkirchen, K. and Mayer, K., 'How a database of nuclear databases could help the effort to combat trafficking', *Nature*, 18 Jan. 2007, p. 256; and May, M., Davis, J. and Jeanloz R., 'Preparing for the worst', *Nature*, 26 Oct. 2006, pp. 907-908。

35 International Atomic Energy Agency (IAEA), 'Incident and Trafficking Database (ITDB)', http://www-ns.iaea.org/security/itdb.asp. 直到 2012 年，事件与非法交易数据库(ITDB)改称为非法交易数据库(Illicit Trafficking Database)。

36 International Atomic Energy Agency (IAEA), 'IAEA Illicit Trafficking Database (ITDB)', Fact sheet, 2014, http://www-ns.iaea.org/downloads/security/itdb-fact-sheet.pdf。

ITDB 的主要信息源通常是 IAEA 通过国家联络点从成员国收到的事件通报表 (incident-notification form，INF)。事件通报表由两部分组成。第一部分提供基本数据，至少应说明"事件发生的日期和地点；所涉及材料的类型、数量、物理形态和化学性质；核材料的富集程度和同位素含量或放射源的活度水平"[37]。第一部分所包括的数据类型，通常与 IAEA 在其核取证指导文件中所采用的材料特征分类清单相一致[38]。第二部分提供与事件有关的其他更敏感的细节，例如"所涉及的个人或组织、预期用途、探测/发现的手段、容器、包装、标签、材料的可能来源"，以及报告国可能希望包括的其他信息[39]。

ITDB 还将评估各种"可信和相关"的开源报告、信息，以此作为所提交事件通报表的补充，或向事件发生国提出额外的信息请求。IAEA 核安全司(Division of Nuclear Security)将会分析 ITDB 数据库中的信息，并向成员国提供季度和年度报告，以评估非法交易的"威胁、模式和趋势"[40]。自 2008 年起，IAEA 还一直在维护旨在作为 ITDB 补充的"恶意行为数据库(malicious acts database，MAD)"。MAD 包括与各类旨在蓄意破坏核设施核安保程序或系统的"威胁、企图、阴谋、全部或部分已实施活动"相关的开源数据[41]。

IAEA 还建有大量针对保障监督目的的数据库。第一，各个国家应根据国家核材料衡算系统向 IAEA 进行申报，描述其核材料库存、物流与平衡(即物流进、出之间的差值)[42]。这类申报应涵盖每一批次材料，包括一些与材料物理形式、化学组成及重量相关的数据，对钚和铀而言，还应包括同位素组成[43]。第二，IAEA 还会针对衡算目的，每年收集视察员在现场采集的数千条的非破坏性分析结果，以及由其保障监督分析实验室(Safeguards Analytical Laboratories，SAL)和分析实验室网络(Network of Analytical Laboratories，NWAL)——一个由 IAEA 各成员国 20 家实验室组成的网络，对比元素(如铀或钚)或同位素(如 ^{235}U)的质量与相应的申报数值——所提供的数百条的破坏性分析结果[44]。第三，IAEA 还建有一个环境取样(environmental sampling，ES)数据库，该数据库存储了源自 NWAL 成员实验室的环境样品(通常是由视察员通过棉布擦拭取样收集到的尘埃颗粒物)测量数据。为了获得完整的颗粒物特征，这些实验室使用了各种质谱技术、电子显微镜和 γ 能谱分析，所有的颗粒物特征数据与质量控制数据等一起被存储在环境取样数据库

---

37 Satterfield, J., 'International Atomic Energy Agency (IAEA) illicit trafficking database programme', Institute of Nuclear Materials Management, *46th Annual Meeting of the Institute of Nuclear Materials Management (INMM 46)*, Phoenix, AZ, 10-14 July 2005 (INMM: Deerfield, IL, 2006), pp. 3-4。

38 See section II above; and IAEA (note 1), pp. 29-30。

39 Satterfield (note 37), p. 3。

40 Satterfield (note 37), p. 5。

41 Hoskins, R., Turkin, V. and Wesley, R., 'Nuclear security incident analysis: towards an integrated and comprehensive approach', IAEA-CN-166/061, Presentation at the International Symposium on Nuclear Security, Vienna, 30 Mar. - 3 Apr. 2009, http://www-pub.iaea.org/MTCD/Meetings/cnl66_Presentations_n.asp。

42 Norman, C. et al., 'The importance of correctness: the role of nuclear material accountancy and nuclear material analysis in the state evaluation process', IAEA-CN-184/267, *Symposium on International Safeguards: Preparing for Future Verification Challenges,* Vienna, 1-5 Nov. 2010 (IAEA: Vienna, 2010)。

43 IAEA (note 7), p.48。

44 Norman et al. (note 42), pp. 3-4。

中。IAEA 上述三个数据库中所包括的信息被认为是"保障监督机密"，因此不得将其共享。不过，各个国家或拥有自己的保障监督数据，或可进行相关的数据收集，可决定是否将其用于核取证调查[45]。

IAEA 还设立了一个单独的门户网站"NUCLEUS"，建有许多可供公开获取的数据库和信息源[46]。其中的某些数据库被证明与核材料或放射性材料鉴定有关，例如，核燃料循环信息系统(nuclear fuel cycle information system，NFCIS)、国家核电概要(country nuclear power profiles，CNPP)、动力堆信息系统(power reactor information system，PRIS)、研究堆数据库(research reactor database，RRDB)、世界铀矿分布(world distribution of uranium deposits，UDEPO)数据库、国际密封放射源及装置目录(international catalogue of sealed radioactive sources and devices，ICSRS)、基于网络的废物管理数据库(net enabled waste management database，NEWMDB)。

经济合作与发展组织(Organisation for Economic Co-operation and Development，OECD)核能机构(Nuclear Energy Agency，NEA)负责维护的"乏燃料同位素组成数据库"，包含源自 14 座动力堆的详细的乏燃料数据[47]。

2. 由各个国家维护的数据库

位于德国卡尔斯鲁厄的超铀元素研究所(Institute for Transuranium Elements，ITU)(欧盟委员会联合研究中心的一部分)和位于莫斯科的无机材料高技术科学研究所[VNIINM，又称波兹瓦研究所，是俄罗斯国家原子能集团公司(Russian State Atomic Energy Corporation，Rosatom)的一部分]，负责运行着一个详细描述欧洲和苏联所用新鲜核燃料的数据库。该数据库于 1997 年 12 月全面投入运行，其数据库的建立有着明确的目的，即帮助鉴定在非法交易案中截获的各种核材料。

该数据库共包括三部分：两个"受限部分"和一个"公共部分"。ITU 和 VNIINM 各自运行着一个受限部分，其中所包含的受限数据可在逐案审查的基础上、以查询结果的形式提供给另一方。公共部分对双方机构的授权人员开放。数据库中包含：与燃料供应商有关的信息；与商业堆及研究堆燃料有关的参考数据，包括其物理、化学和同位素特征；微观结构参数的典型分布，如燃料芯块中的粒度分布；特定供应商同位素和杂质含量的详细边界和真实范围；数据产生的分析方法和设备信息[48]。

在涉及不同于商业或典型研究型核燃料的非标材料(如实验燃料或已停产燃料)的非

---

45 Kuhn et al. (note 6), p. 3; Donohue, D., 'Environmental sample analysis: advances and future trends', IAEA-CN-184/159, *Symposium on International Safeguards: Preparing for Future Verification Challenges*, Vienna, 1-5 Nov. 2010 (IAEA: Vienna, 2010); Vilece, K., Hosoya, M. and Donohue, D., 'Evolution of safeguards analytical services', *Proceedings of the 31st ESARDA Annual Meeting*, Vilnius, 26-28 May 2009 (European Safeguards Research and Development Association: Ispra, 2009), p. 6.

46 有关 NUCLEUS 数据库的目录，请访问 http://nucleus.iaea.org/CIR/。

47 Organisation for Economic Co-operation and Development (OECD), Nuclear Energy Agency, 'SFCOMPO: Spent Fuel Isotopic Composition Database', http://www.oecd-nea.org/sfcompo/。

48 Dolgov, Yu. et al., 'Installation of a database for identification of nuclear material of unknown origin at VNIINM Moscow', *Proceedings of the 21st ESARDA Annual Meeting*, Seville, 4-6 May 1999 (European Safeguards Research and Development Association: Ispra, 1999), p. 833。

法交易案中，需要广泛了解材料的生产流程和预期用途。为了满足这一需求，作为 ITU-VNIINM 数据库的补充，还建立了一个电子文档库，收录了苏联和俄罗斯在 1972～2001 年所发表的文献。该文档库也包括一个"公共部分"(包括在俄罗斯之外难以获取的各种公开出版物)和一个"单独部分"(收录了苏联和俄罗斯核综合体各组织机构产生的内部报告)。归档文件包含如下信息：非标几何构型氧化物燃料等"异常"的燃料设计；金属、碳化物、氮化物和碳氮化物燃料；用于核火箭发动机的热离子燃料元件和燃料；用于次锕元素嬗变的燃料和靶；放射性核素源和放射性同位素温差发电机[49]。

2006 年 8 月 28 日，时任美国总统正式建立了"核材料信息计划(nuclear materials information program，NMIP)"[50]。按照设想，NMIP 将是一个综合且持续更新的信息管理系统，共包括三个主要部分[51]。第一，NMIP 将全面整合并向美国政府提供各种来源、与美国及全球核材料有关的信息。该系统设计旨在包括所有与核取证相关的完整的核材料特征。第二，该计划旨在建立和维护一个可用于识别和跟踪遍布(美国)各地的核材料样品的国家注册记录的档案库[52]。第三，NMIP 还包括一个国际延伸部分，旨在鼓励其他国家也建立涵盖其自身核材料的类似系统[53]。

2003 年 12 月 22 日，欧盟理事会颁布了一项旨在促进和协调控制欧盟范围内"高活度密封源"(high-activity sealed sources，HASS)的指令，即所谓的 HASS 指令[54]。该指令规定，所有的 HASS 生产商应记录各自生产的所有放射源、转移和地点，并定期向有关的国家主管部门提交各种记录。要求相关的国家主管部门应记录这些放射源的授权持有者及源本身的信息，并考虑放射源转移等因素，确保更新所有的记录。对每一种源的记录应包括放射性核素的名称、物理和化学形式的特征，以及在生产日期或被首次投放市场时的活度水平、生产日期、制造商身份等信息。2013 年底，HASS 指令及其指导下的各种活动被整合进一项新的"基本安全标准指令(basic safety standards directive)"[55]。

---

49 Dolgov, Y., Bibilashvili, Y. and Schubert, A., 'Development of an electronic archive on non-conventional fuels as an integral part of a nuclear forensics laboratory', IAEA and Institute for Transuranium Elements (note 19)。

50 建立"核材料信息计划(NMIP)"的文件——国家安全与国土安全总统指令 NSPD-48/HSPD-17，并未对外公开。2008 年 4 月 2 日，美国能源部情报及反情报办公室主任 R. Mowatt-Larsen 在美国参议院国土安全与政府事务委员会进行陈词时讲述了上述消息，http://www.hsgac.senate. gov/hearings/nuclear-terrorism-assessing-the-threat-to-the-homeland。也可参阅 US Government Accountability Office (GAO), *Nuclear Nonproliferation: Comprehensive U.S. Planning and Better Foreign Cooperation Needed to Secure Vulnerable Nuclear Materials Worldwide*, GAO-11-227 (GAO: Washington, DC, Dec. 2010)。

51 Mowatt-Larsen (note 50)。

52 Mowatt-Larsen (note 50)。

53 Brisson, M., 'Nuclear Materials Information Program', Institute of Nuclear Materials Management, *51st Annual Meeting of the Institute of Nuclear Materials Management 2010 (INMM 51)*, vol. 2 (INMM: Deerfield, IL, 2011)。

54 Council Directive 2003/122/Euratom of 22 Dec. 2003 on the control of high-activity sealed radioactive sources and orphan sources, *Official Journal of the European Union*, L346, 31 Dec. 2003。

55 Council Directive 2013/59/Euratom of 5 Dec. 2013 laying down basic safety standards for protection against the dangers arising from exposure to ionising radiation, *Official Journal of the European Union*, L13, 17 Jan. 2014. 关于"高活度密封源"(HASS)指令及实施，可参阅 European Commission, Directorate-General for Energy, 'Radioactive sources', http://ec.europa.eu/energy/nuclear/radiation_protection/radioactive_sources_en.htm。

3. 提议中的国家图书馆网络

尽管不切实际，但实现参考数据快速获取的最直接的途径将是建立一个单独的、全球性的核取证数据库，其中应包含对于调查有用的且被证明是可信的每一种特征。由于众多显而易见的原因，包括大多数相关数据的专有性或机密性，该选项一直未能得到进一步发展。作为替代，2008 年，核取证国际技术工作组(International Technical Working Group，ITWG)与 IAEA 联合提出了一种分布式国家核取证图书馆(national nuclear forensic libraries，NNFL)网络的概念、一份开列这类图书馆的国际名录清单、向图书馆主管国政府提出适宜参考信息申请的正式程序[56]。

该概念设想，NNFL 将涵盖与涉及"留存于某一国家或由某一特定国家生产的核材料或放射性材料"核取证调查相关的数据[57]。图书馆可采取电子数据库形式，或是进行真实样品的建档，或两种形式兼而有之。该概念并未对国家图书馆的结构作出任何限制，但暗示其兼容结构将会极大地方便各种查询。

有两个主要因素将影响国家图书馆的复杂性：国家持有的核材料及放射性材料的大小和年龄，以及其生产、转移和处置的速度[58]。该概念设想，国家图书馆的大小应与该国涉及核材料和放射性材料的各种活动相称。理论上讲，尽管国家图书馆应尽可能地涵盖该国曾经生产或存储过的所有的核材料及放射性材料，但其实际广泛性应由创建国视实际情况而定。不过，IAEA 和 ITWG 似乎一致认为需包括如下数据：化学形式、物理形式、同位素组成(裂变、主要和次要同位素的丰度)、元素组成、生产日期和实物地点[59]。美国的 NMIP 计划或许是最接近综合性国家核取证图书馆的设想。它直接有助于 NNFL 的发展和推广，且与美国的国家级核材料衡算数据库密切关联[60]。

该概念建议，各个政府应建立国家联络点和国际查询的启动和响应机制。联络点(政府相应机构中的官员)将与国际名录保持联系。按照设想，国家图书馆国际名录是一份拥有国家图书馆的政府清单，简要介绍了其图书馆的内容和联络点信息。该名录既不会包括对任何材料的详细描述，也不会包括任何形式的专有信息或敏感信息[61]。

这一概念是否以及能在多大程度上得以实现还有待观察。2010 年的华盛顿核安全峰会、2010 年的国际原子能机构大会和《打击核恐怖主义全球倡议》，对这一概念均给予

---

56 Wacker, J. F. and Curry, M., *Proposed Framework for National Nuclear Forensics Libraries and International Directories* (Nuclear Forensics International Technical Working Group: 8 June 2011). 也可参阅 Smith, D., de Oliveira, C. N. and Abedin-Zadeh, R., 'Recent activities at the International Atomic Energy Agency to advance nuclear forensics', and Wacker, J. F. and Curry, M. R., 'A concept for national nuclear forensic libraries', Institute of Nuclear Materials Management (note 53), vol. 2。

57 Wacker and Curry, *Proposed Framework* (note 56), p. 3。

58 LaMont, S. et al., 'National nuclear forensics libraries: a suggested approach for country specific nuclear material databases', LA-UR-10-06586, Presentation at the International Workshop on Nuclear Forensics Following on Nuclear Security Summit, 5-6 Oct. 2010, Tokai, http://www.jaea.go.jp/04/np/activity/2010-10-05/index_en.html, p. 8。

59 Wacker and Curry, *Proposed Framework* (note 56), p. 5。

60 Ascanio, X., Beams, J. and Dunsworth, D., 'Inventory characterization for planning and executing effective nuclear material management, consolidation and disposition', Institute of Nuclear Materials Management (note 53), vol. 2。

61 Wacker and Curry, *Proposed Framework* (note 56), p. 9。

了相当大的政治支持[62]。许多国家为切实实现这一概念已经投入了相当大的努力[63]。不过，有些国家在贯彻 NNFL 概念时，因其巨大的投入成本，可能会行动滞缓或无动于衷，他们在发生事故时拒绝承认、对透明缺乏心理准备、对成功归因的结果不甚清楚、对核走私问题缺乏足够的优先关注或假装有能力通过其他的方式进行成功解译。

---

62 White House, Office of the Press Secretary, 'Work plan of the Washington Nuclear Security Summit', 13 Apr. 2010, http://www.whitehouse.gov/the-press-office/work-plan-washington-nuclear-security-summit; International Atomic Energy Agency (IAEA), General Conference, 'Nuclear security', Resolution, 24 Sep. 2010, GC (54)/RES/8, 24 Sep. 2010; and Sonderman R., 'Global Initiative to Combat Nuclear Terrorism (GICNT) efforts in nuclear forensics', Presentation at the International Forum on Peaceful Use of Nuclear Energy and Nuclear Non-proliferation, 2-3 Feb. 2011, Tokyo, http://www.jaea.go.jp/04/np/activity/2011-02-02/index_en.html, p. 9。

63 关于国家实施"国家核取证图书馆"（NNFL）概念的报告，可参阅 *International Conference on Advances in Nuclear Forensics: Countering the Evolving Threat of Nuclear and Other Radioactive Material out of Regulatory Control*, Book of Extended Synopses, Vienna, 7-10 July 2014（IAEA: Vienna, 2014）。

第 3 章

无机质谱：一种破坏性核取证分析工具

Klaus Mayer，Maria Wallenius，Zsolt Varga，Magnus Hedberg，Nicole Erdmann

质谱是一种成熟且极通用的技术，具有高灵敏度、高选择性、高精度及潜在的高准确性等特点。然而，可靠的核取证结论需要基于经过验证的程序和充分认知的测量技术。核取证调查通常从对样品中存在的放射性核素的非破坏性检测(即高分辨 γ 能谱测量)和目视检查开始，随后对材料进行光学显微镜检查[1]。之后，分取样品进行电子显微镜和化学分析。质谱无疑是可以运用的最重要和最通用的分析方法。

可用于核取证的质谱技术有很多，每一种质谱技术都能够为分析核材料的核科学家提供有价值的信息，从而使其得出有助于支持防核扩散和执法调查的结论(表 3.1)。运用热电离质谱(thermal ionization mass spectrometry，TIMS)、电感耦合等离子体质谱(inductively coupled plasma mass spectrometry，ICP-MS)和二次离子质谱(secondary ion mass spectrometry，SIMS)，可以确定核材料中主要及次要成分的同位素组成和化学杂质的浓度等关键参数。目前正在研究运用加速器质谱(accelerator mass spectrometry，AMS)、共振电离质谱(resonance ionization mass spectrometry，RIMS)等更为先进的技术应对各种核取证挑战的适用性。

表 3.1   核取证测量方法

参数	测量方法	对比解译
铀同位素比	TIMS，ICP-MS，SIMS，AMS，RIMS	数据库
钚同位素比	TIMS，ICP-MS，SIMS，RIMS，γ 能谱测量	模型计算，数据库
金属杂质(浓度，形态)	ICP-MS，ICP-OES，GD-MS	工艺知识，数据库，已知样品
稳定同位素比	ICP-MS，GC-MS	数据库，已知样品
宏观形貌	光学显微镜检查	工艺知识，数据库，已知样品
微观形貌	SEM，TEM	工艺知识，数据库，已知样品
放射性同位素	γ 能谱测量，液体闪烁计数，ICP-MS	模型计算
非金属杂质	气相色谱	工艺知识，数据库，已知样品

注：GC-MS=气相色谱-质谱联用；GD-MS=辉光放电质谱；ICP-OES=电感耦合等离子体发射光谱；SEM=扫描电子显微镜；TEM=透射电子显微镜。并未完全列举所有的测量方法，且优先考虑的是质谱技术。

---

1 关于 γ 能谱测量，详见第 4 章。

本章介绍了几种不同的质谱技术，概述了其一般原理和局限性，并阐述了其在核取证调查中的应用。3.1～3.3 节分别描述三种最重要的质谱技术：TIMS、ICP-MS 和 SIMS。3.4 节描述了两种仅用于特殊情形的质谱技术：AMS 和 RIMS。

3.1 热电离质谱

TIMS 被广泛用于电离势相对较低的元素的同位素比的高精度测量。铀、钚等核材料可满足这一要求，在核技术发展的早期便建立起了运用 TIMS 测量铀、钚同位素比的方法。随着仪器的改进和数据处理技术的进步，测量结果的准确性已经得到很大提高，目前正在挖掘 TIMS 作为一种强有力分析技术的潜力。其具有的高选择性、高灵敏性和专属性等特点，已经被证明具有很高的精确度且有望具有极高的准确度。特别是对于铀、钚测量，准确的同位素组成信息十分有用，将有助于区分不同预期用途的不同批次和不同来源的材料。

同位素稀释 TIMS（isotope dilution TIMS，ID-TIMS）是一种较常用的 TIMS 测量方法，能够精确定量样品中某种感兴趣的元素。利用 ID-TIMS（或更为普遍地利用同位素稀释质谱），当加入已知量的"稀释剂"（即同一种化学元素的某种浓缩的同位素）时，通过元素同位素组成所产生的变化，可定量分析材料中存在的某一种元素[2]。ID-TIMS 基本上是一种单元素技术，它可能可以给出最高的准确度，尤其适用于铀、钚定量。不过，以下讨论的重点将放在运用 TIMS 测定同位素组成，这是因为同位素组成通常被证明在核取证中是更有用的指纹特征。

3.1.1 原理与概述

TIMS 是一种发展成熟的技术[3]。它特别适用于第一电离能较低的化学元素。在实际测量之前，需要经过一个样品制备步骤：其中包括将感兴趣的元素与其他元素（如基体物质或杂质）进行化学分离。然后，将经过纯化的样品沉积在一个被称为"丝带"的金属带上。

通常，沉积在金属带上的物质从几微克（μg）到皮克（pg）不等。丝带由铼、钽、铂或钨等难熔性、高功函数的金属制成。随后，通上电流使丝带加热。这样便可使样品蒸发、原子化，最终使位于热表面（实际上是金属丝带）上的原子离子化。这种通过热能将电子移离外壳层的过程，取名为"热电离"。对于铀样品，热电离产生 U^+，通过施加高电压将其加速，随后利用质量分析器（一种磁场、静电场或四级杆）进行质量分离（例如，在

2 关于这一技术的详细描述，可参阅 Fassett, J. D. and Paulsen, P. J., 'Isotope dilution mass spectrometry for accurate elemental analysis', *Analytical Chemistry*, vol. 61, no. 10 (May1989); De Bièvre, P., 'Isotope dilution mass spectrometry: what can it contribute to accuracy in trace analysis?', *Fresenius' Journal of Analytical Chemistry*, vol. 337, no. 7 (Aug. 1990); Gopalan, K., 'Isotope dilution mass spectrometry', eds S. K. Aggarwal and H. C. Jain, *Introduction to Mass Spectrometry* (Indian Society for Mass Spectrometry: Mumbai, 1997).

3 介绍 TIMS 的教科书有很多，例如 de Laeter, J. R., *Applications of Inorganic Mass Spectrometry* (Wiley: New York, 2001); Platzner, I. T. *Modern Isotope Ratio Mass Spectrometry* (Wiley: New York, 1997); Aggarwal, S. K. and Jain, H. C., '*Introduction to mass spectrometry*', eds Aggarwal and Jain (note 2).

$^{234}U^+$、$^{235}U^+$、$^{236}U^+$和$^{238}U^+$之间)。在铀、钚测量中，利用热电离离子源与扇形磁场相结合进行质量分离，利用法拉第杯或二次电子倍增器进行离子检测。

3.1.2 TIMS 在核取证中的应用

TIMS 在核取证调查中是一种关键的测量技术。将用于 TIMS 的分样品溶解，随后进行稀释和化学分离。然后，取少量纯化后的样品滴加到铼带上。

铀的同位素组成可提供与材料预期用途有关的信息。在强放射源的屏蔽材料中，往往会遇到金属形式的贫化铀(即 ^{235}U∶U 比值小于 0.7%的铀)。大量开采的天然铀(即 ^{235}U∶U 比值为 0.7%的铀)在核燃料循环中被用作一种原料。某些反应堆的运行采用天然同位素组成的燃料。世界上大多数的动力堆是所谓的轻水反应堆，采用低浓缩铀(low-enriched uranium，LEU)燃料——更确切地说，燃料中 ^{235}U 的富集度可高达 4.5%。研究堆通常需要使用富集度更高(高达 90%)的燃料。丰度较低的次要同位素组分也可提供有用的核取证信息。天然铀中的 ^{234}U∶^{238}U 同位素丰度比显示出与铀产地相关的微小但可测量的变化[4]。天然铀中的 ^{236}U 含量很低，但是，^{235}U 在反应堆中通过中子俘获可产生较多数量的 ^{236}U。因此，铀样品中 ^{236}U 同位素的存在，可指示铀的辐照历史。

TIMS 测量应用可以用 2003 年在荷兰鹿特丹港查获的铀精矿(uranium ore concentrate，UOC)为例加以说明。在从约旦运抵的一批废铁中，发现了数千克的铀精矿。一些外部信息显示这批材料可能源自伊拉克。为了获得关于材料历史的更多信息并证明(或反驳)这一假设，主管部门要求对其进行核取证分析。为此，样品(图 3.1)被送到超铀元素研究所(Institute for Transuranium Elements，ITU)做进一步分析。

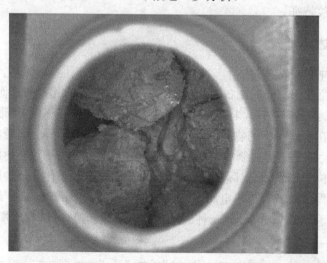

图 3.1　2003 年在鹿特丹查获的铀精矿样品，随后被送至核取证实验室
资料来源：European Commission, Joint Research Centre (JRC), Institute for Transuranium Elements (ITU)

---

4 Richter, S. et al., 'Isotopic "fingerprints" for natural uranium ore samples', *International Journal of Mass Spectrometry*, vol. 193, no. 1 (1999). 关于核取证指纹特征，可参阅第 5 章和第 6 章。

测得的 $^{235}U:^{238}U$ 和 $^{234}U:^{238}U$ 同位素丰度比与天然铀相同，分别为 $7.253\times10^{-3}\pm$ 0.013×10^{-3} 和 $5.522\times10^{-5}\pm0.072\times10^{-5}$。最初，利用 Finnigan MAT 261 仪器进行的 TIMS 测量并未检测到人工同位素 ^{236}U（由于 $^{236}U:^{238}U$ 同位素丰度比低于 3×10^{-7}）。最近，利用配有减速装置和离子计数能力的 Triton 质谱仪（德国 Bremen 的 Thermo Scientific 公司）进行的测量显示，$^{236}U:^{238}U$ 同位素丰度比为 $1.545\times10^{-7}\pm0.002\times10^{-7}$。这一结果使得情况大大改变：痕量 ^{236}U 的存在，表明材料被辐照过（和回收）的铀所玷污。这表明，该材料并不是简单的铀矿开采物，而是经过了其他核燃料循环阶段，例如，曾经历反应堆辐照。$^{234}U:^{235}U$ 同位素丰度比（0.00761 ± 0.00011）变化很小。这一数值与公开报道的开采自伊拉克北部 Akashat 的磷灰石、在伊拉克 al-Qaim 生产的未申报的 UO_4 中的 $^{234}U:^{235}U$ 同位素丰度比（0.00765 ± 0.00002）极为一致。它不同于在伊拉克罚没的、源自某申报源（即从意大利进口，$^{234}U:^{235}U$ 丰度比为 $0.00742\sim0.00757$）的天然铀材料中发现的比值[5]。观测到的 $^{234}U:^{238}U$ 同位素丰度比表明，铀矿开采自一种低温氧化还原矿床[6]。这种矿床与位于伊拉克北部的磷灰石矿床相一致。

3.2 电感耦合等离子体质谱

ICP-MS 是目前最常用的质谱测量技术，既可用于浓度测量，也可用于同位素比测量，即使是被分析物低至飞克每克（fg/g）的样品水平。这种强大的分析技术也越来越多地被用于测量各种长寿命放射性核素，进而可作为传统放射性分析技术的一种辅助工具。ICP-MS 不仅能够测量元素浓度，还能够给出材料的同位素组成信息，因此在核取证中是一种极常用的技术。此外，这也是得益于 ICP-MS 测量方法的高灵敏度（样品消耗较小）、良好的精确度和准确度，以及样品适用类型和进样方法的多样性[7]。

3.2.1 原理与概述

ICP-MS 采用电感耦合等离子体作为离子源。样品溶液可通过各种进样系统（例如，气动雾化器、超声雾化器、电热蒸发或激光烧蚀）被引入等离子体（最常见的是氩）中。样品在等离子体中、于约 6000～8000K 温度下首先被分解为原子态，继而被高度电离（大多数化学元素的电离效率大于 90%），其中，多电荷离子的占比较小。带正电荷的离子通

---

5 International Atomic Energy Agency (IAEA), Fourth semi-annual report on the implementation by the IAEA of the plan for the destruction, removal or rendering harmless of items listed in paragraph 12 of UN Security Council Resolution 687 (1991), IAEA report to the United Nations Security Council, S/25983, 21 June 1993.

6 Buchholz, B. A. et al., 'Investigating uranium isotopic distributions in environmental samples using AMS and MC-ICPMS', *Nuclear Instruments and Methods in Physics Research, Section B: Beam Interactions with Materials and Atoms*, vol. 259, no. 1 (June 2007).

7 Becker, J. S. and Dietze, H .-J., 'Inorganic trace analysis by mass spectrometry', *Spectrochimica Acta, Part B: Atomic Spectroscopy*, vol. 53, no. 11 (Oct. 1998); Montaser, A. and Golightly, D. W.(eds), *Inductively Coupled Plasmas in Analytical Atomic Spectrometry*, 2nd edn (VCH: New York,1992).

过一个界面从大气压运行条件下的等离子体中被提取进入质谱仪的高真空区中。可用于离子分离的分析器有很多，例如，四级杆分析器、飞行时间(time-of-flight，TOF)分析器或静电场及扇形磁场联用分析器(即所谓的双聚焦仪器)。

尽管采用四级杆分析器的 ICP-MS 仪器(ICP-QMS)更便宜、更耐用且更易操作，但双聚焦扇形场分析器(ICP-SFMS)更好的检测限(约 1~3 个数量级)意味着是用于痕量水平测量(通常低于 ng/g)的主要仪器。此外，这类质量分析器可实现更高的质量分辨率(用 R 表示，有时用 $m/\Delta m$ 表示)。大多数市售 ICP-SFMS 仪器的质量分辨率可高达 10000。采用更高的质量分辨率，对于被分析物峰与质谱干扰的分离十分有用，例如，在质荷比 $m/z=56$ 处，可实现 $^{56}Fe^+$ 被分析峰与 $^{40}Ar^{16}O^+$ 干扰峰的分离。不过，这同时也会降低离子传输率，进而降低灵敏度。根据 m/z 对被分析离子进行分离后，接着是离子的检测与计数。采用多个探测器(即所谓的多接收 ICP-SFMS 仪器，MC-ICP-SFMS)，由于可同时检测多种目标同位素并消除进样和离子源不稳定性的干扰，因此可提高测量的精度(通常用相对标准偏差 RSD 表示)[8]。

用 ICP-MS 进行痕量分析的主要问题是在待测质量区域可能会出现同量异位素干扰。这类同量异位素干扰源自样品基体元素(如铋、铅、铂、汞或铀)、溶剂元素(如氢及 HNO_3 中的氧和氮)和等离子体元素(如氩、碳或氧)在等离子体中结合产生的各种多原子离子。上述元素形成的多原子离子如果出现在质谱中，将可导致本底抬升，进而产生错误结果。在核取证中，对于痕量钚和少量 ^{236}U 的分析，尤其需要注意各种氢化物(如 $^{238}U^1H^+$ 或 $^{238}U^1H_2^+$)和氧化物(如 $^{206}Pb^{16}O_2^+$)干扰。为了消除大部分的氢化物和氧化物干扰，已开发出用于去除溶剂和产生干气溶胶的特殊进样装置。这类仪器有着相同的仪器原理：由常规气动雾化器或超声雾化器产生的湿气溶胶，被驱动通过一个加热室，使溶剂在加热室中蒸发。随后，利用冷凝或膜去溶剂化，去除溶剂蒸气。这类仪器不仅可降低氧化物和氢化物本底，且具有更好的被分析物传输效率，因此具有较常规雾化器更高的灵敏度[9]。不过，若想要彻底去除这些干扰物，特别是当存在大量干扰时，最好通过化学制样来完成。

当样品需要避免溶解时(例如，在取证调查中作为证据的强放射性材料或罚没样品的分析)，或可以采用激光剥蚀进样(LA-ICP-MS)[10]。在这种情况下，可利用高能激光束作用于有限的材料表面，使一小部分研究材料蒸发。激光束的直径约为微米级。被剥蚀的材料以气溶胶形式、通过载气输送进 ICP-MS 仪器的等离子体中。同种元素的同位素具有相同的剥蚀特性和离子化特性，因此，激光剥蚀为直接测量固体材料的同位素比值提

---

8 eds Montaser and Golightly (note 7)。

9 Zoriy, M. V. et al., 'Reduction of UH⁺ formation for ²³⁶U/²³⁸U isotope ratio measurements at ultratrace level in double focusing sector field ICP-MS using D₂O as solvent', *Journal of Analytical Atomic Spectrometry*, vol. 19, no. 3 (2004)。

10 Günther, D., Horn, I. and Hattendorf, B., 'Recent trends and developments in laser ablation-ICP-mass spectrometry', *Fresenius' Journal of Analytical Chemistry*, vol. 368, no. 1 (Aug. 2000); Günther, D., Jackson, S. E. and Longerich, H. P., 'Laser ablation and arc/spark solid sample introduction into inductively coupled plasma mass spectrometers', *Spectrochimica Acta, Part B: Atomic Spectroscopy*, vol. 54, nos 3-4 (Apr. 1999)。

供了一种简单易行的选项[11]。不过，对于浓度测量，则必须考虑不同的剥蚀效率和离子化效率(这将取决于被分析物、基体和激光剥蚀特性)[12]。

激光剥蚀与 ICP-SFMS 联用可满足核取证所需的许多要求：它具有极好的检测能力，可低至 10^{-9}(ng/g) 量级；它是一种"准"非破坏性分析技术(分析仅需消耗不到微克数量的样品)；无需对核材料进行耗时、危险的化学操作，这类化学操作需要专门的实验室条件和专业技能。这也意味着可使核(放射性)废物的产生最小化。LA-ICP-MS 方法的缺点在于，浓度测量需进行颇为烦琐的标定，且通常受限于放置样品的剥蚀室的最大体积。事实上，LA-ICP-MS 是一种表面分析技术，可用于获取微米尺度样品的同位素和元素信息。不过，由于表面选区的代表性，可能会给出与整体分析明显不同的结果。

ICP-MS 最重要的优点在于其功能的多样性：它可被用于各种元素的浓度测量以及同位素比值测定。它是一种十分灵敏的测量工具，对于几乎所有的元素，可低至 10^{-15}～10^{-12}g/g 浓度水平。该技术可用于鉴定材料的种类，也可提供同位素信息。与 TIMS 相比，ICP-MS 的样品制备通常相对较容易，且可用于电离势较高的元素。ICP-MS 是一种破坏性分析技术，因此必须审慎做好样品制备计划，尤其是当可用材料的数量有限时。在这种情况下，激光剥蚀 ICP-MS 或许是一种备选解决方案。

3.2.2　测定元素组成和杂质

被调查核取证证据的元素组成是材料的主要特征之一，可提供与材料可能来源和预期用途有关的线索。ICP-MS 能够检测大多数元素(除氢、氧、氮和氩等少数例外)。这对在核取证中确定非法材料的历史尤为重要。在测量主要成分后，便可以给出已经可暗示材料可能来源和用途的样品组成(例如，铀或钍化合物的鉴定、铀精矿的类型、合金或各种金属的测定)[13]。

一般来说，次要成分和痕量元素可为来源评估提供更详细的依据。各种痕量元素杂质，或源于源材料因不彻底纯化的残留物(即所谓的源材料遗留指纹特征)，或源于冶金学生产(例如，源自各种化学添加剂或沾污，所谓的过程遗留指纹特征)。这些微妙的变化，可被用于比较具有相似组成的样品，以便核实其可能相同的源头或工艺[14]。

近些年，杂质分析越来越多地被用于比较各种铀矿石或铀精矿，以确定某些未知材

11 Guillong, M. et al., 'A laser ablation system for the analysis of radioactive samples using inductively coupled plasma mass spectrometry', *Journal of Analytical Atomic Spectrometry*, vol. 22, no. 4(2007)；Stefánka, Z., Katona, R. and Varga, Z., 'Laser ablation assisted ICP-MS as a tool for rapid categorization of seized uranium oxide materials based on isotopic composition determination', *Journal of Analytical Atomic Spectrometry*, vol. 23, no. 7 (2008)。

12 Leloup, C. et al., 'Quantitative analysis for impurities in uranium by laser ablation inductively coupled plasma mass spectrometry: improvements in the experimental setup', *Journal of Analytical Atomic Spectrometry*, vol. 12, no. 9 (1997)；and Varga, Z. and Surányi, G., 'Detection of previous neutron irradiation and reprocessing of uranium materials for nuclear forensic purposes', *Applied Radiation and Isotopes*, vol. 67, no. 4 (Apr. 2009)。

13 Wallenius, M., Mayer, K. and Ray, I., 'Nuclear forensic investigations: two case studies',*Forensic Science International*, vol. 156, no. 1 (Jan. 2006)；Mayer, K. et al., 'Application of isotopic fingerprinting in nuclear forensic investigations: a case study', IAEA-CN-98/11, International Atomic Energy Agency (IAEA) and Institute for Transuranium Elements (ITU), *Advances in Destructive and Non-destructive Analysis for Environmental Monitoring and Nuclear Forensics*, Proceedings of an International Conference, Karlsruhe, 21-23 Oct. 2002 (IAEA: Vienna, 2003)。

14 Wallenius et al. (note 13)。

料的源头[15]。借助多元统计技术的支持，这类测量可为核查某一申报源头或源头评估提供证据。例如，较高水平的磷含量被发现是作为肥料工业副产物的铀精矿的一种指征，而较高水平的钍及其衰变产物 ^{208}Pb 则表明黄饼研磨自富钍矿（如石英-卵石砾岩）[16]。

对于在鹿特丹查获的铀精矿（见 3.1 节），磷含量的升高表明可能采用磷矿作为原料。用 ICP-SFMS 测得的稀土元素图样也表明了这一点：呈现出一种没有铈和铕异常的平坦的页岩状图样，类似于先前发现的用某些砂岩型矿床生产的铀精矿和经过重新加工的沉积型磷块岩的测量图样[17]。

因为材料的种类广泛多变，在运用 ICP-MS 测量样品时已采用了多种方法。由于样品中的铀或钍含量较高，最常用的方法是基体匹配校准，该方法定量考虑了基体组分与被分析物之间的相互作用及其对测量结果的影响。当存在干扰或被分析物的浓度极低时，可采用预化学分离和预富集来提高测量能力。该方法通常适用于稀土元素、痕量水平活化产物或裂变产物（例如，印证使用了某种再加工过的材料）、主体核材料衰变产物的测试分析[18]。

通过测量衰变产物，有望确定材料的年龄，即材料自最近一次化学分离后的时间[19]。该方法基于以下假设：基础核材料（即母体核素）在生产过程中与其子体放射性核素已经完全分离。由于铀或钍的放射性衰变，材料中这些子体核素的数量随后开始增多。通过测量母子比（如 ^{234}U : ^{230}Th 或 ^{239}Pu : ^{235}U），利用放射性衰变方程，可计算出自最近一次化学分离后的时间。与 α 能谱或 TIMS 等其他适用技术相比，ICP-MS 具有更高的检测限（铀材料的母子比通常为皮克每克至纳克每克范围）。利用质谱测量某一真实样品中的钍同位素便是一个很好的例子（图 3.2）。运用 ICP-MS，采用 ^{229}Th 同位素指示剂（典型铀燃料材料中不存在 ^{229}Th）进行定量，测得样品中 ^{230}Th 的浓度约为 5pg/g。根据 ^{234}U : ^{230}Th 比值，可算得材料的年龄为 47.6 年±0.6 年（参考日期为 2009 年 12 月 22 日），这意味着计算得到的材料的生产日期约为 1962 年 5 月（±7 个月）。

---

15 Varga, Z., Wallenius, M. and Mayer, K., 'Origin assessment of uranium ore concentrates based on their rare-earth elemental impurity pattern', *Radiochimica Acta*, vol. 98, no. 12（Dec. 2010）; Keegan, E. et al., 'The provenance of Australian uranium ore concentrates by elemental and isotopic analysis', *Applied Geochemistry*, vol. 23, no. 4（Apr. 2008）; Švedkauskaite-LeGore, J . et al., 'Investigation of the isotopic composition of lead and of trace elements concentrations in natural uranium materials as a signature in nuclear forensics', *Radiochimica Acta*, vol. 95, no. 10（Oct. 2007）; Švedkauskaite-LeGore, J . et al., 'Investigation of the sample characteristics needed for the determination of the origin of uranium-bearing materials', *Journal of Radioanalytical and Nuclear Chemistry*, vol. 278, no. 1（Oct. 2008）。

16 Varga, Z. et al., 'Origin assessment of uranium ore concentrates based on their rare-earth elemental impurity pattern', *Radiochimica Acta*, vol. 98, no. 12（Dec. 2010）; Varga, Z. et al., 'Application of lead and strontium isotope ratio measurements for the origin assessment of uranium ore concentrates', *Analytical Chemistry*, vol. 81, no. 20（Oct. 2009）。

17 关于核取证指纹特征，详见第 5 章和第 6 章。

18 关于稀土元素，可参阅 Varga et al.（note 15）; and Varga, Z. et al., 'Determination of rare-earth elements in uranium-bearing materials by inductively coupled plasma mass spectrometry', *Talanta*, vol. 80, no. 5（Mar. 2009）。关于痕量水平的活化产物或裂变产物，可参阅 Varga and Surányi（note 12）。关于主体核材料的衰变产物，可参阅 Varga and Surányi（note12）; Varga, Z., Wallenius, M. and Mayer, K., 'Age determination of uranium samples by inductively coupled plasma mass spectrometry using direct measurement and spectral deconvolution', *Journal of Analytical Atomic Spectrometry*, vol. 25, no. 12（Dec. 2010）; Wallenius, M. and Mayer, K., 'Age determination of plutonium material in nuclear forensics by thermal ionisation mass spectrometry', *Fresenius' Journal of Analytical Chemistry*, vol. 366, no. 3（Feb. 2000）。

19 也可参阅第 5 章。

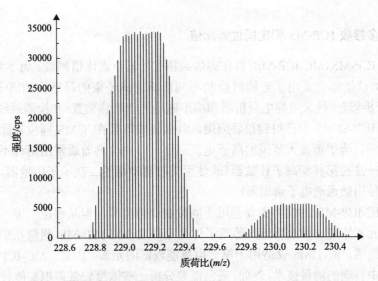

图 3.2 利用罚没材料进行年龄测定得到的钍组分的典型质谱

cps 为计数/秒；m 为质量数；z 为电荷。被分析物 ^{230}Th(子体产物，在测试样品中的浓度约为 5pg/g) 采用 ^{229}Th 指示剂进行定量

资料来源：European Commission, Joint Research Centre (JRC), Institute for Transuranium Elements (ITU)

衰变产物处于痕量水平，因此在大多数情况下需要进行化学分离。然而，鉴于 ICP-SFMS 仪器具有极好的检测限，也已经提出了利用 LA-ICP-MS(无需样品制备)的直接测量方法或采用在测量后对质谱进行反卷积[在完成测量(仅使用溶解材料)后，无需化学分离][20]。

由于离子源相同，ICP-MS 仪器进行同位素比值测量的具体性能主要取决于进样、分析器和检测系统。各种 ICP-MS 仪器在进行铀、钍分析时，具有不同的典型检测限和精确度(表 3.2)。

表 3.2 各种电感耦合等离子体质谱测定裂变核素的典型检测限和精确度

仪器	典型检测限/(fg/g)	精确度/RSD%
配备四级杆分析器的 ICP-MS	10～600	0.1～0.5
配备四级杆分析器和碰撞池的 ICP-MS	3～10	0.07～0.1
配备飞行时间分析器的 ICP-MS	100～1000	0.1～1
配备双聚焦扇形磁场分析器的 ICP-MS	0.02～1	0.02～0.3
配备双聚焦扇形磁场分析器的多接收 ICP-MS	0.6～0.2	0.002～0.05

注：ICP-MS 为电感耦合等离子体质谱；fg/g 为飞克每克；RSD 为相对标准偏差。

资料来源：Becker, J. S., 'Mass spectrometry of long-lived radionuclides', *Spectrochimica Acta, Part B: Atomic Spectroscopy,* vol. 58, no. 10 (Oct. 2003); Becker, J. S., 'Inductively coupled plasma mass spectrometry (ICP-MS) and laser ablation ICP-MS for isotope analysis of long-lived radionuclides', *International Journal of Mass Spectrometry,* vol. 242, nos 2-3 (Apr. 2005); Agarande, M. et al., 'Sector field inductively coupled plasma mass spectrometry, another tool for plutonium isotopes and plutonium isotope ratios determination in environmental matrices', *Journal of Environmental Radioactivity,* vol. 72, nos 1-2 (2004); Vanhaecke, F. et al., 'Applicability of high-resolution ICP-mass spectrometry for isotope ratio measurements', *Analytical Chemistry,* vol. 69, no. 2 (Jan. 1997).

20 Varga, Wallenius and Mayer (note 18)。

3.2.3   利用多接收 ICP-MS 测定同位素比值

多接收 ICP-MS（MC-ICP-MS）旨在提供高精度的同位素比值测量。为了实现这一点，MC-ICP-MS 仪器综合采用了可同时检测不同质荷比离子束的最适宜的离子源（等离子体）、质量分析器（一种采用静电分析器和扇形磁场的双聚焦装置）和检测系统。双聚焦质量分析器在 ICP-SFMS 中已得到很好应用，且多接收阵列在 TIMS 同位素比值测量中也已被很好证明。为了覆盖大范围的离子电流强度，阵列检测器通常由两种不同类型的检测器组成——法拉第杯和离子计数器（或使用离散打拿极的二次电子倍增器，一种 Daly 检测器，或使用微通道电子倍增器）。

尽管 MC-ICP-MS 的优势主要是用于同位素比值测量，但从理论上讲，这类仪器也可用于测量元素浓度。如上所述，等离子体源允许用 MC-ICP-MS 测量几乎所有化学元素的同位素组成，而 TIMS 仅适用于第一电离能较低的元素。因此，MC-ICP-MS 是地质学和考古学中首选的测量技术，例如，通常需要分析一些浓度较低但电离能较高的元素。此外，当 MC-ICP-MS 与激光剥蚀结合使用时，可避免较为耗时的化学分离。

铀、铅、锶的同位素分析对核取证具有特殊意义。对铀而言，自然界中的 $^{234}U : ^{238}U$ 同位素丰度比极易变化，主要是由于矿物颗粒在 ^{238}U 衰变过程中的 α 反冲及随后对晶格损伤的综合影响。因此，松散结合的 ^{234}U 比与晶格结合的 ^{238}U 更易从矿物中被优先提取（浸出）。在地质学中，例如，为了监测风化速率及河水和地下水的流动模式，往往会测量 $^{234}U : ^{238}U$ 同位素丰度比。$^{234}U : ^{238}U$ 同位素丰度比也是测定样品中铀龄的必要组成部分[21]。铅的同位素组成测量通常也被用于测定年龄。此外，它还可以提供地球化学物源线索，并可在地球化学研究中作为迁移、再沉积和优先浸出过程的证据[22]。一种源自另一不同学科的常见应用是枪击事件调查的取证研究中，在进行子弹分析时的铅同位素分析[23]。

对锶而言，$^{87}Sr : ^{86}Sr$ 同位素丰度比，在地质学中被广泛用于年龄测定，也可被用于源头评估，例如，在考古学中研究人类迁移，或确定食品的真实性以区分不同地理来源的产品[24]。$^{87}Sr : ^{86}Sr$ 同位素丰度比的变化是由于长寿命的 ^{87}Rb（$T_{1/2}$ 4.8×10^{10} 年）衰变为

---

21 Andersen, M. B. et al., 'Toward epsilon levels of measurement precision on $^{234}U/^{238}U$ by using MC-ICPMS', *International Journal of Mass Spectrometry*, vol. 237, nos 2-3（Oct. 2004）。

22 Ehrlich, S. et al., 'Lead and uranium isotopic behavior in diagenetic and epigenetic manganese nodules, Timna Basin, Israel, determined by MC-ICP-MS', *Applied Geochemistry*, vol. 19, no. 12（Dec.2004）; Weiss, D. J., 'Accurate and precise Pb isotope ratio measurements in environmental samples by MC-ICP-MS', *International Journal of Mass Spectrometry*, vol. 232, no. 3（Apr. 2004）; Cocherie, A. and Robert, M., 'Direct measurement of lead isotope ratios in low concentration environmental samples by MC-ICP-MS and multi-ion counting', *Chemical Geology*, vol. 243, nos 1-2（Aug. 2007）。

23 Zeichner, A. et al., 'Application of lead isotope analysis in shooting incident investigations', *Forensic Science International*, vol. 158, no. 1（Apr. 2006）; and Buttigieg, G. A. et al., 'Lead isotope ratio determination for the forensic analysis of military small arms projectiles', *Analytical Chemistry*, vol. 75, no. 19（Oct. 2003）。

24 Buzon, M. R., Simonetti, A. and Creaser, R. A., 'Migration in the Nile Valley during the New Kingdom period: a preliminary strontium isotope study', *Journal of Archaeological Science*, vol. 34, no. 9（Sep. 2007）; García-Ruiz, S. et al., 'Evaluation of strontium isotope abundance ratios in combination with multi-elemental analysis as a possible tool to study the geographical origin of ciders', *Analytica Chimica Acta*, vol. 590, no. 1（May 2007）。

^{87}Sr 及自然界中高度变化的 Rb：Sr 元素比。

与上述应用相类似，在核取证中，为了获得铀的来源信息，也需要进行精确的铀、铅、锶同位素组成分析。之所以选择这几种元素，是因为其同位素组成被认为可反映矿石的同位素组成，并可给出与矿体类型和年龄有关的信息，进而可提供与源材料有关的信息。

例如，Bruce 等运用 MC-ICP-MS 测定了不同产地的天然铀样品，证实了 ^{234}U：^{238}U 和 ^{236}U：^{238}U 次要铀同位素比值的变化[25]。铅的四种稳定同位素中，^{206}Pb、^{207}Pb 和 ^{208}Pb 分别是 ^{238}U、^{235}U 和 ^{232}Th 衰变系的最终衰变产物。取决于铀矿床的历史(例如，因风化导致的 U 和 Pb 分馏)、年龄和矿石中初始的 U：Th 元素比，可观测到放射性衰变产生的铅组成差异[26]。除了考察铀矿床之间的差异(图 3.3)外，铅同位素组成在核取证中(与地质学类似)还可被用于估算矿床的年龄，从而在查找天然铀源头时，限制应考虑的矿床类型。然而，由于铅是一种常见元素，为了确保获得无偏结果，分析过程中必须进行仔细的空白对照(即除测量真实样品外，还需测量相应的空白样品，以检查人为引入的污染或追踪其来源)。

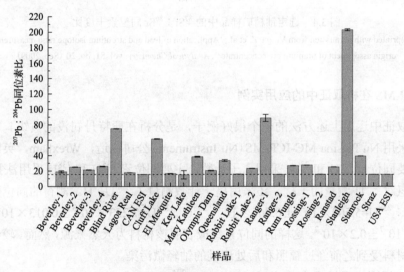

图 3.3　选定铀精矿样品中的 ^{207}Pb：^{204}Pb 同位素丰度比

水平线代表目前天然 ^{207}Pb：^{204}Pb 同位素丰度比为 15.8±1.1

资料来源：Reprinted with permission from Varga, Z. et al., 'Application of lead and strontium isotope ratio measurements for the origin assessment of uranium ore concentrates', *Analytical Chemistry*, vol. 81, no. 20 (Sep. 2009)

^{87}Sr：^{86}Sr 同位素丰度比是铀矿床地质背景的特征之一，因此也可被用于核取证。尽管铅、铀同位素分析的缺点是同一矿区内的同位素比值会有所变化，但对几种天然铀样品的分析表明，^{87}Sr：^{86}Sr 比值的变化要小得多(图 3.4)。

25 Buchholz et al. (note 6)。

26 Svedkauskaite-LeGore at al., 'Investigation of the isotopic composition of lead and of trace elements concentrations in natural uranium materials as a signature in nuclear forensics' (note 15); Varga, Z. et al., 'Application of lead and strontium isotope ratio measurements for the origin assessment of uranium ore concentrates', *Analytical Chemistry*, vol. 81, no. 20 (Sep. 2009)。

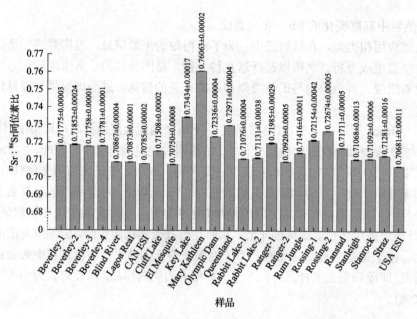

图 3.4　选定铀精矿样品中的 ^{87}Sr：^{86}Sr 同位素丰度比

资料来源：Reprinted with permission from Varga, Z. et al., 'Application of lead and strontium isotope ratio measurements for the origin assessment of uranium ore concentrates', *Analytical Chemistry*, vol. 81, no. 20（Sep. 2009）

3.2.4　ICP-MS 在核取证中的应用实例

在核取证中运用上述方法的一个很好例子，是分析在鹿特丹罚没的黄饼。铀同位素组成测量采用 Nu Plasma MC-ICP-MS（Nu Instruments 公司制造，Wrexham，英国）仪器，其中，次要同位素 ^{234}U 和 ^{236}U 采用离子计数，主要同位素 ^{235}U 和 ^{238}U 采用法拉第杯[27]。为了校正氢对 ^{236}U 测量的干扰，还采用离子计数测量了 ^{238}U+^{1}H。测得的同位素丰度比如下：^{234}U：^{238}U=5.502×10^{-5}±0.066×10^{-5}，^{235}U：^{238}U=7.253×10^{-3}±0.013×10^{-3}，^{236}U：^{238}U=1.4×10^{-7}±0.2×10^{-7}。这样的同位素组成表明该材料为天然来源，然而，较低的 ^{236}U 丰度表明材料受到之前经过辐照和后处理过的铀轻微污染。

测得的铅同位素组成为 1.357%±0.005% ^{204}Pb、25.91%±0.21% ^{206}Pb、21.03%±0.11% ^{207}Pb 和 51.70%±0.13% ^{208}Pb，该数值与铅的天然组成无明显差异。这表明，铀很可能源自含低品位矿石的年轻铀矿物，致使放射性衰变产生铅的内生长较少。测得的 ^{87}Sr：^{86}Sr 比为 0.708[28]。该比值相对较低（图 3.4），表明存在铷不相容性（即矿物中的 Rb 含量较低），正如在磷矿类材料中所观测的那样。所有这些指纹特征均支持最初的假设，即该材料源于中东，很可能来自伊拉克。

---

27 Varga et al., 'Analysis of uranium ore concentrates for origin assessment', *Proceedings in Radiochemistry*, vol. 1, no. 1（Sep. 2011）。

28 Varga et al., 'Application of lead and strontium isotope ratio measurements for the origin assessment of uranium ore concentrates'（note 16）。

3.3　二次离子质谱

SIMS 是一种用于研究固体材料表面的强大的分析技术。该技术可提供感兴趣组分的空间信息及与深度关联的浓度信息。这对宇宙化学(即针对宇宙尘埃粒子)以及界面和表面层的表征有着不可估量的价值。SIMS 提供了测量元素组成和同位素比值的可能性，且允许进行离子成像(使选定同位素在表面上的空间分布可视化)。近 20 年来，SIMS 也被用于核保障监督中进行铀微粒分析。

3.3.1　原理与概述

在 SIMS 中，利用聚焦的一次离子束轰击被研究样品的表面。可以使用 0.5～20keV 的高能离子，如 O^-、O_2^- 或 Cs^+ 等。在这种轰击下，原子被溅射出表面。一部分溅射物质以带电粒子(二次离子)形式发射，使这些二次离子通过质量分析器，然后到达检测系统。可以使用扇形磁场、飞行时间分析器或四级杆质量分析器。采用静电分析器与扇形磁场相结合的双聚焦仪器可提供较高的分辨率(300～30000)，能够对薄膜或粒子进行高精度分析。

过去 15 年间，SIMS 在微粒分析领域的应用备受关注。如今，已经建立了在微米范围内测量单个粒子的方案，且发展出用于识别感兴趣粒子(如含铀粒子)的工具。最先进的 SIMS 仪器可同时检测所有的铀同位素，且具有较高的质量分辨率。

3.3.2　利用 SIMS 进行铀颗粒物分析的经典的保障监督应用

10 多年来，在保障监督应用中，SIMS 一直是探测未申报核活动的主要技术之一[29]。主要应用是寻找核材料操作过程中释放出的颗粒物，然后，作为环境取样的一部分，由 IAEA 视察员将其收集在擦拭取样介质上(图 3.5)。这类出于保障监督目的的颗粒物分析的基础包括以下几个方面：

(1)核材料操作过程中，通常会释放细小的颗粒物或气溶胶。由于其放射性活度低于本底水平，常规的核安全监测(运用放射性测量技术)无法探测到这类物质。

(2)这些颗粒物代表了初始材料，其成分可提供与源头有关的特定信息。

(3)所释放出的颗粒物具有较高的移动性，可在核设施内的许多位置被发现。

(4)所释放出的颗粒物很难被清理和去除。

(5)从长期运行核设施采集到的样品(例如，由保障监督视察员采集的样品)，可有助于了解核设施的整个运行历史。

SIMS 分析可分为三项主要工作，且需平衡和兼顾速度、灵敏度、最佳准确度和质量控制等因素。

---

29 Ranebo, Y. et al., 'Improved isotopic SIMS measurements of uranium particles for nuclear safeguard purposes', *Journal of Analytical Atomic Spectrometry*, vol. 24, no. 3 (Mar. 2009)。

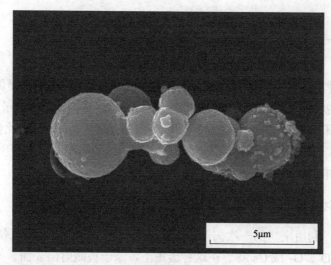

图 3.5   某铀颗粒团聚体的扫描电镜照片

资料来源：H. Thiele, European Commission, Joint Research Centre (JRC), Institute for Transuranium Elements (ITU)

第一项工作是移除擦拭棉布上的颗粒物，并将其均匀分散在一块平板上。颗粒物的移除采用真空冲击器技术，利用真空吸力抽出擦拭取样棉布上的颗粒物，并将其直接喷洒在一块样品板上[30]。这项工作必须依照严格的程序在洁净实验室中进行，以避免样品中痕量铀的污染(图 3.6)。

图 3.6   真空冲击器

颗粒物通过小孔被吸出，并被喷洒到石墨板上，拆卸后的冲击器在右侧的夹具中装有石墨板

第二项工作是搜索沉积在平板上的颗粒物，以寻找感兴趣的颗粒物。SIMS 的一个基本优势是能够在包含几百万颗粒物的沉积物中快速搜索粒子，以便在短时间内以高检测能力寻找出感兴趣的颗粒物。该项工作是利用仪器独特的离子成像能力进行快速筛选测

---

30 Esaka, F. et al., 'Particle isolation for analysis of uranium minor isotopes in individual particles by secondary ion mass spectrometry', *Talanta*, vol. 71, no. 3 (Feb. 2007)。

量来完成的。新近完成的一项重要改进是开发出了一种新的自动粒子测量（automated particle measurement，APM）软件，该软件可实现全自动化测序的筛选测量。这类测量不仅可给出铀颗粒物的精确位置，还可初步估算铀颗粒物的浓缩度[31]。

第三项工作是进行准确和精确的测量，以确定所选颗粒物的同位素组成。这需要在铀测量中实现尽可能高的离子产额。对铀而言，SIMS 较商用 TIMS 仪器具有更高的离子产额，因此可以更低的不确定度分析较小的颗粒物。一个新的发展是将大几何 SIMS（large geometry SIMS，LG-SIMS）仪器用于保障监督应用（图 3.7）。LG-SIMS 在铀颗粒物分析中的性能改进在于其高质量分辨率、高灵敏度及多接收电子倍增探测器系统。在正常 SIMS 分析中妨碍测量的常见的分子干扰得以轻松消除，进而提高了对次要同位素的测量。

图 3.7　某大几何 SIMS 仪器

位于瑞典斯德哥尔摩 NORDSIM 设施中的 Cameca IMS 1280 仪器，
其实物比目前使用的传统的 SIMS 大 5 倍。从图片的前端可看到其探测器系统
资料来源：M. Whitehouse, NORDSIM

3.3.3　SIMS 分析在取证应用中的实例

有许多取证案例都需要进行铀颗粒物分析，用以补充较传统的整体测量。在最近的一个案例中，2012 年，一家欧洲钢铁生产公司发现，许多进口废金属件呈现出较高的辐射水平。这些材料被证明受到了铀污染。为了确定材料的同位素组成，运用 TIMS 测量了一块受污染的材料。TIMS 测量表明，该材料中 ^{235}U 的浓缩度为 9.0333%±0.0052%（按重量计）。此外，还进行了杂质测量、扫描电子显微镜（scanning electron microscopy，SEM）形貌研究和年龄测定等其他分析。这种铀浓缩度并不常见，因此将样品研成粉末，并对

31　Hedberg, P. M. L. et al., 'Improved particle location and isotopic screening measurements of sub-micron sized particles by secondary ion mass spectrometry', *Journal of Analytical Atomic Spectrometry*, vol. 26, no. 2（Feb. 2011）。

材料中的单个粒子进行 SIMS 分析，以检查同位素的均匀性（图 3.8）。SIMS 分析显示，该材料实际上是一种具有不同历史、不同来源、不同材料的混合物。通过分析，可识别出几组不同 ^{235}U 浓缩度（0.5%、3.6%、21% 和 90%）的材料。如果没有 SIMS 分析，就不可能检测出该材料实际上是几种材料的混合物。

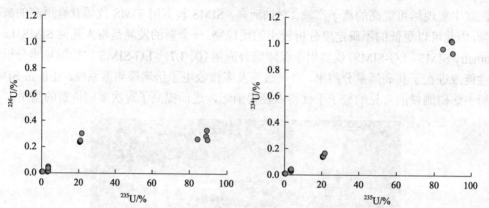

图 3.8　通过单粒子分析绘制的 ^{236}U-^{235}U 及 ^{234}U-^{235}U 关系图

在 ^{234}U-^{235}U 关系图中，可看到四组不同的浓缩度。在 ^{236}U-^{235}U 关系图中，
较其他材料相比，90% 的浓缩材料有着独特的 ^{236}U：^{235}U 同位素丰度比

资料来源：European Commission, Joint Research Centre（JRC）, Institute for Transuranium Elements（ITU）

另一个例子是当 SEM 分析在燃料等材料中发现某一特定形貌的粒子（图 3.9）。在进行完 SEM 分析后，可利用 SIMS 重新定位相同的粒子并确定某一特定材料的同位素组成，因此可以从单个粒子得到形貌、元素组成和同位素组成。

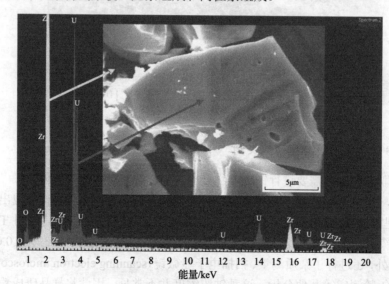

图 3.9　核燃料粒子的典型结构

两条能量色散 X 射线（EDX）光谱分别为燃料中的铀和包壳材料中的锆

资料来源：H. Thiele, European Commission, Joint Research Centre（JRC）, Institute for Transuranium Elements（ITU）

3.4 其他质谱技术

某些特定问题可能需要借助更先进的分析技术。由于基体物质大大过量，极低的同位素丰度或超痕量的化学元素会造成一定的测量挑战。共振电离质谱和加速器质谱是适于应对这类挑战的两种技术。

第一类挑战：感兴趣元素的其他同位素过量，特别是与铀同位素有关，尤其是 ^{236}U 和 ^{233}U，此时需要一种能够辨识不同分子或原子物种、识别与感兴趣同位素邻近同位素拖尾干扰的测量技术。AMS 对测量极小的同位素比值可提供足够高的丰度灵敏度。第二类挑战：另一种化学元素过量，与存在于过量铀中的微量钚有关。对此，RIMS 被证明具有较高的选择性并可提供足够的灵敏度。

3.4.1 共振电离质谱

激光作为具有良好可调性的准单色强光源的发展成果，在超痕量分析中取得了重大进展。原子通过激光共振吸收逐步被光激发，受激原子接着发生光电离，如今已得到十分有效地实现。在质谱仪中对所产生的光离子进行选择性和几乎无本底的检测，是 RIMS 的技术基础[32]。近年来，RIMS 方法已经被用于长寿命放射性核素的同位素选择性超痕量分析，其检测限可低至 10^6 原子(相当于约 0.4fg)、同位素选择性可高达 10^{13}[33]。

RIMS 具有几个显著特点：①由于元素的选择性光激发和光电离过程，它几乎完全抑制了原子或分子同量异位素的干扰；②由于光激发的截面较高，其总效率较高，检测下限可达飞克量级(或约 10^6 原子，0.4fg)；③基于在质谱仪中的选择性离子检测，它具有良好的同位素分辨率；④利用窄带激光器在原子跃迁中的同位素位移，加之质谱仪的丰度灵敏度，它具有实现超高同位素选择性的可行性。

1. 原理与概述

为了实现被考察元素的选择性光激发和光电离，RIMS 一般要求处于气相状态的中性原子。因此，在化学分离流程后，所得到的分析物必须在 RIMS 装置内被高效蒸发和原子化。可供采用的原子化技术有很多，基本上取决于拟完成的特定任务和所使用的激光器系统[34]。

32 Hurst, G. S. and Payne, M. G., *Principles and Applications of Resonance Ionization Spectroscopy*, (Hilger Publications: Bristol, PA, 1988); Letokhov, V. S., *Laser Photoionization Spectroscopy* (Academic Press: Orlando, FL, 1987)。

33 Erdmann, N. et al. 'Resonance ionisation mass spectrometry for trace analysis of long-lived radionuclides', ed. P. P. Povinec, *Analysis of Environmental Radionuclides*, Radioactivity in the Environment no. 11 (Elsevier: Amsterdam, 2008); Trautmann, N., Passler, G. and Wendt, K. D. A.,'Ultratrace analysis and isotope ratio measurements of long-lived radioisotopes by resonance ionization mass spectrometry (RIMS)', *Analytical and Bioanalytical Chemistry*, vol. 378, no. 2 (Jan.2004); Wendt, K. and Trautmann, N., 'Recent developments in isotope ratio measurements by resonance ionization mass spectrometry', *International Journal of Mass Spectrometry*, vol. 242, nos 2-3 (Apr. 2005)。同位素选择性是指选择性地电离某种给定同位素，而不电离同种元素另一种同位素的能力。

34 Erdmann et al. (note 33)。

RIMS 的关键特征在于，首先用适当调谐的激光使原子逐步共振激发，然后使其电离。2~3 步激发或电离过程可采用紫外光、可见光或红外光。通常，原子从基态或低激发态开始，通过吸收 1 个或 2 个共振光子，被逐步激发至某一高激发态。高激发原子再吸收 1 个光子，最终被电离。高激发原子吸收 1 个光子，或非共振地使电子能量高于电离限但仍处于连续态，或共振填充某种自电离态，即一种能量高于第一电离电位的束缚态。这种自电离态通过发射电子，会立即退激成一种剩余的正离子。第三种可能，共振填充高激发的 Rydberg 态并随后被电离，例如，通过施加电场、利用远红外光子或与缓冲气体原子相碰撞。由于光子-原子相互作用的截面相当高，采用最先进的激光器系统，光激发和光电离的效率几乎可达 100%。

在 RIMS 应用中，用于共振激发的可调谐激光器有很多。典型的 RIMS 应用，主要解决对同位素选择性只有中等要求的同量异位素抑制，涉及脉冲激光器系统，如高重复频率铜蒸气激光泵浦染料激光器或 Nd：YAG 泵浦掺钛蓝宝石激光器（与非线性光学介质中的频率转换过程相结合），其涵盖的频谱范围较宽。脉冲激光器系统可很容易与飞行时间质谱仪相结合。为了获得良好的总体效率，必须考虑连续蒸发的原子与激光脉冲结构的时间和空间重叠，也就是说，需要每秒能输出约 5000~25000 个脉冲的高重复频率的脉冲激光器[35]。

高光学选择性要求窄跃迁和较小的激光带宽。对于这类应用，带宽稳定至小于 1MHz 的连续波激光器取代了强大的脉冲激光器。目前，已实现的光学同位素选择性高达 10^8，检测限小于 10^6 原子(0.4fg)[36]。

2. 利用 RIMS 进行核取证分析

分析铀样品中最小痕量的钚，可说明 RIMS 的显著特性：其极高的元素选择性，几乎完全抑制了其他元素的同量异位素干扰。不同来源的钚（如武器级、反应堆级、沉降物）的同位素特征指纹完全不同，因此质谱仪的中分辨率通常足以进行源头归因。然而，对于铀大大过量的样品，标准的质谱技术会受到同量异位素的干扰，特别是对于 ^{238}Pu：^{238}U（和 ^{241}Pu：^{241}Am）原子比，即使在完成铀、钚（及镅）化学分离后，问题依然存在。利用 RIMS，这些同量异位素干扰可被抑制好几个数量级，从而可以对铀样品中的超痕量钚进行同位素分析。

RIMS 的这一优势可通过 20 世纪 40 年代早期德国核计划的天然铀金属片举例说明。为了证明其真实性、获取与该材料历史有关的更多信息（即铀和锶同位素比值测量、杂质测量、测定其最后一次铀化学分离），对该铀金属片进行了核取证调查[37]。与从捷克共和国 Jáchymov（又称 Joachimsthal，铀的推测来源）取得的矿样及文献值相比，显示被调查

35 Grüning, C. et al., 'Resonance ionization mass spectrometry for ultratrace analysis of plutonium with a new solid state laser system', *International Journal of Mass Spectrometry*, vol. 235, no. 2 (July 2004).

36 Müllier, P. et al., '^{41}Ca ultratrace determination with isotopic selectivity >1012 by diode-laser-based RIMS', *Fresenius' Journal of Analytical Chemistry*, vol. 370, no. 5 (July 2001).

37 Mayer, K. et al., 'Analysis of uranium metal samples from Germany's World War II nuclear program: a case between science history and nuclear forensics', Institute of Nuclear Materials Management (INMM), *50th Annual Meeting of the Institute of Nuclear Materials Management 2009 (INMM50)*, vol. 1 (INMM: Deerfield, IL, 2009).

样品是采用该矿物作为原材料制造而成。为了检查铀暴露于显著中子剂量的证据，运用 RIMS 分析了样品中的 ^{239}Pu 含量，^{239}Pu 是 ^{238}U 中子俘获的产物。数个克级重量的切片样品被送往美因茨约翰内斯·谷登堡大学的核化学研究所进行 RIMS 分析[38]。

首先，将样品溶解，为了测定总效率，加入了已知量的 ^{244}Pu 指示剂。然后，用萃取色层柱进行铀、钚化学分离。所得钚组分仍含有大量铀。为了进行 RIMS 分析，先将钚氢氧化物电沉积在钽箔上，随后用薄钛层溅射沉积物，制成丝带。以钽作为基底材料、钛作为还原剂，通过电阻加热可高效率地产生钚原子束[39]。采用可调谐掺钛蓝宝石激光器(用于第一步激发的光子通过倍频获得)，通过脉冲式、高重复频率(7kHz)倍频 Nd：YAG 激光器泵浦，原子经三步共振激发被电离。用飞行时间质谱仪和多通道板检测器对离子进行质量选择性检测。

在测得的钚质谱(图 3.10)中，可清楚地看到 ^{239}Pu 和 ^{244}Pu(作为添加指示剂，用以确定总产额)两个峰，但质量 238 处并未出现 ^{238}U 本底，证明 RIMS 具有很好的元素选择性。质量 239 处的计数对应于 3×10^{7} 个 ^{239}Pu 原子(15fg)，故此样品中钚的平均含量为 1.4×10^{-14}g 钚/g 铀。相比之下，Joachimsthal 矿样中的钚浓度大约高 5 倍。对此，可通过以下事实进行解释：用于生产金属片的铀材料是从铀的衰变产物(包括钚)纯化所得。当时，德国尚未获悉钚及其化学行为的相关信息，可以假设，在纯化过程中，部分钚(Ⅳ)与钍一起被除去。因此，用 RIMS 分析的样品未有证据表明钚在很大程度上是由样品中的铀通过中子俘获而形成。

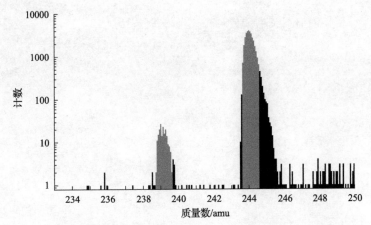

图 3.10　20 世纪 40 年代早期德国核计划的天然铀金属片中钚的共振电离质谱

amu 为原子质量单位。灰色标记通道中的计数用于数据评估

资料来源：Institute for Nuclear Chemistry, Johannes Gutenberg University Mainz

3.4.2　加速器质谱

加速器质谱与传统质谱技术的根本区别在于能量不同。离子经加速后，能量可达兆

38　Grüning et al. (note 35)。

39　Eichler, B. et al., 'An atomic beam source for actinide elements: concept and realization', *Radiochimica Acta*, vol. 79, no. 4 (Nov.1997)。

电子伏(MeV)量级。加速器质谱由离子源、离子加速器、能量–动量–速度和原子电荷等多级选择组成，最终采用离子检测器识别核质量和电荷。采用电荷、能量和质量指纹特征，是这类超灵敏质谱分析的基础。

加速器质谱的原理可用测量铀样品中的 ^{236}U 同位素丰度举例说明。首先用 Cs^+ 束将铀溅射，在第一次分析中选择 $^{236}UO^-$（质量约为 252 原子质量单位）。这种离子伴随有分子同量异位素，主要是 $^{235}U^{16}OH^-$。虽然传统质谱（即 ICP-MS 和 TIMS）无法充分抑制这种本底，但加速器质谱通过将其加速至高能量(高达数兆电子伏)并在稀释气体池中将其剥离为高价正电荷态，可瓦解这种分子。经过再一次加速后，在第二次质量分析中选择 $^{236}U^{5+}$。在飞行时间质谱计和终端电离室中可进行 $^{236}U^{5+}$ 离子检测。

其他离子只能以不规则的径迹到达检测器，例如，由于在残余气体上的电荷交换或质谱计中的表面散射。这使得 $^{236}U : ^{238}U$ 同位素丰度比值的检测限可低至 10^{-11} 以下，意味着对铀样品的检测限相当于约 0.1pg。近期研究表明，天然铀中 $^{236}U : ^{238}U$ 同位素比值（对天然铀而言，典型值为 $10^{-11} \sim 10^{-10}$ 量级范围）的微小差异，可被用作一种核取证指纹特征[40]。

---

40 Srncik, M. et al., 'Investigation of the $^{236}U/^{238}U$ isotope abundance ratio in uranium ores and yellow cake samples', *Radiochimica Acta*, vol. 99, no. 6 (June 2011)。

第 4 章

γ 能谱测量：一种非破坏性核取证分析工具

Sophie Grape

γ 能谱测量在核取证中的运用，往往是希望根据同位素组成对放射性材料进行经济、快速和非破坏性的分类，或是根据其元素组成进行放射性材料表征。此外，γ 能谱测量还可用于其他更复杂的任务，例如，确定样品的年龄、调查某种材料是否产自乏燃料[1]。

本章 4.1 节简要介绍了 γ 能谱测量的物理原理。4.2 节描述了与核取证最相关的 γ 能谱测量装置的主要组成。4.3 节讨论了各种核取证应用对 γ 谱仪的要求和限制，以及为满足这些要求可进行的装置性能改进。4.4 节列举了某些较独特的 γ 能谱测量应用。

4.1   γ 能谱测量原理

4.1.1   γ 能谱测量的物理学基础

所有的原子核都是由核子(质子和中子)构成。核子通过强力结合在一起，据此可推算出结合能。稳定的轻核含有几乎相同数量的质子和中子；重核为了补偿质子间增大的库仑斥力，常含有更多的中子。这将会影响短程结合能，因而比铁重的核素，其平均结合能(结合能与核子数之比)随核子数的增大而降低。

不稳定核可发生放射性衰变并发射 α、β 或 γ 辐射。含过剩中子的重核一般通过发射一个电离的氦核(即 α 粒子)衰变。其他放射性核通过发射 β 粒子(电子或正电子)衰变。这类衰变在本质上受控于弱力，因此被称为弱衰变。在 β 衰变中，1 个中子衰变为 1 个质子、1 个电子和 1 个反中微子。继 α 或 β 衰变之后的子核通常处于激发态，退激时往往会发射可用于核素表征的特征能量的 γ 光子。

4.1.2   电磁辐射与物质的相互作用

可用于光子探测的材料和探测器种类有很多，但电磁辐射与物质的相互作用原理大致相同：电磁辐射进入探测器，与探测器材料中的原子相互作用，将能量传递给松散结合的电子，进而直接或间接地产生可供测量的电流。

---

1 Nguyen, C. T. and Zsigrai, J., 'Basic characterization of highly enriched uranium by gamma spectrometry', *Nuclear Instruments and Methods in Physics Research, Section B: Beam Interactions with Materials and Atoms*, vol. 246, no. 2 (May 2006).

光子不带电荷，也没有质量，可穿行较远且不会显著损失能量。光子可通过光电效应、康普顿散射或电子对效应与物质发生相互作用。低能光子主要通过光电效应与物质相互作用，其中，光子被原子完全吸收并释放出原子中的 1 个电子，电子的能量等于光子的能量减去电子的结合能。能量稍高的光子，其主要相互作用过程是康普顿散射。此时，光子与原子的 1 个电子发生散射，光子损失部分能量形成 1 个散射光子，电子得到光子损失的能量发射出来。当初始光子的能量大于电子静止质量的 2 倍时，方可发生电子对效应。这是一种光子消失并形成 1 个电子-正电子对的相互作用。为确保动量守恒，电子对效应仅发生在可吸收反冲的原子核中。

4.1.3 测量原理

γ 谱仪由用于测量光子能量的探测器及必要的前置放大器、放大器、模-数转换器 (analogue-to-digital converter，ADC) 和多道分析器 (multichannel analyser，MCA) 组成。前置放大器将电荷脉冲转换为电压脉冲，经放大器放大后，通过模-数转换器将该电压脉冲数字化，多道分析器则根据数字化脉冲的幅度(与光子的相互作用能量呈正比)对脉冲进行分类，最终得到脉冲幅度谱或能谱。其中，放射源发射的不同能量的 γ 射线在能谱中呈现为不同强度的能峰。

1. γ 能谱

所有原子核都具有特定的能级，因而也都具有特定的 γ 能量。假如有一台足够大的 γ 谱仪能够充分探测、收集和分离入射的 γ 射线能量，则有可能通过测量放射性样品的 γ 能谱并与已知样品的能峰比较来确定放射性样品中的元素。这种技术通常被用于测定各种核材料样品的铀富集度和钚同位素组成。

发生在探测器中的各种相互作用决定着能谱的结构。如果入射光子的全部能量通过光电效应沉积在探测器中，则可看到光电峰(或全能峰)。如果光子在材料中的原子核上发生康普顿散射，且部分能量逃逸出探测器，则仅有较少能量残留在探测器中，这将贡献于能谱的康普顿坪。

2. 感兴趣的能量范围

通常，γ 谱仪的探测效率随入射光子的能量而变化。因此，在安装探测器系统前，确定将要测量的能量范围非常重要。核取证分析师通常需要寻找各种铀同位素和钚同位素。这些核素有时可被直接测定，但在某些情况下则需要通过观测其衰变子体来估算。^{235}U 的量直接正比于富集度，可通过 143.8keV、163.4keV、185.7keV、194.9keV 和 205.3keV 的特征 γ 射线看出。利用 ^{235}U 同位素的丰度可将样品分为低浓缩铀(low-enriched uranium，LEU)、高浓缩铀(highly enriched uranium，HEU)、天然铀或贫化铀。尽管 ^{238}U 并不发射 γ 射线，但其亚稳态子体 ^{234m}Pa 可发射 250.3keV、766.4keV 和 1001keV 的特征 γ 射线。

样品中的铀同位素浓度通常采用与 ^{238}U 的比值表示。例如，利用 ^{234}U 位于 120.9keV 处的 γ 射线来确定样品的年龄时就需要测定 ^{234}U 与 ^{238}U 的比值。由于 ^{234}U 的丰度随地理位置略有不同，因此 ^{234}U 同位素的丰度或许也可给出与采矿地点相关的信息。此外，还可计算出低丰度同位素 ^{236}U（49.37keV）与 ^{238}U 的比值，而 ^{233}U 等同位素则常与 ^{229}Th 和 ^{232}U 相关联用于确定样品的年龄和组成[2]。

大多数钚同位素（从 ^{238}Pu 到 ^{242}Pu）也发射 γ 射线。具有军事应用价值的 ^{239}Pu 同位素可发射 129.4keV 和 413.7keV 的 γ 射线，而 ^{240}Pu 可发射 45.24keV 和 160.3keV 的 γ 射线。通过其子体核素 ^{241}Am 位于 59.54keV 处的 γ 射线可发现 ^{241}Pu 同位素。在乏燃料或核爆炸碎片的 γ 能谱中，还可看到 ^{237}Np、^{60}Co、^{95}Zr、^{106}Ru、^{134}Cs 和 ^{137}Cs 等其他同位素。这些同位素均为长寿命核素，意味着重大的辐射危害。

3. 测量方法

能谱测量的评估通常采用无限厚法或自刻度法[3]。

无限厚法用于测定铀富集度，需要用到参考样品。测量两个样品中 ^{235}U 185.7keV 主 γ 射线的计数率并进行比较可得到铀富集度。

自刻度法则无须参考样品。利用多种同位素的 γ 和 X 射线，并计算探测器的效率、样品的自吸收和设备的衰减等影响，这些同位素的比值可用测量的能谱直接确定。如果已知燃料棒的富集度，则可利用该方法计算 ^{235}U 的燃耗和 ^{239}Pu 的生成量[4]。

4.2　γ 能谱测量装置

若无须立即报告结果，样品通常会被送到实验室进行精密分析。有些样品在 24h 后即可给出分析结果，而有些样品则需要几个月的时间。测量时间取决于样品中的核素浓度等因素，且测量时间的选择应确保使相对不确定度小于某一预定的水平[5]。IAEA 位于奥地利 Seibersdorf 的保障监督分析实验室，可进行 γ 活度测量。遍布世界各地（如澳大利亚、法国、德国、日本、俄罗斯、英国和美国）的许多实验室都与 IAEA 分析实验室网络（Network of Analytical Laboratories，NWAL）相连接，并提供各种样品分析选项，例如，采用 γ 能谱测量和轮流作业，将同一个样品在实验室网络中进行传递测量和结果比对[6]。

---

2 Ramebäck, H. et al., 'Basic characterization of ^{233}U: determination of age and ^{232}U content using sector field ICP-MS, gamma spectrometry and alpha spectrometry', *Nuclear Instruments and Methods in Physics, Research Section B: Beam Interactions with Materials and Atoms*, vol. 266, no. 5（2008）, pp. 807-812.

3 Mayer, K. and Wallenius, M., 'Nuclear forensic methods in safeguards', *ESARDA Bulletin*, no. 38（June 2008）.

4 Sáfar, J., Almási, I. and Lakosi, L., 'Estimating plutonium buildup from the ^{137}Cs/^{238}U ratio for slightly irradiated low enriched uranium', *Nuclear Instruments and Methods in Physics Research, Section B: Beam Interactions with Materials and Atoms*, vol. 94, no. 4 (1994), pp. 537-539.

5 Jodlowski, P. and Kalita, S. J., 'Gamma-ray spectrometry laboratory for high-precision measurements of radionuclide concentrations in environmental samples', *Nukleonika*, vol. 55, no. 2 (2010), pp.143-148.

6 Nguyen and Zsigrai（note 1）; and IAEA, 'Tools for nuclear inspection', Fact sheet, 2011, http://www.iaea.org/Publications/Factsheets/English/ inspectors.pdf.

如果不便进行实验室分析，则可以采用各种固定式、便携式或手持式仪器对样品进行现场检测。一个固定式检测的例子是门式辐射监测器(radiation portal monitor，RPM)，这是一种通常被安装在过境站(或边境口岸)用于检测核物质或放射性物质的 γ 辐射探测器。在这种地点，感兴趣的放射性核素包括各种铀材料中的 ^{233}U、^{235}U 和 ^{238}U，以及循环使用材料中的 ^{237}Np 和反应堆级到武器级的 ^{239}Pu[7]。

与实验室仪器相比，各种便携式或手持式设备必须易于掌控和移动。为了做到这一点，这类设备通常含有碘化钠(NaI)或碲锌镉(CdZnTe 或 CZT)等室温探测器。利用这类探测器进行设备或人体扫描，有时需要并希望做到较短的测量时间，如小于 1s [8]。

此外，核取证应用基本上只使用两种探测器：闪烁体和半导体。为了用非破坏性 γ 能谱测量获得样品中同位素含量的最佳结果，应首选高纯锗(high-purity germanium，HPGe)半导体探测器，它具有极好的能量分辨率(即探测和分离入射能量的能力，详见 4.3 节)。其缺点是探测器需要冷却，影响了测量系统的移动性。闪烁体则不需要冷却，可用于现场使用的各种手持式设备中。

Canberra 和 ORTEC 是两家可提供用于核取证目的的系列商用探测器的大公司。它们可提供各种实验室系统、液氮制冷和电制冷的锗探测器系统及手持式设备。它们还可为许多专业领域或应用提供探测器系统，如环境或空气监测、国土安全和核保障监督。

1. 闪烁体

闪烁体是一种常用的光子探测器。由于其采用了高密度材料，闪烁体具有良好的探测效率。在闪烁体中，入射辐射与探测器材料中的原子碰撞并使其激发。受激原子快速返回至基态，同时发射出可见光或近可见光，这些光信号随后被转换成可供测量的电脉冲。

闪烁体通常可分为有机闪烁体和无机闪烁体。有机闪烁体可以是天然的或人工制造的。

采用有机闪烁体，入射光或可使有机分子的电子被激发，或使分子开始振动[9]。尽管有些跃迁仅会发热，当激发态分子返回基态时，会伴随着发光。蒽和芪是典型的有机闪烁体。这两种材料均易碎且难以获得较大的尺寸，此外，闪烁效率取决于电离粒子相对于晶轴的取向[10]。作为替代，有机闪烁体还可被制成固体塑料形式，并被加工成几乎任意形状。与天然闪烁体相比，塑料闪烁体不易碎裂且相当便宜，但可能会存在相当强的自吸收和光衰减[11]。

在无机闪烁体中，闪烁机理和可供利用的能态取决于材料的晶格。材料中的电子被限制在不连续的能带(价带和导带)中。在 NaI 等绝缘体中，价带通常是最满的能带，导带电子具有足以穿过晶体的能量。入射辐射可将电子从下层的价带激发至导带中。受激

---

7 这类应用的例子，参见第 9 章。

8 International Atomic Energy Agency (IAEA), *Combating Illicit Trafficking in Nuclear and Other Radioactive Material*, IAEA Nuclear Security Series no. 6, (IAEA: Vienna, 2007)。

9 Krane, K. S., *Introductory Nuclear Physics* (Wiley: Chichester, 1988)。

10 Knoll, G. F., *Radiation Detection and Measurement*, 3rd edn (Wiley: New York, 2000)。

11 Knoll (note 10)。

电子立即返回价带，可发射可见光波长的光子——荧光[12]。此外，晶体中还可发生其他的竞争过程。例如，热激发可导致缓慢发光成分——磷光的发射。磷光通常是闪烁体中所谓"余辉"的一种来源。典型的无机闪烁体有碘化钠、碘化铯、氟化铯和氟化钡。碘化钠的应用最广泛，且可作为许多其他探测器材料的基准。碘化钠具有较高的光产额，相对便宜且易获得较大的尺寸，已被选择用于 IAEA 许多的手持式设备中。不过，NaI 易吸湿，需要小心密封以避免与空气和湿气接触。尽管 NaI 在 662keV 处的能量分辨率可达到 6.5%左右，但远低于半导体的能量分辨率[13]。

探测器材料的选择取决于应用需求，不同材料的探测效率、时间和能量分辨率、衰减时间、光输出等性能差异很大。材料的探测效率随质量数的增大而增大，因此无机闪烁体的探测效率一般要高于有机闪烁体。这使得无机闪烁体具有更短的测量时间和更高的时间分辨率。此外，无机闪烁体也相对便宜且易于移动。当需要用到极大尺寸的闪烁体或不希望在固体结构中发生辐射损失时，溶液或许是一种选择。不过，闪烁体的能量分辨率要差于下面将要讲到的 HPGe 半导体探测器的能量分辨率。这主要取决于光电倍增管(photo multiplier tube，PMT)中的传输损耗，光电倍增管可将光转换成电脉冲，但光电阴极的量子效率较低。这些损耗导致每个发射光子可探测到的事件数量相对较少。

2. 针对核取证应用的闪烁体研究

针对核取证应用，正在研究各种新型闪烁体材料。近年来，掺铈氯化镧($LaCl_3$：Ce)、掺铈溴化镧($LaBr_3$：Ce)、钨酸镉($CdWO_4$)和钨酸钙($CaWO_4$)等材料已逐渐普及。

在边境监测设备上对 $LaCl_3$：Ce 和 $LaBr_3$：Ce 已经进行了测试，结果显示，这两种闪烁体材料在大于 120keV 时的能量分辨率优于 NaI。在 662keV 处，观测到 $LaCl_3$：Ce 和 $LaBr_3$：Ce 的能量分辨率均为 2.9%[14]。其他研究发现，在 662keV 处，$LaCl_3$：Ce 的能量分辨率分别为 3.5%、2.9%，$LaBr_3$：Ce 的能量分辨率分别为 2.6%、3.2%[15]。为了探测由特种可裂变材料及其他可能与核燃料循环过程相关的放射性材料所发射的 γ 射线和中子，美国国家核安全管理局(National Nuclear Security Administration，NNSA)将研究重点放在了上述两种材料及溴化铈($CeBr_3$)和掺铊 NaI(NaI：Tl)上[16]。$CaWO_4$ 小样品业已显示

12 Knoll (note 10)。

13 Kinloch, D. R. et al., 'New developments in cadmium tungstate', *IEEE Transactions in Nuclear Science*, vol. 41, no. 4 (1994), p. 752.

14 International Atomic Energy Agency (IAEA), *Improvement of Technical Measures to Detect and Respond to Illicit Trafficking of Nuclear and Radioactive Materials*, IAEA-TECDOC-1596-CD (IAEA: Vienna, July 2008)。

15 Iltis, A. et al., 'Lanthanum halide scintillators: properties and applications', *Nuclear Instruments and Methods in Physics Research, Section A: Accelerators, Spectrometers, Detectors and Associated Equipment*, vol. 563, no. 2 (2006), pp. 359-363; Moses, W.W., 'Current trends in scintillator detectors and materials', *Nuclear Instruments and Methods in Physics Research, Section A: Accelerators, Spectrometers, Detectors and Associated Equipment*, vol. 487, nos 1-2 (2002), pp. 123-128; Shah, K. S.et al., 'LaCl₃:Ce scintillator for γ-ray detection', *Nuclear Instruments and Methods in Physics Research, Section A: Accelerators, Spectrometers, Detectors and Associated Equipment*, vol. 505,nos 1-2 (2003), pp. 76-81。

16 Guss, P. et al., 'CeBr₃ as a room-temperature, high-resolution gamma-ray detector', *Nuclear Instruments and Methods in Physics Research Section A: Accelerators, Spectrometers, Detectors and Associated Equipment*, vol. 608, no. 2 (2009), pp. 297-304。

出较高的光产额，该材料有望被用于边境管制[17]。

3. 半导体

半导体在 γ 谱仪中十分重要，它较许多其他的 γ 谱仪具有更高的能量分辨率。半导体是一种介于导体与绝缘体之间、具有导电性的材料。如果材料中电子的能量受到 γ 射线的撞击等因素而增大，则电子开始移动，材料变得导电。对于某些半导体，甚至室温下的热能都足以发生上述情况。若想要不同的半导体材料变得导电，所需的能量不同，可通过在材料中添加各种超痕量的元素影响该能量。这一过程被称为掺杂。

在高分辨 γ 谱仪中最为熟知和广泛运用的是锗探测器。该探测器有多种几何构型，例如阱式、平板、半平板和同轴型。阱式探测器适用于小样品，且具有最大的几何探测效率[18]。同轴探测器具有最宽的能量范围，可探测低至 5keV 和高达数兆电子伏特的 γ 射线。这类探测器可被制成各种大表面积构型以提高探测器与 γ 射线相互作用的概率。半平板探测器具有比同轴探测器更好的能量分辨率，但其能量范围（从低于 5keV 到几百万电子伏）较小[19]。

HPGe 探测器良好的能量分辨率主要取决于两个因素。第一个因素与辐射如何在这类探测器中被吸收有关。与闪烁体不同，在 HPGe 中，相互作用光子可直接引发电子-空穴对；在闪烁体中，相互作用光子需经过多个步骤被转换为可测量的电子。第二个因素与产生电子-空穴对所需的平均能量有关[20]。半导体中原子间靠得很近，产生电子-空穴对所需的平均能量相当低，而所有类型的锗探测器都需要进行冷却，以降低热激发产生的本底。冷却通常采用液氮，因此影响了探测器系统的便携性。

4. 针对核取证应用的半导体结构研究

目前，能量分辨率不大于 1% 的高分辨 γ 谱仪系统主要基于低温 HPGe 探测器，这有时会限制其在现场的应用[21]。随着冷却方法的最新发展，已经出现了各种重量和功耗的便携式机械冷却系统。例如，某便携式设备重 4.5kg，采用 5cm×5cm 的同轴型高纯锗探测器，在 662keV 处的能量分辨率约为 3.5%[22]。不过，采用其他的替代方案，1332keV 处

---

17 International Atomic Energy Agency (note 14).

18 ORTEC, 'How to choose the right photon detector for your application', User Guide, June 2011, http://www.ortec-online.com/Solutions/RadiationDetectors/Semiconductor-Photon-Detector-Categories.aspx.

19 Princeton Gamma-Tech Instruments, June 2011, http://www.pgt.com; Lin, G. and Zhouguo, H., 'Attribution of nuclear material by non-destructive radiation measurement methods', *Advances in Destructive and Non-Destructive Analysis for Environmental Monitoring and Nuclear Forensics* (IAEA: Vienna, 2003), pp. 129-132.

20 Parker, R. P., 'Semiconductor nuclear radiation detectors', *Physics in Medicine and Biology*, vol. 15, no. 4 (1970).

21 Gilmore, G., *Practical Gamma-ray Spectrometry*, 2nd edn (Wiley: Chichester, 2008).

22 Becker, J. A. et al., 'Portable, low-power, mechanically cooled Ge spectrometer', *Nuclear Instruments and Methods in Physics Research, Section A: Accelerators, Spectrometers, Detectors and Associated Equipment*, vol. 505, nos 1-2 (2003), pp. 167-169.

的能量分辨率可降至 0.2%甚至更低[23]。

铍探测器系统的替代方案是采用如 CZT 的半导体材料。在核取证中，这是一类相对较新的探测器材料，但其能量分辨率高于 NaI 闪烁体且可以在室温下工作，因此其普及程度日益增加。半导体材料可方便地被安装在各种手持式设备中，当前的制造技术进步已提高了探测器分辨率和使用较大探测器样品的能力[24]。其在室温下于 662keV 处的能量分辨率约为 2%～3%，略高于极具应用前景的 CeBr₃ 闪烁体材料[25]。例如，某种针对核取证应用、正在进行研发的设备，同时采用了 ³He 中子计数管和 CZT γ 探测器，并将其安装在一个配有无线控制单元的轻质背包中[26]。其设计思想是，利用 γ 探测器的能谱测量能力识别放射性同位素，利用中子响应指示存在的核材料。该设计还包括传感器数据的无线传输，这使得检查人员在探测器进行连续辐射筛查的同时还可开展其他活动。

4.3　γ 探测器的能力、要求和限制

根据最小样品活度、重量、尺寸或源与探测器之间的距离来为 γ 谱仪探测 γ 辐射设限非常困难，这往往与每一种具体的探测器有关，因此应视具体情形分别予以考虑。例如，最小可探测活度与具体应用中选定的信号探测的置信水平、测量技术中的判断限和各种不确定度相关（具体讨论见附录 A）。实践中，每一种测量配置的探测限各不相同，且实验室分析的装置与现场测量的手持式探测器之间的探测限差异可能会很大。例如，倘若探测器未出现测量信号，或是因为所测样品为非放射性样品所致，或是因为放射性活度被特定尺寸或形状的样品的自吸收和衰减所掩盖。在其他情形中，问题可能并不在于样品的活度，而是本底辐射掩盖了真实信号。此外，探测器的效率和设计对 γ 谱仪的信号探测能力也至关重要。

撇开这些困难，对 γ 谱仪的要求和限制通常会关注能量分辨率和可用的测量时间。γ 谱仪的能量分辨率取决于所使用的探测器的种类（即闪烁体或半导体）。不过，某些影响因素对所有的探测器类型都很重要。其中包括入射辐射的能量、本底辐射的大小和类型、探测器温度、探测器的线性、探测器材料的掺杂和光收集过程等。对于闪烁体探测器，受响应线性控制的晶体的本征能量分辨率、晶体衰减时间、辐射损伤、与光电倍增管或

23 Upp, D. L., Keyser, R. M. and Twomey, T. R., 'New cooling methods for HPGe detectors and associated electronics', *Journal of Radioanalytical and Nuclear Chemistry*, vol. 264, no. 1 (2005), pp. 121-126; and Rosenstock, W. et al., 'Recent improvements in on-site detection and identification of radioactive and nuclear material', International Atomic Energy Agency (IAEA), *International Symposium on Nuclear Security, 30 March-3 April 2009* (IAEA: Vienna, 2009)。

24 International Atomic Energy Agency (IAEA), *Safeguards Techniques and Equipment: 2003edition*, International Nuclear Verification Series no. 1 (IAEA: Vienna, 2003)。

25 Shah K. S. et al., 'CeBr₃ scintillators for gamma-ray spectroscopy', *IEEE Transactions on Nuclear Science*, vol. 52, no. 6 (2005)。

26 Zendel, M., 'IAEA safeguards: challenges in detecting and verifying nuclear materials and activities', Paper presented at the 6th International Conference Tunable Laser Diode Spectroscopy, Reimes, 2007, http://tdls.conncoll.edu/2007/zendelpaperreimsconferencefinal.pdf。

其他读出系统的连接方式也很重要。对于半导体，漏电流、增益不稳定性及电子-空穴对的复合与俘获至关重要[27]。这些性质中的部分性质取决于探测器材料，而其他性质可通过用户得以改进。例如，获得小于给定不确定度的结果所需的测量时间或某一特定应用所要求的测量时间，取决于探测器的效率、样品的计数率、测量死时间、本底辐射等。以下小节将进一步讨论其中的某些影响因素。

对用于核保障监督或核取证领域的 γ 谱仪而言，测量目的往往是确定样品的同位素含量。这意味着需要区分能谱中不同同位素的特征峰。

探测器的分辨率可用其对某一入射能量的响应给出。具有高能量分辨率的材料的特点在于能够进行准确而精确的测量（附录 A）。通俗地讲，这意味着应能探测接近于"真"值的能量，且重复测量的再现性好。好的能量分辨率在能谱中可直观表现为脉冲幅度值围绕峰中心分布的能量范围较窄，而差的能量分辨率围绕峰中心分布的能量范围较宽（图 4.1）。对于差的能量分辨率，测定辐射能量的不确定度可能会很大，以至于不同能量处的峰宽严重叠加而无法区分不同的能量响应。这种情况下无法确定能谱中能峰的位置，也无法确定能峰的宽度，即测量没有准确度或精确度。

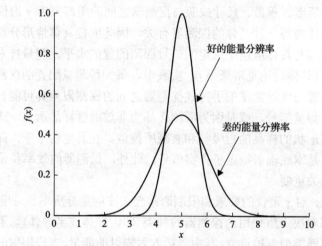

图 4.1　具有相同中心值但不同分辨率的两种高斯分布的例子
好的分辨率的能量分布较窄，差的分辨率的能量分布较宽

如果两种探测器具有相同的探测效率，则对同一射线测得的全能峰曲线下的面积相同。探测峰的宽度反映了相同能量重复入射在探测器中的沉积能量之间的涨落。涨落小，峰宽就小，理想情形下接近一个尖峰。在几乎所有的测量中，探测到的能峰均位于围绕它们的本底上。在进行任何分析之前，都必须扣除本底。峰宽的一种常见度量是半高宽（full width at half maximum，FWHM），指最大峰一半高度处的峰宽。峰宽随能量的增大而增大，因此通常会采用相对能量分辨率（峰宽与该峰中心能量比值的百分比）作为探测器性能的一种度量。一般而言，半导体具有最佳的能量分辨率（不到 1% 量级）。许多闪

27　Mann, H. M., Bilger, H. R. and Sherman, I. S., 'Observations on the energy resolution of germanium detectors for 0.1-10 MeV gamma rays', *IEEE Transactions on Nuclear Science*, vol. 13, no. 3 (1966), pp. 252-264。

烁体的能量分辨率为 5%～10% 量级。

4.3.1　峰宽的解析

　　理想化的细尖峰在实际探测到的能谱中由于多种因素而变宽。导致沉积能量出现涨落的原因可能包括：探测器系统不稳定的工作条件（如温度、电压等）、各种随机噪声源以及某些情形下由于测量过程造成的不同水平的随机噪声和统计噪声。

　　对闪烁体而言，有三种主要因素会增大峰宽：①与探测器中信号产生统计性相关的贡献；②与信号采集和线性相关的特性；③电子噪声、漂移或探测器系统其他的特性[28]。其中，由于光产生和光收集过程（往往包括光电倍增管）的效率有限，第一个因素的贡献通常最大。第二个因素与本征能量分辨率有关，它源于对入射辐射的响应而发出的光子数量不断变化。这种辐射响应与闪烁体的内部结构有关，例如，激活剂原子和掺杂剂的分布、光在探测器材料中的吸收和相互作用。这也是导致非线性响应的原因[29]。

　　当主要要求是低成本、高探测效率、多探测器测量布局和室温操作时，闪烁体是首选的解决方案。由于闪烁体的能量分辨率差于锗探测器，往往可较好地用于验证核材料的存在，而不是用于表征样品的同位素组成，特别不适用于含多种放射性核素的样品表征。

　　锗探测器是一种半导体探测器，其能量分辨率一般受控于四种不确定性。第一种不确定性是离开原子核的 γ 射线的能量的不确定性。第二种不确定性源自电荷产生，即入射 γ 射线在探测器灵敏体积中产生的电子-空穴对的不确定性。为了将脉冲传至放大器，必须收集载流子，其数量变化可导致能量分辨率更差。这种贡献的大小取决于陷阱中心和辐射损伤。第三种不确定性来自探测器中电荷收集的不确定性。第四种不确定性来自电子噪声[30]。

　　对于所有的探测器类型，即使在探测器中沉积相同的能量，载流子的数量直接决定涨落大小。载流子的产生是离散的，通常可采用泊松过程进行描述，这意味着对于总数为 N 的载流子，用于描述统计涨落标准偏差的预期为 $\sqrt{N}$。如果 N 是一个较大的数字，则泊松分布近似于高斯分布。对高斯分布而言，通过关系式 $\mathrm{FWHM}=2.35\sigma$，可将宽度参数 σ（附录 A）与 FWHM 进行关联。当只考虑统计涨落时，相对能量分辨率 R 为

$$R=\frac{\mathrm{FWHM}}{E}=\frac{2.35\sqrt{N}}{N}=\frac{2.35}{\sqrt{N}}$$

式中，E 为被测峰中心能量。

　　事实上，电荷产生并不完全是一种泊松过程，但可以通过所谓的法诺（Fano）因子 F 来处理。该因子小于 1（对锗而言，F 约为 0.06），并可将相对能量分辨率提高至 $R=2.35\sqrt{F}/\sqrt{N}$。这意味着，好的能量分辨率需要许多载流子。半导体探测器令人印象深刻的能量分辨率

28　Gilmore（note 21）。

29　Gilmore（note 21）；Moszynski, M., 'Inorganic scintillation detectors in γ-ray spectrometry', *Nuclear Instruments and Methods in Physics Research, Section A: Accelerators, Spectrometers, Detectors and Associated Equipment*, vol. 505, nos 1-2, Proceedings of the 10th Symposium on Radiation Measurements and Applications (2003), pp. 101-110.

30　Gilmore（note 21）。

就是因为在半导体中，单位能量沉积可产生许多载流子。相比之下，在闪烁体探测器中，二次电子的(能量)损耗会降低探测效率。

4.3.2 测量时间

测量时间的选择，通常是在采用短测量时间以限制系统误差与采用足够长测量时间以获得良好的统计性之间进行平衡折中的一种结果。影响测量时间的因素有探测效率、计数率和死时间。

1. 探测效率

光子或中子等电中性粒子不受周围粒子的库仑力作用，因此在被阻停或被探测之前可在材料中穿行较长的距离。这意味着，对这类粒子的探测效率往往小于对带电粒子的探测效率。有一些方法可提高探测效率，但低探测效率最终可导致较长的测量时间或数据采集时间。

绝对探测效率通常被定义为记录到的脉冲数与源的发射粒子数之间的比值，其数值大小取决于探测器的几何构型、覆盖范围和探测器材料的特性。本征探测器效率描述的是探测器探测辐射的能力，且假设辐射以平行束撞击晶体的前表面。本征效率取决于探测器材料、探测器材料在入射辐射方向和横向上的深度，以及实际的入射能量。

此外，还应区分总效率和峰效率。总效率是入射光子在探测器中产生脉冲的概率的一种量度。由于探测到的能量的大小与总效率测定无关，在实践中很难得到总效率。为了降低本底，通常必须设定一个阈值，因而很难记录到最低能量。峰效率则描述的是全部能量被沉积在探测器中的事件的百分比。

2. 计数率

所有类型的探测器对样品和本底的计数率都有一个限值。当计数率低于几千赫兹时，计数率对结果的影响通常较低。当计数率较高时，可能会遇到如分辨率变差、计数时间变长、峰与本底比值错误、计数统计性不准确等问题。当脉冲在时间上太过接近，后面的脉冲堆叠在前面脉冲的下降沿时，能量分辨率会因脉冲堆积而变差。

解决这类问题最简单的方法是增加样品与探测器之间的距离、增加准直和屏蔽或对样品进行稀释。前置放大器的工作范围通常决定了计数率的限值。此外，为了避免分辨率变差，放大器对计数率也有一个限值。在大多数情形中，探测器本身、模-数转换器和多道分析器并不是限制性因素。

3. 死时间

在 γ 能谱测量中，死时间是指在探测某条 γ 射线的过程中采集系统无法记录其他事件的时间。结合计数率与电子学及数据采集系统将两个脉冲彼此分离所需的最小时间，可进行死时间的设置。由于放射性衰变是随机的，如果系统正忙于处理旧的事件，则有可能会漏掉新的事件。这对高计数率来说可能是一个严重的问题。

系统响应可分为两种：并行和非并行。当非并行探测器忙于记录一个脉冲时，将无法探测任何新的脉冲，但是当其完成对前一个脉冲的记录后，将会转向记录下一个输入脉冲。并行探测器在忙时同样也无法记录新的事件，但它会对脉冲进行注册并将死时间延迟一段时间。如果计数率较高，则意味着探测器即使没有记录任何新的事件，也会一直很忙。

实际上，往往会混合用到上述两种系统响应。高的死时间(大于或等于 20%)可能会导致真实事件在探测器中的泊松分布状表现被扭曲。这可能会影响所记录到的计数的统计性，以至于减小重复测量之间的预期差异。对这一问题的最佳解决方法是尝试降低计数率，例如，增加屏蔽、增加源与探测器之间的距离或选择死时间较短的系统。

4.3.3　本底辐射

在几乎所有类型的 γ 能谱测量中，本底辐射是一个共同的问题。本底辐射起源于宇宙辐射、探测器和电子学及屏蔽中的放射性杂质、外部空气或周围环境中各种天然及人工的放射性。

对于要求进行较好能峰分离和详细测定 γ 能量的应用，通常会使用锗探测器。锗探测器在低能区更有效，可较好地探测本底和信号。对于低温冷却的锗探测器，有多种选项可供降低本底。某些选项是将可产生本底贡献的部件移到测量系统的外围，或使用过滤片，通过某种实验屏蔽来降低本底。由于铅的密度较高且对 γ 辐射具有较强的阻止能力，传统屏蔽通常会使用铅，但在某些应用中采用铅屏蔽可能是不够的。铅几乎总会受到 ^{210}Pb(源自铅矿或精炼技术)的污染。^{210}Pb 同位素的半衰期为 22.2 年，且可以通过发射 46.5keV 的单能 γ 射线贡献于本底谱，通过连续韧致辐射对高达 1.16MeV 的能峰产生贡献。后者源于 ^{210}Pb 衰变子体 ^{210}Bi 的 β 衰变。当 γ 射线作用在铅的表面，会出现能量约为 74keV 和 85keV 的荧光 X 射线[31]。为了使铅的本底贡献最小化，可使用老铅(如沉船中的压舱物)作为屏蔽材料[32]。

在其他情形中，可采用多层吸收片进行屏蔽。第一层采用高纯度电解铜可改善测量能谱，特别是改善位于低能区的能谱。铁也是一种不错的屏蔽选择。最好是使用原子时代之前的各种材料，这是因为近期生产的材料可能会受到钴的污染。

应避免采用含有高 $(n, n\gamma)$ 和 (n, γ) 反应截面的元素的屏蔽材料，例如，富氢材料可使快中子热化并在吸收中子之后发射 2.22MeV 的光子[33]。此外，屏蔽还应避免超过所需的厚度，否则将有可能增加中子增殖[34]。

其他的本底贡献可能来自装置中或许会使用的标准铝中的 ^{238}U、^{235}U 和 ^{232}Th 的 γ 射线，或前置放大器电器元件中的 ^{226}Ra、^{228}Th 和 ^{40}K 的 γ 射线。额外的本底贡献可能来自用于使锗探测系统保持真空低温恒温所需的分子筛或活性炭中的 ^{226}Ra、^{137}Cs 和 ^{40}K，

---

31 Verplancke, J., 'Low level gamma spectroscopy: low, lower, lowest', *Nuclear Instruments and Methods in Physics Research, Section A: Accelerators, Spectrometers, Detectors and Associated Equipment*, vol. 312, nos 1-2 (1992), pp. 174-182.

32 Brodzinski, R. L. et al., 'Low-background germanium spectrometry: the bottom line three years later', *Journal of Radioanalytical and Nuclear Chemistry*, vol. 193, no. 1 (1995), pp. 61-70.

33 关于"截面(cross section)"的定义，详见术语表。

34 Verplancke (note 31)。

或者来自探测器中因宇宙辐射而形成的各种(天然或合成的)不稳定的锗同位素[35]。此外，氡气体也有可能会干扰测量，由于同位素 ^{222}Rn($T_{1/2}$=3.8d)、^{219}Rn($T_{1/2}$=4s)和 ^{220}Rn($T_{1/2}$=56s)会扩散进入测量区，且其衰变子体中的许多核素具有相当强的 γ 活性。通过对探测器附近的测量区域进行通风，可使气体的影响最小化[36]。

源自宇宙辐射的本底，或来自各种直接的相互作用，或来自各种次级诱发反应。宇宙辐射主要由质子、α 粒子和重核组成。当宇宙辐射在上层大气中发生相互作用时，可产生光子、电子、μ 介子及其他粒子。在 μ 介子诱发的反应中通常会产生不想要的中子，这是因为中子有可能会继而诱发产生 γ 射线的新反应。为了降低源自宇宙辐射活化的贡献，测量设备不要用飞机运输，这样会增加中子通量。运输及测量应该在地面进行，或最好在地下进行。为了进一步降低本底，可采用反符合信号。当宇宙辐射作用于探测器系统周围的反符合探测器时，可产生反符合信号，导致数据采集的停止，其代价是会增加系统的死时间[37]。

4.4　γ 能谱测量的特殊应用

4.4.1　机载测量及与空气有关的测量

放射性材料及核材料的遥感，对于与健康相关的问题及核设施的监测与监视都很重要[38]。各种被动系统和主动系统均可用于此目的。被动系统能够确定是否存在钚、裂变材料区和 ^{240}Pu : ^{239}Pu 比值。配有氘-氚源的主动系统还可确定高浓缩铀的性质(例如，是否存在、裂变材料区和富集度)[39]。被动扫描还可与成像技术相结合，用于环境监测[40]。

远程监测的另一个方面是通过无人机进行监视，例如，进行放射性羽流或放射性物质调查。能够探测到 $10Bq/m^3$ 的 NaI 闪烁体，已经被安装到了可将数据实时传输至地面台站的小型飞机上。此外，研究表明，利用 CZT 探测器可探测记录各种碘同位素和钌、铈等低能 γ 发射体[41]。

针对 1996 年《全面禁止核试验条约》(Comprehensive Nuclear-Test-Ban Treaty，CTBT)

35 Verplancke (note 31)。

36 Núfiez-Lagos, R. and Virto, A., 'Shielding and background reduction', *Applied Radiation and Isotopes*, Proceedings of the International Committee for Radionuclide Metrology Conference on Low-level Measurement Techniques, vol. 47, nos 9-10 (1996), pp. 1011-1021。

37 Núñez-Lagos and Virto (note 36)。

38 Mihalczo, J. T. et al., 'NMIS plus gamma spectroscopy for attributes of HEU, PU and HE detection', *Nuclear Instruments and Methods in Physics Research, Section B: Beam Interactions with Materials and Atoms*, 5th Topical Meeting on Industrial Radiation and Radioisotope Measurement Applications, vol. 213 (2004), pp. 378-384。

39 Caffrey, A. J. et al., 'Chemical warfare agent and high explosive identification by spectroscopy of neutron-induced gamma rays', *IEEE Transactions on Nuclear Science*, vol. 39, no. 5 (1992)。

40 Ziock, K. P. et al., 'Large area imaging detector for long-range, passive detection of fissile material', *IEEE Transactions on Nuclear Science*, vol. 51, no. 5 (2004)。

41 Kurvinen, K. et al., 'Design of a radiation surveillance unit for an unmanned aerial vehicle', *Journal of Environmental Radioactivity*, vol. 81, no. 1 (2005), pp. 1-10。

的核查，已研制出 SAUNA 等 γ 能谱测量系统[42]。该套仪器的设计标准是：在 24h 取样时间内，应能探测到小于或等于 1mBq/m³ 的 ¹³³Xe [43]。

4.4.2　水下测量

尽管高密度材料的屏蔽效果最好，但 γ 辐射的屏蔽可采用许多类型的材料。水是一种廉价且相对较好的屏蔽材料，因而已有多种水下 γ 谱仪问世，其应用范围从测绘沉积物到追踪被倾倒的核废物。例如，位于摩纳哥的国际原子能机构环境实验室（IAEA Environment Laboratories in Monaco，IAEA-MEL）利用 NaI（Tl）闪烁体和高分辨 HPGe 探测器来调查核设施或核试验场附近海洋环境中的污染物[44]。NaI 探测器的能量分辨率低于 7%，更重要的是它能够在深达 2000m 的水下工作[45]。

4.4.3　地下实验

旨在寻找双 β 衰变和提议中的无中微子双 β 衰变的各种粒子物理实验正在促进 γ 能谱测量中的本底降至惊人的极限[46]。双 β 衰变是一种极罕见的过程，实验仅观测到几次，而无中微子双 β 衰变迄今为止仍是一种未得到实验证实的设想。采用的本底屏蔽措施包括多层纯材料屏蔽、反宇宙射线屏蔽、反符合信号和地下实验室。本底已经被降至极限，此时，锗探测器本身是最大的本底贡献者，以至于需要对锗进行重同位素富集，即去除其中的 ⁶⁸Ge 和 ⁷⁶Ge 同位素，只留下 ⁷²Ge、⁷³Ge 和 ⁷⁴Ge。

计划中的 Majorana 和 GERDA 实验，准备验证能否在某些条件下实现探测无中微子双 β 衰变所需的超低本底。这些实验及其他实验表明，γ 能谱测量能够探测相当罕见的事件。理论上讲，γ 能谱测量可用于探测极低浓度的放射性同位素，或者在某些无法使用质谱技术的应用中替代质谱技术。对这些实验而言，最严重的本底来自锗中 ⁶⁸Ge 和 ⁶⁰Co 的宇生产物。Majorana 实验的本底估计约为 0.01counts/keV/kg/a，GERDA 实验的本底约为 0.001 counts/keV/kg/a [47]。可以预见的是，这两种实验都在地下进行，均采用多层纯材料屏蔽，材料也都将在地下进行制造与存储。

---

42 《全面禁止核试验条约》(CTBT) 于 1996 年 9 月 24 日对外开放供各国签署，但至今尚未生效，< http://treaties.un.org/ Pages/CTCTreaties.aspx?id=26 >。也可参阅第 8 章和第 9 章。

43 Schulze, J., Auer, M. and Werzi, R., 'Low level radioactivity measurement in support of the CTBTO', *Applied Radiation and Isotopes*, vol. 53, nos 1-2 (2000)。

44 Osvath, I. and Povinec, P. P., 'Seabed γ-ray spectrometry: applications at IAEA-MEL', *Journal of Environmental Radioactivity*, vol. 53, no. 3 (2001), pp. 335-349; Krane (note 9)。

45 Osvath and Povinec (note 44)。

46 关于双 β 衰变，可参阅 Brodzinski, R. L. et al., 'Ultra-low background germanium spectrometry: techniques and results', *Nuclear Physics B: Proceedings Supplements*, vol. 28, no. 1 (1992), pp. 415-419. 关于无中微子双 β 衰变，可参阅 Aalseth, C. E. et al., 'The proposed Majorana ⁷⁶Ge double-beta decay experiment', *Nuclear Physics B: Proceedings Supplements*, Proceedings of the 8th International Workshop on Topics in Astroparticle and Underground Physics, vol. 138 (2005), pp. 217-220; Schönert, S. et al., 'The GERmanium Detector Array (Gerda) for the search of neutrinoless ββ decays of ⁷⁶Ge at LNGS', *Nuclear Physics B: Proceedings Supplements*, vol. 145 (2005), pp. 242-245。

47 Aalseth et al. (note 46); Maneschg, W. et al., 'Measurements of extremely low radioactivity levels in stainless steel for GERDA', *Nuclear Instruments and Methods in Physics Research, Section A: Accelerators, Spectrometers, Detectors and associated Equipment*, vol. 593, no. 3 (2008), pp. 448-453。

第 5 章

样品特征与核取证指纹特征

Klaus Mayer，Maria Wallenius，Zsolt Varga

核材料的产生、转化或改性过程可影响材料的某些性质。因此，与任何其他的天然或工业材料一样，核材料会表现出一些与产生过程或改性过程相关的特征。如果某种可测量的材料参数与决定该参数的过程之间可建立起一种关系的话，该材料参数则被称为一种"特征参数"。这类特征参数包括核材料的化学或同位素组成、化学杂质、物项的视觉外观和几何形状，可为核取证分析提供有价值的信息。将各种特征参数相结合，可增加核取证结论的可信性，并可确定材料的历史。各种特征参数的总和被称为"核取证指纹特征"。

本章介绍了核燃料循环中的各种核取证指纹特征(爆后环境中的指纹特征详见第 6 章和第 8 章)。按照广泛接受的分类方法，核取证指纹特征包括四类特征参数：物理、化学、元素和同位素[1]。5.1 节介绍了金属铀和金属钚、核燃料芯块、核燃料循环中各种常见粉末和液体的物理指纹特征。5.2 节介绍了最重要的铀、钚化合物的化学指纹特征，并讨论了与核燃料循环相关的最常见的非核化学品。5.3 节综述了除铀、钚或钍以外元素可获得的指纹特征，这些元素通常以不同浓度存在于被调查材料中。5.4 节介绍了通过对核材料及非放射性材料的同位素组成分析可构建的指纹特征。

5.1　物理特征与指纹特征

核取证分析的第一步通常包括对材料的目视检查、摄影记录，对固体物项而言，还应记录物项的尺寸和质量。这一初步检查阶段的观测，可给出一些初步的结论，并有助于确定进一步的分析步骤。本小节介绍并阐述了核材料的物理特征和指纹特征，逐一考查了金属铀和金属钚、燃料芯块、与核燃料循环相关的各种粉末和液体。

5.1.1　金属铀和钚

只有在特定应用中(主要与军事用途有关)，才会用到金属形式的铀、钚等核材料。最熟悉的应用就是将其用于核武器。金属形式的铀的另一个重要的军用应用是用在动能

---

1 IAEA, *Nuclear Forensics Support: Reference Manual*, IAEA Nuclear Security Series no. 2, Technical Guidance (IAEA: Vienna, 2006), p. 29。

穿甲弹中，这是一种是由贫化铀与钼或钛等其他元素制成的合金。它主要是利用了铀金属的高密度(19.1g/cm³)，相比之下，铅的密度为 11.3g/cm³。由于铀金属的高密度和高硬度，因此还可用于制造坦克装甲。

民用主要是用于储存和运输高放射性物质的容器中，贫化金属铀被用作屏蔽材料。尽管铀金属本身具有轻微的放射性，但其高密度使得铀金属比铅可更有效地屏蔽强放射源的辐射。类似地，铀金属可用于医用和工业辐照仪的屏蔽与准直[2]。贫化铀金属还可用于飞机的配重。不过，许多新型飞机业已逐渐停止使用贫化铀金属。

物项的几何构型可为铀或钚金属的预期用途提供第一条线索(图 5.1)。在核武器中，武器级铀或钚金属有着既定的形状和尺寸。在核动力堆中，铀燃料通常以二氧化铀(UO₂)芯块的形式出现。不过，德国和美国的第一座原型反应堆使用的是立方体或板状金属铀作为燃料(图 5.2)。动能穿甲弹的几何形状通常与反坦克弹药的几何形状相似，只不过坦克装甲所用的铀金属通常为板状贫化铀。例如，一架波音 747-100 飞机或许会用到 400～1500kg 的铀金属配重(图 5.3)。

(a) 铀　　　　　　　　　　　　　(b) 钚

图 5.1　不同形状的铀金属和钚金属

资料来源：United States Department of Energy; and Christensen, D., 'The future of plutonium technology',
Los Alamos Science, no. 23 (1995), p. 170

5.1.2　燃料芯块

各种宏观和微观尺度的物理参数都是有用的核取证指纹特征，这使得辨识采用不同工艺生产的核材料(如核燃料芯块)成为可能。

在商业核动力堆中，燃料由二氧化铀组成，在某些情况下，燃料是二氧化铀和二氧化钚的混合物(mixed oxide，MOX)。出于各种物理原因[例如，氧化物的熔点(2865℃)高于金属的熔点(1132℃)]、化学原因(如铀金属易于氧化)和技术性原因(如铀金属在中子辐照下可发生膨胀)，氧化物燃料要优于金属燃料。

---

2 关于"准直(collimation)"的定义，详见术语表。

(a) 德国　　　　　　　　　　　　**(b) 美国**

图 5.2　德国和美国第一座原型反应堆使用的天然铀金属立方体

资料来源：Felix König; and US Department of Energy

图 5.3　飞机配重

资料来源：Theodore Gray, ©2014, http://periodictable.com/

　　将二氧化铀粉末压制成圆柱状的芯块，并在高温下（约 1700℃）烧结，可生产出既定物理性质和化学成分的陶瓷核燃料[3]。随后，通过磨削工艺，加工成满足规定公差的最终几何形状（特别是芯块直径）（图 5.4）。之后，将燃料芯块堆砌并装填进包壳（一种通常为锆基合金制成的金属管）中，便制成所谓的燃料棒。抛光后的燃料棒进而被组装成用于搭建动力反应堆堆芯的燃料组件。

　　混合氧化物燃料是一种钚与天然铀或贫化铀的混合物，其性能表现类似于浓缩铀原料，因此是轻水反应堆（light-water reactor，LWR）所用低浓缩铀（low-enriched uranium，LEU）燃料的一种替代品。

　　不同的反应堆类型可能会采用不同 ^{235}U 富集度的燃料，且芯块的直径也会视反应堆类型而异。因此，芯块的几何形状（如直径、高度和可能的中孔）是一种重要的指纹特征，其所揭示出的信息，足以确定特定燃料芯块拟用于的反应堆的类型（表 5.1）。

---

3 关于"烧结（sintering）"的定义，详见术语表。

图 5.4　用于核动力堆的铀氧化物芯块举例

资料来源：US Department of Energy（image *c.* 1958）; and US Nuclear Regulatory Commission

表 5.1　不同类型核反应堆的芯块的几何形状

反应堆类型	直径/mm	高度/mm	中孔/mm
VVER-440	7.6	9～12	1.6
VVER-1000	7.6	9～12	2.4
RBMK-1000	11.5	12～15	—
RBMK-1500	11.5	12～15	2.0
CANDU	12.1	13	—
PWR（西欧联盟）	9.1	11	—
BWR（美国）	12	15	—

注：BWR 为沸水堆；CANDU 为加拿大重水铀反应堆；RBMK 为大功率管式反应堆；VVER 为水-水高能反应堆；PWR 为压水堆。

资料来源：Pajo, L. et al., 'Identification of unknown nuclear fuel by impurities and physical parameters', *Journal of Radioanalytical Nuclear Chemistry*, vol. 250, no. 1（2001）; Information obtained from the seized material analysis at the Institute for Transuranium Elements（ITU）,Karlsruhe; Olander, D. et al., 'Uranium-zirconium hydride fuel properties', *Nuclear Engineering and Design*, vol. 239, no. 8（2009）。

　　不同制造商可能会生产针对某一特定反应堆类型的芯块，因此芯块直径并不能被用作识别芯块的唯一因素。为了识别不同制造商生产的芯块，不得不考查其他的物理参数。在芯块的顶表面和底表面细节中，可找到这类识别特征。通常，圆柱状芯块具有专门定制的平行面（出于技术原因）。所形成的分区域分别被称为"凹槽""环形端面"和"倒角"，且芯块直径可细分为这些分区域的直径，从而给出 3 种独特且明确定义的参数。其中，倒角宽度 0.2mm 的差异，足以区分两家燃料制造商的芯块[4]。

　　将芯块抛光至精确直径的不同的磨削方法，可导致芯块表面产生微米量级的差异。已知湿式磨削较干式磨削可得到更低的表面粗糙度（即更平滑的表面），因而可以对源自

---

4 相关信息源自德国卡尔斯鲁厄超铀元素研究所（Institute for Transuranium Elements，ITU）对查封材料的分析。

不同磨削方法的芯块进行相互区分[5]。

除几何参数外，核芯块上能看到的各种标记也可指示其预期用途或生产工艺。在某些情形中，这一点可能会相当清晰，例如，锻造在芯块顶部、用于表明 ^{235}U 富集度的标称值，以及标记于芯块另一端、用于将铀氧化物粉末压制成"绿色(即未煅烧)"芯块的压力数(图 5.5)。尽管某些批次的芯块会带有其他可作为识别参数的标记(如各种几何符号)，但并不是所有芯块都带有如此清晰的标记。

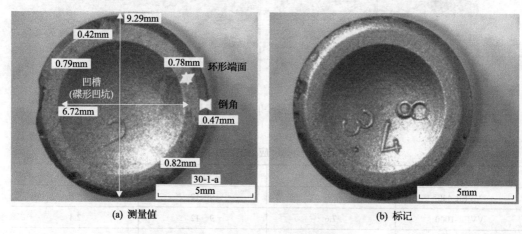

(a) 测量值　　　　　　　　　　　　　　　　(b) 标记

图 5.5　某铀燃料芯块的尺寸和标记

资料来源：Information obtained from analysis of seized material at the European Commission, Joint Research Centre (JRC), Institute for Transuranium Elements (ITU), Karlsruhe

借助各种微观参数，或许也可区分不同制造商生产的芯块。铀氧化物燃料芯块的粒度分布和晶粒结构，可指示材料制造所采用的不同生产工艺(图 5.6)。沉淀条件、煅烧前所用的原料(即铀精矿的种类)、所用添加剂和煅烧条件等各种因素，均可影响芯块的粒度。

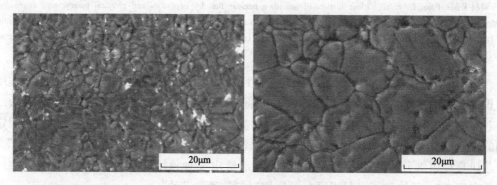

图 5.6　不同制造商生产的两种芯块的晶粒形貌扫描电镜图像

资料来源：Information obtained from analysis of seized material at the European Commission, Joint Research Centre (JRC), Institute for Transuranium Elements (ITU), Karlsruhe

---

5 Pajo, L. et al., 'Identification of unknown nuclear fuel by impurities and physical parameters', *Journal of Radioanalytical and Nuclear Chemistry*, vol. 250, no. 1 (2001)。

5.1.3　与核燃料循环相关的粉末和液体

　　液体与核取证的相关性并不是很大,据报道,只有少数的非法核材料案例曾涉及液体样品。不过,在分析核材料中残留的溶剂或萃取剂时,用于处理核材料(从采矿到后处理)的液体的相关知识却极为有用。

　　与之相比,在涉及非法核材料的事件中却常常会遇到各种粉末材料。粉末的某些物理特性在核材料循环中具有一定的典型性,但值得注意的是,粉末的形貌及其核取证解译却是一个复杂的问题。为了对比评价采用不同工艺生产的粉末样品,材料的微观结构是一个重要特征。这可以用源自加拿大 Key Lake 工厂和 Blind River 精炼厂的铀精矿样品的 SEM 图像加以说明。Key Lake 样品的低倍率放大图像显示,颗粒物的直径约为 20μm,而 Blind River 样品的颗粒组成则要粗得多(图 5.7)。高倍率放大时,可明显看清源自 Key Lake 的颗粒物的表面结构(图 5.8)。相对比,Blind River 样品的 SEM 图像则显示出表面相当光滑的微晶。两种材料在形貌学上的显著差异,使得这一参数可用作一种识别特征。尽管两种材料均为铀精矿,却是不同工艺流程的产物。

(a) Key Lake　　　　　　　　　　　(b) Blind River

图 5.7　两种铀精矿样品的低倍率放大扫描电镜图像

资料来源:Unpublished data from the European Commission, Joint Research Centre (JRC),
Institute for Transuranium Elements (ITU), Karlsruhe

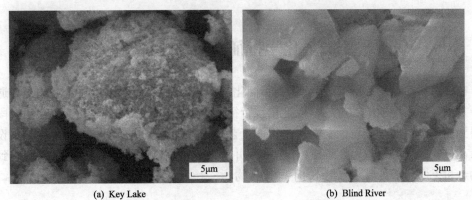

(a) Key Lake　　　　　　　　　　　(b) Blind River

图 5.8　两种铀精矿样品的高倍率放大扫描电镜图像

资料来源:Unpublished data from the European Commission, Joint Research Centre (JRC),
Institute for Transuranium Elements (ITU), Karlsruhe

源自 Key Lake 的材料是通过加入氨使铀沉淀，生成的是重铀酸铵 $(NH_4)_2U_2O_7$。将材料干燥后，于 750℃ 进行煅烧，所得产物为 U_3O_8。相比之下，源自 Blind River 的铀精矿加入 NaOH 使铀沉淀，生成 $Na_2U_2O_7$，随后经干燥但并未进行煅烧，得到颗粒状产物。在发生真正沉淀之前的反应步骤中，pH 的缓慢增大使 $Na_2U_2O_7$ 晶体得以生长并形成微晶(图 5.8)。

运用相同的方法论，还可研究和比较如 UF_4、UO_2 和 UO_3 粉末。如上述举例所示，对微观结构的评价严重依赖于基于现象学观察的对比评价。随着研究的进行，观察物理参数(如粒度分布、表面结构、晶粒结构、包裹体)与材料生产工艺之间的关系将会使认知更加深入。

有时，甚至材料的颜色也可以提供有用的信息，并且作为一种识别参数。在上述例子中，源自两家核设施的铀精矿的颜色差别很大：来自 Key Lake 的样品呈深灰色，而来自 Blind River 的样品呈亮黄色(图 5.9)。在颜色上的差异性可能并不总是如本例所示的那样显著，但它或许可对所涉及的化合物进行初步的推测。

(a) Key Lake　　　　　　　　　　(b) Blind River

图 5.9　两种铀精矿样品的照片

资料来源：Unpublished data from the European Commission, Joint Research Centre (JRC),
Institute for Transuranium Elements (ITU), Karlsruhe

5.2　化学特征与指纹特征

在核燃料循环的不同阶段,会遇到不同化学形式的铀和钚。大多数化合物相当普通,乍看之下，并不能给出独特的核取证指纹特征。不过，在核燃料循环的某一给定阶段,所遇到的化合物的种类可能会对所采用的工艺技术提供有用的提示，因而可将某些设施排除在材料的来源之外。以下三个小节介绍并考查了核燃料循环(从铀矿开采和选矿到燃料制造和乏燃料后处理)中遇到的不同化合物。

5.2.1　铀化合物

核燃料循环始于铀矿开采，铀被从铀矿中提取出来并转化为铀精矿。由于铀精矿的制备采用了各种提取和精炼方法，具体取决于铀开采所用的矿石种类，每一种铀精矿的化学组成可能会变化很大。通常，铀精矿中含有高比例的天然铀(约占 65%(质量分数)以上的铀)，这些天然铀可包含于各种各样的化合物中，例如，重铀酸铵[$(NH_4)_2U_2O_7$]、重铀酸钠($Na_2U_2O_7$)、氢氧化铀酰[$UO_2(OH)_2$]、硫酸铀酰(UO_2SO_4)、过氧化铀酰(UO_4)或三碳酸铀酰铵[$UO_2CO_3·2(NH_4)_2CO_3$]。材料经过煅烧，铀还可以以 UO_3 或 U_3O_8 等氧化物形式存在。许多这类化合物的固体形式呈黄色至红色，有时呈灰色至黑色，具体取决于煅烧的程度。单凭颜色可对存在的化合物的种类提供第一指征。

　　红外(infrared，IR)光谱是表征这些化合物的一种简单而又适用的实验技术。这类红外光谱研究最早可追溯至 20 世纪 50 年代末期，最近有文章已经对该表征技术进行了述评[6]。借助红外光谱，可容易地辨识不同的铀精矿化合物(图 5.10)。

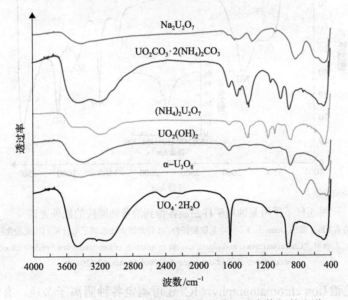

图 5.10　在铀精矿中发现的化合物的傅里叶变换红外光谱

资料来源：Varga, Z. et al., 'Characterization and classification of uranium ore concentrates (yellow cakes) using infrared spectrometry', *Radiochimica Acta,* vol. 99, no. 12 (2011)

　　利用现代傅里叶变换红外光谱(Fourier-transform infrared spectroscopy，FT-IR)仪器对固体铀精矿材料的系统研究业已揭示了一个与核取证相关的特征：除了真实分子中的各种键合产生的吸收带外，还有可能会识别出各种阴离子杂质[7]。这些被检测到的杂质可指示发生铀沉淀的溶液组成(所谓的母液)。这些阴离子杂质可为用于溶解铀的酸和预富集后的反萃物提供有价值的线索。经鉴定最典型的杂质是硫酸盐、硝酸盐和碳酸盐。

　　广泛用于矿石浸出和后续纯化步骤(例如，在离子交换分离中用于铀的洗脱)的硫酸

　　6 Jones, L. H., 'Determination of U-O bond distance in uranyl complexes from their infrared spectra', *Spectrochimica Acta*, vol. 15, no. 6 (1959)；Hausen, D. M., 'Characterizing and classifying uranium yellow cakes: a background', *JOM Journal of the Minerals, Metals and Materials Society*, vol. 50, no. 12 (1998)。

　　7 Varga, Z. et al., 'Characterization and classification of uranium ore concentrates (yellow cakes) using infrared spectrometry', *Radiochimica Acta*, vol. 99, no. 12 (2011)。

盐，往往会出现在 FT-IR 光谱中。硫酸盐在 1120cm^{-1} 处可出现易于检测的吸收峰。硝酸盐可在 1384cm^{-1} 处出现尖锐的特征吸收带。尽管硝酸盐高度易溶，可在随后的洗涤步骤中被轻易地除去，但是在离子交换纯化后用于分离铀的硝酸盐溶液中仍会有可测量的残留。产自加拿大安大略省 Elliot 湖 Denison 工厂的铀精矿样品的 FT-IR 谱图便可说明这一点（图 5.11）。在该实例中，硫酸被用于矿石的溶解，随后采用硝酸盐洗脱进行离子交换分离。采用氨沉淀水溶液中的重铀酸铵，在样品中可检测出硫酸盐和硝酸盐。

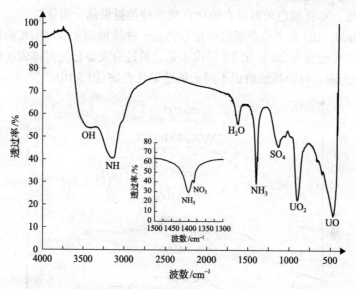

图 5.11　采用某铀精矿样品制备得到的重铀酸铵的红外光谱

样品源自加拿大安大略省 Elliot 湖的 Denison 工厂。除重铀酸铵外，红外光谱中还出现了可分别归属硫酸盐和硝酸盐的吸收带。

资料来源：Varga, Z. et al., 'Characterization and classification of uranium ore concentrates (yellow cakes) using infrared spectrometry', *Radiochimica Acta*, vol. 99, no. 12 (2011)

　　通过离子色谱（ion chromatography，IC）还可测定各种阴离子杂质。有学者曾对各种地理来源的铀精矿样品进行了全面研究[8]。对于 Denison 工厂的样品，运用离子色谱可得到与 FT-IR 光谱测量结果相类似的信息（图 5.12）。尽管离子色谱具有更好的检出限，但需要在样品制备中做更多的工作。

　　材料的微观结构是另一种有助于辨识由不同方法或不同条件生产的铀精矿材料的性质。颗粒物的大小和形状及其表面纹理，可反映出上清液进行固体沉淀的化学条件和热条件（如 5.1 节所述）。

　　铀精矿生产之后，将铀氧化物转化为 UF$_6$。UF$_6$ 生产可采用湿法和干法两种基础工艺。无论是湿法工艺还是干法工艺，所得到的 UF$_4$（一种浅绿色粉末）均为一种中间产物，随后与氟气直接反应，被氧化为 UF$_6$。视生产条件的不同，UF$_6$ 的粒径和微观结构可能会不同，从而可为生产工艺提供线索。UF$_6$ 是一种在室温下表现出较高蒸气压的固体。UF$_6$ 极易水解，因此必须保持干燥，通常将其储存在耐腐蚀的金属容器中。当温度稍稍

　　8 Badaut, V., Wallenius, M. and Mayer, K., 'Anion analysis in uranium ore concentrates by ion chromatography', *Journal of Radioanalytical and Nuclear Chemistry*, vol. 280, no. 1 (2009)。

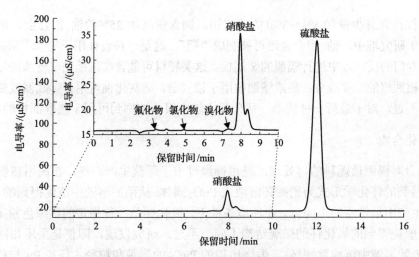

图 5.12　利用某铀精矿样品制备得到的重铀酸铵的离子色谱测量图

样品源自加拿大安大略省 Elliot 湖的 Denison 工厂，可检测到用于材料生产的硫酸盐和硝酸盐。

可看出，在更高浓度的样品中可检测到次要的阴离子组分

资料来源：Unpublished result from the European Commission, Joint Research Centre (JRC),

Institute for Transuranium Elements (ITU), Karlsruhe

升高，UF_6 便会升华，且可以通过(分级)蒸馏进行化学纯化。世界上最大的转化设施位于加拿大安大略省 Hope 港，英国斯普林菲尔德 Salwick，俄罗斯 Glazov(乌德穆尔特共和国)、Angarsk(伊尔库茨克州)、Seversk(托木斯克州)，法国 Pierrelatte，中国甘肃省兰州市，美国伊利诺伊州 Metropolis[9]。

天然铀中存在的元素指纹特征(金属杂质)在转化过程中逐渐丧失。当 UF_6 被蒸馏时，只有那些可形成挥发性氟化物的杂质会伴随着铀。因此，在蒸馏后或在同位素浓缩过程(基于气态 UF_6)之后，将会形成一种全新的杂质模式。在相关适用标准中，如美国材料与试验协会(American Society for Testing and Materials，ASTM)标准 C996-10，均定义了 UF_6(用于核燃料)中杂质含量的上限。

继铀同位素浓缩(即提高裂变同位素 ^{235}U 在铀中的占比)后，UF_6 被水解为 UO_2F_2，随后进行沉淀并被煅烧成铀氧化物。沉淀条件将会影响所得氧化物的微观结构及其烧结性。为了评估铀氧化物(粉末)微观结构与前体化合物或前置化学处理之间的潜在相关性，目前正在进行相关研究。

为了生产铀燃料，铀氧化物粉末被还原为 UO_2，压制成芯块并进行烧结。这种芯块形式的铀可以由天然铀(用于重水慢化堆)或低浓缩铀(用于轻水慢化堆)而构成。在核燃料循环阶段，燃料的化学成分并不能为核取证提供有用的信息。通过结合芯块尺寸、浓缩水平和化学杂质等参数，可得到大多数核取证信息。

例如，在飞机的配重、医学辐射治疗设备和工业射线照相设备等强放射源的屏蔽材料、用于运输放射性物质的容器等应用中都可以遇到金属铀。如 5.1 节所述，金属铀的军事用途包括防御性装甲保护板和穿甲弹。屏蔽材料通常由相当纯的铀金属构成，而贫

9　World Nuclear Association, 'Uranium enrichment', Aug. 2014, http://www.world-nuclear.org/info/inf28.html。

铀穿甲弹往往含有少量(0.5%~3%)的钛或钼。铀含量高达 25%的铀-铝合金，可能表明其曾被用于研究堆中。铀-铝合金还可被制成"靶"，这是一种设计用于生产 ^{99}Mo 医用同位素、在专门的反应堆中进行辐照的金属板。这类靶材可能含高浓缩铀或低浓缩铀。纯铀金属还是核武器的重要成分：高浓缩铀被用于铀武器，而贫化铀可用作钚武器或热核弹头的惰层。不过，对于最后一种情形，从公开文献中很难挖掘到可用于核取证目的的信息。

5.2.2 钚化合物

钚源自对辐照核燃料的再处理，是由铀经过中子俘获生产而得。在民用核燃料循环中，通常遇到的钚化学形式为硝酸钚溶液或 PuO_2 固体。从硝酸溶液中沉淀得到的草酸钚，是 PuO_2 生产中最常用的中间体。在环境条件下，氧化钚是一种稳定的浅绿色粉末。不同化合物经煅烧得到的氧化钚的微观结构不同。不过，研究发现，即使是采用相同的基础工艺(从硝酸溶液中沉淀草酸钚)，煅烧所得的 PuO_2 的形貌和粒径，还和 Pu 与草酸根离子的具体混合方式、Pu 价态、反应物浓度和沉淀温度密切相关[10]。特别是在还原性条件(如在氩-氢混合气氛中)下对钚进行热处理，钚氧化物的化学计量比(即氧化物中氧与金属的比例)可能会有所变化，其化学式通常被写为 PuO_{2-x}。

铀钚混合氧化物则构成一种特殊的化合物。UO_2 和 PuO_2 具有相同的晶体结构(萤石型晶格)。铀钚混合氧化物可通过 UO_2 与 PuO_2 粉末掺和或通过铀钚溶液共沉淀进行制备。钚可以是反应堆级或武器级材料，铀可以是天然同位素组成、贫化铀或后处理的铀。MOX可在核反应堆中用作燃料。铀、钚氧化物的粉末掺和和共研磨被广泛用于燃料生产。不过，利用这种工艺生产的燃料芯块在微观水平上呈现出的非匀质性，可反映出其生产历程。轻水反应堆通常可接受钚的质量分数为 5%的 MOX，以替代低浓缩铀燃料。某些类型的快中子增殖反应堆会使用钚的质量分数约为 20%的 MOX。

纯钚金属的熔点(640℃)相对较低，钚金属在变为液态之前，可出现六种固态相变。这些相变与钚的大体积膨胀和收缩相一致。这些物理参数限制了纯钚金属在各种技术中的使用。对于军事应用，需要高压缩性和易于加工的钚相。δ 相钚是一种经过高温改性的钚金属，可表现出所需的这些性能。添加 0.8%~1%(质量分数)的镓，可使 δ 相钚稳定存在于室温下，同时可大大降低钚的腐蚀。因此，钚金属的合金部件可为材料的预期用途提供有用的提示。

5.2.3 燃料循环中常见的非核化学品

与核材料相关的各种非核化学品或许可为核材料的来源及其制备工艺提供线索。在整个核燃料循环过程中，核材料的溶解、提取、纯化、沉淀和固化会用到许多化学溶剂和试剂。此外，为了获得既定的材料特性(如晶粒生长和粉末流动性)，会添加某些化学品。

各种化学溶剂在核燃料循环中的使用，从铀矿的浸出开始，一直持续到用于后处理的乏燃料的溶解。在铀矿开采中，视矿石种类的不同，会用到诸如硫酸或硝酸，还会用

---

10 Smith, P. K. et al., 'Effect of oxalate precipitation on PuO_2 microstructures', Paper presented at the Sixth International Materials Symposium, University of California, Berkeley, CA, 24-27 Aug. 1976, http://www.osti.gov/scitech/biblio/7234786。

到碳酸钠溶液。在采矿和选矿过程的产品中可检测到痕量的这类化学品，可以为所用工艺给出提示[11]。在预浓缩和纯化步骤中，也会用到各种有机溶剂和萃取剂。尽管其在水介质中的溶解度较低，但仍可在采矿和选矿过程的产品中被检出。磷酸三丁酯(tri-n-butyl-phosphate，TBP)或叔铵盐等分子通常被用作萃取剂，而煤油或其他芳香族化合物被用作溶剂。

5.3　元素特征与指纹特征

除核组分(即铀、钚和钍)外，在被调查的非法核材料中通常还存在许多其他元素，其浓度有时甚至会超过裂变材料的浓度。由于大多数的调查集中在裂变元素及其浓度和同位素组成上，这类元素在核取证术语中通常被称为"杂质"。然而，被调查样品中其他的主要或次要组分往往包含与材料来源和预期用途相关的不可或缺的信息，因为这些组分决定了材料基本的物理和化学性质。

这些额外的组分或许是为了实现某些材料性质而被添加进材料中的。例如，为了控制过剩的燃料反应性，一般会在铀氧化物燃料中混入铒或钆等所谓的可燃中子毒物；再例如，使钚与少量其他金属(如质量分数为 0.8%～1.0%的镓)形成合金，可将钚稳定于 δ 相。此外，核材料中的化学杂质还有可能源自初始原料中残留的痕量元素，或生产过程中化学添加物的残留物，以及容器和管道的腐蚀或磨损。测定这些组分对核取证而言极为重要，因为它不仅可提供与材料预期用途有关的信息，还可提供与材料来源或生产设施相关的信息。因此，通过核材料样品的组分可揭示一些复杂的信息。这些非核组分或添加物可以主要(以质量分数%计)、次要(mg/g 水平)或痕量(小于 10^{-6}g/g)水平存在于核材料中(表 5.2)。

根据这些组分的来源，指纹特征可分为与工艺相关和与源头相关两大类。

如果组分主要来自工艺(有意或无意地添加引入)，通常被称为与工艺相关的指纹特征，它可提供与可能采用的湿法冶金及冶金生产工艺相关的信息。通常，这些组分是被添加进生产线中的各种物质或其残留物，例如，溶剂萃取剂的有机残留物、铀精矿生产最终步骤中的沉淀剂或合金金属。

相比之下，如果被测参数主要来自原料(如矿石或磷肥等二次来源)，那么被测参数则被称为与源头相关的指纹特征。这类与源头相关的指纹特征的典型例子是材料中的铀、锶、钕的同位素组成及稀土元素的组成。例如，由各种铀矿及其铀精矿产物的稀土元素模式(图 5.13)可以看出，铀矿及其相应的铀精矿具有相似的稀土元素模式，且通用的生产工艺并不会改变这种指纹特征。因此，该参数可用于指示原(进)料。稀土元素模式的形状可指示铀开采所用地质矿床的种类[12]。运用这一方法，在测量稀土元素模式之后，可将一种未知的铀精矿材料追溯至初始的铀矿，进而可确定或验证初始铀矿的产地。

11　Badaut, Wallenius and Mayer (note 8)。

12　Varga, Z., Wallenius M. and Mayer, K., 'Origin assessment of uranium ore concentrates based on their rare-earth elemental impurity pattern', *Radiochimica Acta*, vol. 98, no. 12 (2010)。

表5.2 核材料中的非核组分举例

浓度水平	典型例子	添加物的用途及来源
主要组分	Pu中含0.8%~1.0%(质量分数)的Ga	用于稳定δ相钚
	U–Al、U–Zr、UZrH	合金燃料中的裂变原子密度较高
	陶瓷燃料(UN、UC)	增加导热性和熔点
	可燃毒物(Er、Gd)	控制大量过剩的燃料反应性
次要组分	铀精矿中的多种阴离子	源自纯化过程的残留
	UO_2燃料中的C、N、P	杂质源自生产过程
痕量组分	燃料中大多数的过渡金属(如Fe、Ni、Co)	杂质源自生产过程
	后处理燃料中残留的Pu	杂质源自经后处理的原料
	^{236}U	采用后处理燃料作为原料
	稀土元素	原料(如矿石)

资料来源：Coleman, G. H., *The Radiochemistry of Plutonium*（National Academy of Sciences, National Research Council: Springfield, VA, 1965）；Choppin, G. R., Liljenzin, J.-O. and Rydberg, J., *Radiochemistry and Nuclear Chemistry*, 2nd edn（Butterworth-Heinemann: Oxford, 1995）；Badaut, V., Wallenius, M. and Mayer, K., 'Anion analysis in uranium ore concentrates by ion chromatography', *Journal of Radioanalytical and Nuclear Chemistry*, vol. 280, no. 1 (2009)；Edwards, C. R. and Oliver, A. J., 'Uranium processing: a review of current methods and technology', *JOM Journal of the Minerals, Metals and Materials Society*, vol. 52, no. 9 (2000)；Varga, Z. and Surányi, G., 'Detection of previous neutron irradiation and reprocessing of uranium materials for nuclear forensic purposes', *Applied Radiation and Isotopes*, vol. 67, no. 4 (Apr. 2009)。

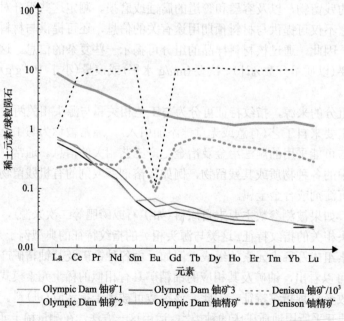

图5.13 各种铀矿及其铀精矿产物的稀土元素模式

资料来源：Varga, Z., Wallenius M. and Mayer, K., 'Origin assessment of uranium ore concentrates based on their rare-earth elemental impurity pattern', *Radiochimica Acta*, vol. 98, no. 12 (2010)

　　有多个研究小组曾研究了铀样品中金属杂质的浓度。通常，与数据解释相关的挑战主要源自不同样品宽泛的浓度差异、样品的(不)均匀性和数据的复杂性。许多多变量统计技术, 如判别分析(discriminant analysis, DA)、主成分分析(principal component analysis, PCA)和分类回归树(classification and regression tree, CART), 曾被用于确定各种识别参数(组间)或共同特征(组内)[13]。

5.4　同位素特征与指纹特征

5.4.1　钚同位素

自然界中并不存在天然的钚(除了在某些矿物中可发现寿命最长、超痕量的钚同位素 ^{244}Pu 外), 但钚可通过在核反应堆中利用中子辐照铀靶生产得到。随后的中子俘获可累积生成不同的钚同位素。钚的同位素组成在很大程度上取决于起始材料(即反应堆中的燃料)所接受的辐照中子的数量和能量分布。反过来, 钚同位素组成可被用作一种核取证指纹特征, 为推测钚生产堆的类型和起始材料提供线索。

根据钚的同位素组成及应用, 钚可分为武器级、反应堆级、电源或热源。前两类又可包括一些子分类(表 5.3)。

表 5.3　钚的种类及子分类

种类/子分类	同位素组成/%		
	^{238}Pu	^{239}Pu	^{240}Pu
武器级钚(WGPu)	—	≥93	<7
子分类 1: 超级钚(SGPu)		≥97	<3
反应堆级钚(RGPu)		50~65	≥19
子分类 1: 燃料级钚(FGPu)		—	7~19
子分类 2: 混合氧化物级钚(MGPu)		—	>30
电源或热源	~90		

资料来源: Carlson, J. et al., 'Plutonium isotopics: non-proliferation and safeguards issues', IAEA-SM-351/64, *Proceedings of the IAEA Symposium on International Safeguards*, Vienna, 13-17 Oct. 1997 (IAEA: Vienna, 1997); US Department of Energy (DOE), *Plutonium: The First 50 Years*, DOE/DP-0137 (DOE: Washington, DC, Feb. 1996)。

^{240}Pu 同位素的丰度是区分武器级钚(weapon-grade plutonium, WGPu, 又称低燃耗钚)和反应堆级钚(reactor-grade plutonium, RGPu, 又称高燃耗钚)的决定性参数, 武器级钚材料中的 ^{240}Pu 丰度不应超过 7%[14]。这是因为过多的 ^{240}Pu 会限制钚作为武器材料的适用性, 由于 ^{240}Pu 的自发裂变速率相对较高, 会抬升本底中子水平, 进而会增加提前爆炸的风险。此外, ^{238}Pu 可产生大量的衰变热, 与核弹头要求不相匹配, 因此武器级钚材料中的 ^{238}Pu 丰度应尽可能低。

---

13 Robel, M., Kristo, M. J. and Heller, M. A., 'Nuclear forensic inferences using iterative multidimensional statistics', Institute of Nuclear Materials Management (INMM), *50th Annual Meeting of the Institute of Nuclear Materials Management 2009* (*INMM 50*) (INMM: Deerfield, IL, 2009)。

14 关于"燃耗(burn-up)"的定义, 详见术语表。

在某些核反应堆中生产的燃料级钚(fuel-grade plutonium，FGPu)的乏燃料燃耗低于反应堆级钚的乏燃料燃耗，但高于武器级钚的乏燃料燃耗。这类反应堆包括氚生产堆和动力堆，燃料在仅辐照一年后便被卸料。

轻水堆和重水堆(heavy-water reactor，HWR)等商用动力堆生产的反应堆级钚，辐照时间约为 3 年，燃耗大于 30GW·d/t。燃料在卸料时，钚通常含有不低于 19%的 ^{240}Pu 同位素和约 50%～65%的 ^{239}Pu。由于动力堆的种类众多，以及在燃料组成、冷却剂和慢化剂体系、燃耗水平等方面的差异，反应堆级钚的同位素组成有着较大的变化性。因此，可将钚的同位素组成(与模型计算相结合)用作一种核取证指纹特征。

1. 确定产钚生产堆的类型

钚的同位素组成可提供一些与钚生产堆类型有关的线索。武器级钚通常是在所谓的钚生产堆中进行生产。所有的生产堆均采用不停堆加料，即在反应堆运行的同时进行加料，以便缩短燃料辐照时间。包括重水堆或石墨慢化堆在内的反应堆，通常被考虑作为生产堆，使用天然铀或些许浓缩铀作为燃料。另一个生产武器级钚的路线是利用快中子辐照 ^{238}U。例如，在液态金属快中子增殖反应堆(liquid metal fast breeder reactor，LMFBR)的天然铀或贫化铀燃料包层中，便可满足条件。利用该方法，可生产出 ^{240}Pu 同位素丰度约为 4%的钚[15]。

可用于生产反应堆级钚的商用动力堆包括轻水堆、压水堆(pressurized-water reactor，PWR)、水-水高能反应堆(vodo-vodyanoi energetichesky reaktor，VVER，最早由苏联开发的一种压水堆)、沸水堆(boiling-water reactor，BWR)、重水堆和石墨慢化堆(reaktor bolshoy moshchnosty kanalny，RBMK，例如，苏联设计的大功率管式反应堆)。由于这些反应堆所用燃料中的初始 ^{235}U 富集度的差异，以及中子能谱(由于重水、轻水或石墨等的慢化差异)的不同，乏燃料中的钚同位素组成完全不同。利用计算机代码计算的同位素相关性可被用于说明这些差异，因而，该方法可确定钚生产堆的类型(图 5.14)[16]。

^{238}Pu 可用于制造放射性同位素温差发电器(radioisotope thermoelectric generator，RTG)，这是一种可用于卫星、太空探测器和无人值守远程设施(如苏联在北极圈建造的一系列灯塔)的电源。过去，为了确保电池的长寿命，还曾有少量 ^{238}Pu 驱动的放射性同位素温差发电器被用在了植入式心脏起搏器中。除放射性同位素温差发电器外，苏联制造的烟感探测器也曾使用了 ^{238}Pu。^{238}Pu 可通过在反应堆中利用中子辐照 ^{237}Np 生产得到，而 ^{237}Np 则需要在后处理过程中从乏燃料中进行分离。

---

15 Carlson, J. et al., 'Plutonium isotopics: non-proliferation and safeguards issues', IAEA-SM-351/64, *Proceedings of the IAEA Symposium on International Safeguards*, Vienna, 13-17 Oct. 1997 (IAEA: Vienna, 1997)。

16 Luksic, A . T. et al., 'Isotopic measurements: interpretation and implications of plutonium data', Institute of Nuclear Materials Management (INMM), *51st Annual Meeting of the Institute of Nuclear Materials Management 2010* (*INMM 51*) (INMM: Deerfield, IL, 2010); Wallenius, M., Peerani, P. and Koch, L., 'Origin determination of plutonium material in nuclear forensics', *Journal of Radioanalytical and Nuclear Chemistry*, vol. 246, no. 2 (2000); Robel, M. and Kristo, M. J., 'Discrimination of source reactor type by multivariate statistical analysis of uranium and plutonium isotopic concentrations in unknown irradiated nuclear fuel material', *Journal of Environmental Radioactivity*, vol. 99, no. 11 (2008)。

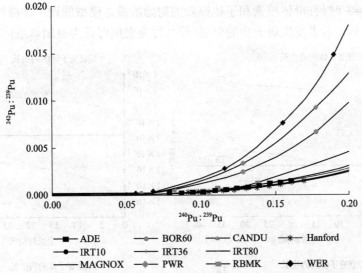

图 5.14　不同类型反应堆中 ^{240}Pu：^{239}Pu 比值与 ^{242}Pu：^{239}Pu 比值的变化关系

资料来源：Luksic, A. T. et al., 'Isotopic measurements: interpretation and implications of plutonium data', Institute of Nuclear Materials Management（INMM），*51st Annual Meeting of the Institute of Nuclear Materials Management 2010（INMM 51）*（INMM: Deerfield, IL, 2010）

2. 钚龄的测定

钚同位素的衰变在核取证中的应用可分为两方面。第一，可测定各种衰变产物（即子体产物）的数量，并根据其与钚同位素之间的关系，确定钚的年龄。第二，由于寿命最短的钚同位素 ^{241}Pu（$T_{1/2}$=14.35 年）的快速衰变，刚刚卸料的反应堆钚的同位素组成，不同于已存放多年的钚同位素组成。这种差异性可被用于确定卸料的时间。

1）自处理以来的年龄

核取证中的年龄鉴定是指放射性材料在完成最近一次化学分离（即将"子体"核素从"母体"核素中除去的时刻）之后的时间。由于母体核素的放射性衰变，衰变产物将在核材料中持续生长[17]。化学分离就是将这些衰变产物从母体核素中除去，即从真正的核材料中除去。不过，母体核素仍会继续衰变。如果衰变产物被完全去除，衰变产物的数量将正比于母体核素的数量和自最近一次化学分离起算所经历的时间（图 5.15）。

衰变产物的变化可用下面的衰变方程来表示：

$$N_{子体}(t) = \frac{\lambda_{子体}}{\lambda_{母体} - \lambda_{子体}} N_{母体}^0 \left(e^{-\lambda_{母体}t} - e^{-\lambda_{子体}t} \right) + N_{子体}^0 e^{-\lambda_{子体}t}$$

式中，$N_{子体}(t)$ 为子体核素随时间变化的数量；$\lambda_{母体}$ 和 $\lambda_{子体}$ 分别为母体核素和子体核素的衰变常数；t 为自最后一次放射性核素分离起算所经历的时间（材料的年龄）；$N_{母体}^0$ 和 $N_{子体}^0$ 分

---

17 关于"生长（growing-in）"的定义，参见术语表。

别为分离后(t=0 时刻)母体核素和子体核素的初始数量。模型假设：在核材料生产后，母体核素与子体核素未发生进一步的分凝(即其行为表现可视为封闭体系)[18]。

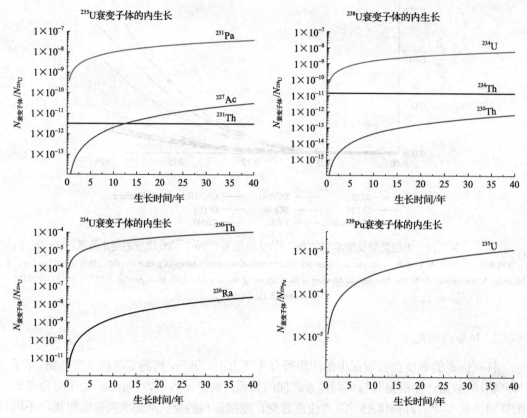

图 5.15　最重要放射性衰变子体核素与母体核素的比值随时间的变化关系

资料来源：Unpublished result from the European Commission, Joint Research Centre（JRC）, Institute for Transuranium Elements（ITU）, Karlsruhe

　　由于测量核材料中的衰变产物可用于计算核材料的生产日期，被广泛用于核取证调查。基于上述衰变方程，可计算出自最近一次衰变产物分离起算所经历的时间。在许多情形中，如果母体核素为长寿命核素[即 $N^0_{母体}=N_{母体}(t)$]，假如化学分离完全(即 $N^0_{子体}$=0)，或母体核素与子体核素的半衰期差异很大的话，则可对上述衰变方程进行简化。

　　对钚而言，例如，当对材料进行再处理时，或在材料长时间存放后进行再纯化时(即除去内生长的 ^{241}Am)，可能会发生母体核素与子体核素的分离。获得正确的钚龄结果的先决条件是当发生化学分离时，衰变子体和孙体(即第三代衰变子体)已被彻底清除。如果不是这样，钚龄测定结果将会出现正偏差[19]。理论上讲，钚龄可以用五种不同的母(体)-子(体)关系和附加的母(体)-孙(体)关系来确定。这五种"直接的"母子比分别是 ^{238}Pu：

---

18 关于"分凝(fractionation)"的定义，详见术语表。

19 Mayer, K. et al., 'Development of analytical methodologies in response to recent challenges', Institute of Nuclear Materials Management（INMM）, *42nd Annual Meeting of the Institute of Nuclear Materials Management 2001*（*INMM 42*）（INMM: Deerfield, IL, 2001）.

^{234}U、^{239}Pu：^{235}U、^{240}Pu：^{236}U、^{241}Pu：^{241}Am 和 ^{242}Pu：^{238}U。然而，由于 ^{242}Pu 的半衰期（$T_{1/2}$ 3.75×10^5 年）较长，仅可产生微量内生长的 ^{238}U，因此在实际中仅会使用前四种比值。用于确定钚龄的四种不同的母子比，其中包括两种不同的元素比（Pu：U 和 Pu：Am），这使得可以相当容易地发现不同比值之间的不一致性。特别是可轻易地察觉上述子体核素的不完全分离。如果所有四种比值均指示相同的年龄，则可确定材料在进行处理时做到了完全分离，且未残留 U 和 Am 子体。

由于有两种不同的母子元素比可供利用，也可以使用不同的技术来确定钚的年龄。传统上，钚龄一直采用高分辨 γ 能谱（high-resolution gamma spectrometry，HRGS）、由 ^{241}Pu：^{241}Am 比值进行确定。该方法除了是一种非破坏性技术之外，由于无须进行化学制备，具有快速测量的优点。γ 能谱的主要缺点是只能测定一种母：子比，且不知道材料中是否还残存其他的 Am。因此，为了解决这一问题，往往会运用各种质谱技术（即热电离质谱和电感耦合等离子体质谱）测定三种 Pu：U 母：子比[20]。钚同位素 ^{238}Pu、^{239}Pu 和 ^{240}Pu "适中的" 短寿命（半衰期分别为 87.74 年、24110 年和 6563 年），在数年中便可内生长出可检测量的子体核素，因此也可以被用于测定各种小颗粒样品（微米级）的钚龄[21]，而微小的铀颗粒物则不然[22]。

2）自反应堆卸料后的年龄

^{241}Pu 的半衰期为 14.35 年，衰变远快于相邻的 ^{240}Pu 和 ^{242}Pu 同位素（半衰期分别为 6563 年和 3.75×10^5 年）。于是，当停止反应堆辐照时，^{241}Pu 衰变更快，其与其他同位素之间的相关性将会被打破且不断变化，因此通过比较测量得到的 ^{241}Pu 丰度与利用计算机代码算得的卸料时刻的理论值，有可能会计算出自停止辐照以来的时间[23]。

5.4.2 铀同位素

铀在地壳中的（平均）浓度水平为百万分之几（10^{-6}g/g）。天然铀含三种长寿命放射性同位素：^{234}U、^{235}U 和 ^{238}U，其相对同位素丰度分别为 0.0054%、0.7204%和99.2742%[24]。此外，在天然铀中还可发现超痕量的 ^{236}U，但需要借助加速器质谱（accelerator mass spectrometry，AMS）等高精密测量技术方可检测到。有研究曾考查了 ^{236}U 丰度变化在天然铀样品（选定矿物和铀精矿）核取证中的适用性[25]。多位研究人员还利用热电离质谱研

20 Wallenius, M. and Mayer, K., 'Age determination of plutonium material in nuclear forensics by thermal ionisation mass spectrometry', *Fresenius' Journal of Analytical Chemistry*, vol. 366, no. 3 (Feb. 2000); Nygren, U., Ramebäck, H. and Nilsson, C., 'Age determination of plutonium using inductively coupled plasma mass spectrometry', *Journal of Radioanalytical and Nuclear Chemistry*, vol. 272, no. 1 (2007); Zhang, H. T. et al., 'Age determination of plutonium material by alpha spectrometry and thermal ionization mass spectrometry', *Radiochimica Acta*, vol. 96, no. 6 (2008).

21 Wallenius, M., Tamborini, G. and Koch, L., 'The "age" of plutonium particles', *Radiochimica Acta*, vol. 89 (2001).

22 Glaser, A. and Bürger, S., 'Verification of a fissile material cutoff treaty: the case of enrichment facilities and the role of ultra-trace level isotope ratio analysis', *Journal of Radioanalytical and Nuclear Chemistry*, vol. 280, no. 1 (2009).

23 Luksic et al. (note 16).

24 *Karlsruher Nuclide Chart*, 8th edn (Joint Research Centre, Institute for Transuranium Elements: Karlsruhe, 2012).

25 Srncik, M. et al., 'Investigation of the ^{236}U/^{238}U isotope abundance ratio in uranium ores and yellow cake samples', *Radiochimica Acta*, vol. 99, no. 6 (June 2011).

究了天然铀同位素组成的微小变化[26]。这些研究表明，天然铀同位素组成的变化，尤其是 ^{234}U 同位素丰度的变化，或许可在核取证中作为有用的参数。这种变化性可用天然分馏(例如，由于母体 ^{238}U 衰变，^{234}U 在 α 反冲后被优先浸出)进行解释，并且是因为不同类型铀矿床中(风化)条件不同所致[27]。矿物的这种同位素特征将会在铀精矿、氧化铀、UF_4 到 UF_6 的整个生产过程中得以保持。一旦铀进行同位素浓缩，这一特征则会消失。

1. ^{235}U 同位素丰度

为了将铀用于核动力堆或核武器，通过富集浓缩，可提高天然产生的可裂变铀同位素 ^{235}U 的丰度。浓缩铀中的 ^{235}U 同位素丰度高于天然铀。铀浓缩尾矿(即残留物)中的 ^{235}U 几乎消耗殆尽，^{235}U 丰度通常介于 0.2%～0.3%(表 5.4)。铀中的 ^{235}U 同位素丰度被俗称为"铀富集度"或"富集水平"。^{235}U 的富集水平可直接指示铀材料的预期用途。

表 5.4　铀的种类

种类	^{235}U 的质量分数/%
贫化铀(DU)	<0.7
天然铀(NU)	～0.7
低浓缩铀(LEU)	0.7～20
稍浓缩铀/稍加浓铀(SEU)	0.9～2
反应堆级铀	3～5
高浓缩铀(HEU)	>20
武器级铀	>90

2. 作为后处理指示物的次要铀同位素

铀中可用于指示后处理或辐照活动的主要的指纹特征是 ^{236}U 同位素。根据大多数的化学教科书，自然界中并不存在天然 ^{236}U。最近研究表明，自然界中存在 ^{236}U，尽管其数量很小，以至于只能通过加速器质谱等先进的质谱技术才能检测到。^{236}U 被认为是一种人为产生的同位素，由 ^{235}U 中子俘获而形成。在回收铀和重新浓缩铀中，^{236}U 的同位素丰度可高达 0.3%。在反应堆辐照中产生的其他次要的长寿命铀同位素有 ^{232}U 和 ^{233}U，但仅以痕量水平存在(通常小于 10^{-8})。与 ^{233}U 相比，由于 ^{232}U 的半衰期($T_{1/2}$=68.9 年)相

---

26 Ovaskainen, R. et al., 'Unusual isotope abundances in natural uranium samples', *Proceedings of the 19th ESARDA Annual Symposium on Safeguards and Nuclear Material Management*, Montpellier, 13-15 May 1997 (European Safeguards Research and Development Association: Ispra, 1997); Richter, S. et al., 'Isotopic ''fingerprints'' for natural uranium ore samples', *International Journal of Mass Spectrometry*, vol. 193, no.1 (1999); Buerger, S.et al., 'The range of variation of uranium isotope ratios in natural uranium samples and potential application to nuclear safeguards', IAEA-CN-184/256, *Symposium on International Safeguards: Preparing for Future Verification Challenges*, Vienna, 1-5 Nov. 2010 (IAEA: Vienna, 2010)。

27 Andersen, M. B. et al., 'Toward epsilon levels of measurement precision on $^{234}U/^{238}U$ by using MC-ICPMS', International Journal of Mass Spectrometry, vol. 237, nos 2-3 (Oct. 2004); and Brennecka, G. A. et al. 'Natural variations in uranium isotope ratios of uranium ore concentrates: understanding the $^{238}U/^{235}U$ fractionation mechanism', *Earth and Planetary Science Letters*, vol. 291, nos 1-4 (Mar. 2010)。

对较短，利用 α 能谱或 γ 能谱等辐射测量技术可较容易地检测到 ^{232}U [28]。

3. 铀龄的测定

确定含铀材料的年龄比确定含钚材料的年龄更为复杂，原因有三。第一，只有 ^{234}U：^{230}Th 和 ^{235}U：^{231}Pa 两种母子比可潜在地用来确定铀的年龄。其他候选的母子比，如 ^{236}U：^{232}Th，不能使用，这是因为 ^{232}Th 往往是纯铀材料中的痕量核素，从而可导致偏差结果。另外，也不能使用 ^{238}U：^{234}U 比，由于样品中存在母体核素，且在材料处理过程中未能与其子体核素相分离。第二，母体核素的长半衰期（^{234}U 的半衰期为 2.455×10^5 年，^{235}U 的半衰期为 7.038×10^8 年），致使子体核素的浓度很低，因此需要极为先进的化学分离方法和高灵敏度的测量技术。第三，对镤元素而言，在同位素稀释分析中，没有可供使用的长寿命同位素稀释剂（^{233}Pa 是镤的第二号长寿命同位素，半衰期为 27 天）。

最常见的方法是采用 ^{230}Th：^{234}U 比的变化。从 ^{230}Th：^{234}U 比确定生产日期，主要是基于 ^{234}U（寿命相对较长，$T_{1/2}=245250$ 年 ± 490 年）到 ^{230}Th（$T_{1/2}=75690$ 年 ± 230 年）的衰变，以及这两种放射性核素之间的不平衡关系。在核材料制备过程中，当完成最后一次 ^{234}U 化学分离后，铀氧化物材料中的 ^{230}Th 子体核素的浓度将持续增大（图 5.16）。假设在最后一次化学分离后，子体核素的初始浓度为 0（即完全分离），且样品中 ^{234}U 的量在调查时间范围内近似恒定不变，则可以通过放射性衰变方程算得衰变产生的 ^{230}Th 的理论数量。上述假设对核燃料样品通常是有效的。可用下式计算 ^{230}Th：^{234}U 原子比随时间的变化：

$$\frac{N_{^{230}\text{Th}}}{N_{^{234}\text{U}}} = \frac{\lambda_{^{234}\text{U}}}{\lambda_{^{230}\text{Th}} - \lambda_{^{234}\text{U}}} \left(1 - e^{\left(\lambda_{^{234}\text{U}} - \lambda_{^{230}\text{Th}}\right)t}\right)$$

式中，$N_{^{230}\text{Th}} / N_{^{234}\text{U}}$ 为样品中的原子比；$\lambda_{^{230}\text{Th}}$ 和 $\lambda_{^{234}\text{U}}$ 分别为 ^{230}Th 和 ^{234}U 的衰变常数；t 为自最后一次放射性核素分离后的时间（即材料的年龄）。

如果 ^{230}Th：^{234}U 原子比经实验测定，则可通过下式计算经历时间和生产日期：

$$t = \frac{1}{\lambda_{^{234}\text{U}} - \lambda_{^{230}\text{Th}}} \ln \left(1 - \frac{N_{^{230}\text{Th}}}{N_{^{234}\text{U}}} \frac{\lambda_{^{230}\text{Th}} - \lambda_{^{234}\text{U}}}{\lambda_{^{234}\text{U}}}\right)$$

尽管存在这些复杂性，但是运用质谱、α 能谱和 γ 能谱等多种技术可确定铀的年龄（图 5.17）[29]。

28　Nguyen, C. T. and Zsigrai, J., 'Basic characterization of highly enriched uranium by gamma spectrometry', *Nuclear Instruments and Methods in Physics Research, Section B: Beam Interactions with Materials and Atoms*, vol. 246, no. 2（May 2006）；Varga, Z. and Surányi, G., 'Detection of previous neutron irradiation and reprocessing of uranium materials for nuclear forensic purposes', *Applied Radiation and Isotopes*, vol. 67, no. 4（Apr. 2009）。

29　Wallenius, M. et al., 'Determination of the age of highly enriched uranium', *Analytical and Bioanalytical Chemistry*, vol. 374（2002）；LaMont, S. P. and Hall, G., 'Uranium age determination by measuring the ^{230}Th/^{234}U ratio', *Journal of Radioanalytical and Nuclear Chemistry*, vol. 264, no. 2（2005）；Varga, Z. and Surányi, G., 'Production date determination of uranium-oxide materials by inductively coupled plasma mass spectrometry', *Analytica Chimica Acta*, vol. 599, no. 1（2007）；Nguyen, C. T. and Zsigrai, J., 'Gamma-spectrometric uranium age-dating using intrinsic efficiency calibration', *Nuclear Instruments and Methods in Physics Research, Section B: Beam Interactions with Materials and Atoms*, vol. 243, no. 1（Jan. 2006）；Varga, Z., Wallenius, M. and Mayer, K., 'Age determination of uranium samples by inductively coupled plasma mass spectrometry using direct measurement and spectral deconvolution', *Journal of Analytical Atomic Spectrometry*, vol. 25, no. 12（2010）。

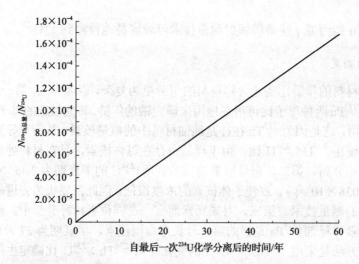

图 5.16 铀氧化物中 ^{230}Th：^{234}Th 原子比随时间的变化关系

资料来源：Unpublished result from the European Commission, Joint Research Centre (JRC),
Institute for Transuranium Elements (ITU), Karlsruhe

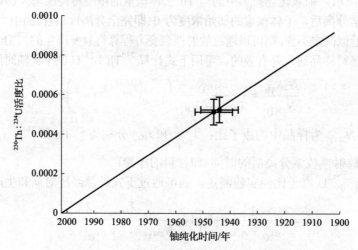

铀龄(2σ不确定度)：样品1, 1976年±7年
样品2, 1945年±7年

图 5.17 利用热电离质谱由 ^{234}U：^{230}Th 比确定铀样品的年龄

资料来源：LaMont, S. P. and Hall, G., 'Uranium age determination by measuring the ^{230}Th/^{234}U ratio', Journal of Radioanalytical and Nuclear Chemistry, vol. 264, no. 2 (2005)

　　显然，获得正确结果的先决条件是：在处理铀材料时，子体核素已经被彻底地化学分离。然而，实际情况并非总是如此，特别是铀的各种中间产物(如铀精矿)，常常会发现残留的钍。为了规避这一困境，可采用 ^{228}Th：^{232}Th 比确定年龄，这同样也适用于不纯的铀样品(图 5.18)[30]。

---

30 Varga, Z. et al., 'Alternative method for the production date determination of impure uranium ore concentrate samples', *Journal of Radioanalytical and Nuclear Chemistry*, vol. 290, no. 2 (2011)。

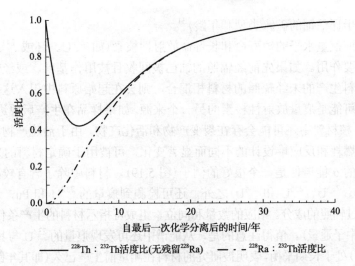

图 5.18　^{228}Th : ^{232}Th 比和 ^{228}Ra : ^{232}Th 比随时间的变化关系

资料来源：Varga, Z. et al., 'Alternative method for the production date determination of impure uranium ore concentrate samples', *Journal of Radioanalytical and Nuclear Chemistry*, vol. 290, no. 2 (2011)

5.4.3　其他重要的稳定同位素比

　　除了主要裂变元素的同位素组成外，其他存在元素的同位素组成可被用于评估核材料的来源。自然界中有多种元素可呈现出同位素变化，例如，由于天然同位素分馏(例如，对于氢、碳或氧等轻元素，这种效应会更加显著)或由于存在长寿命的原始同位素，如自然出现的 ^{87}Rb ($T_{1/2}$=4.88×10^{10} 年) 或 ^{147}Sm ($T_{1/2}$=1.06×10^{11} 年)。有许多同位素可被用于核取证研究，部分举例见表 5.5。根据感兴趣元素(或同位素)的来源，核样品中杂质的同位素指纹特征可用于指示生产工艺和生产位置或原料。在前一种情形中，例如，氢和氧的同位素组成可反映生产过程所用的水，因而可在很大程度上反映出设施所在的位置。在后一种情形中，由于锶主要来源于原料，其同位素组成将可提供与起始材料相关的信息。

表 5.5　在核取证分析中被调查的杂质同位素的典型例子

	被调查的同位素	同位素变化的典型来源
稳定同位素	^{2}H : ^{1}H, ^{13}C : ^{12}C, ^{18}O : ^{16}O, ^{15}N : ^{14}N, ^{34}S : ^{32}S	所用原料和化学品中的同位素分馏
衰变产物	^{206}Pb : ^{208}Pb, ^{87}Sr : ^{86}Sr, ^{143}Nd : ^{144}Nd, ^{230}Th : ^{232}Th	长寿命放射性核素的衰变
宇生同位素	^{14}C : ^{12}C	存在不同 ^{14}C : ^{12}C 比的有机物
活化产物	^{236}U : ^{238}U, ^{240}Pu : ^{239}Pu	全球沉降，混合/沾污，天然反应堆

　　资料来源：Tamborini, G. et al., 'Oxygen isotopic measurements by secondary ion mass spectrometry in uranium oxide microparticles: a nuclear forensic diagnostic', *Analytical Chemistry*, vol. 74, no. 23 (2002)；Miller, D. L. et al., 'Analysis of concentrated uranium ores using stable isotopes and elemental concentrations', *Eos, Transactions, American Geophysical Union*, vol. 87, no. 52 (2006), Fall Meeting Supplement, Abstract V21A-0555。

　　通过测量这些同位素，有可能有效验证假设的材料来源(即将测量作为一种验证工具)。此外，作为测量数据的补充，通过地质和工业信息可推断出更多信息(例如，铅同位素组成可用于评估铀的矿床类型和年龄)[31]。

各种微量或痕量水平的短寿命和长寿命放射性核素(如 ^{236}U、钚或 ^{241}Am)，在核取证中发挥着重要作用。如果先前经辐照的铀已被回收且被用作基料，或经辐照和回收的材料与用于燃料生产的未经辐照的材料相混合，则会在起始原料中引入这些核素。制造过程中的沾污可能是痕量放射性核素的另一个来源。如果样品在生产后曾进行过辐照(如乏燃料样品)，核材料中还可能会存在裂变产物和活化产物。由于活化产物和裂变产物的同位素组成随燃耗和反应堆设计的不同而显著变化，可被用于确定材料的来源[32]。

罚没样品的 α 能谱便是一个很好的例子(图 5.19)。材料中除了含有较高活度的其他铀同位素(^{234}U、^{235}U、^{236}U 和 ^{238}U)之外，还可检测到痕量的 ^{232}U 和 Pu，这意味着样品中含有先前经过辐照的成分。相应的数量和同位素组成可指示材料的生产条件(即辐照和反应堆类型以及中子通量)。值得注意的是，从能谱中还可发现痕量的 ^{232}U 与其 ^{228}Th 子体核素($T_{1/2}$=1.91 年)处于长期平衡，表明被研究的材料在测量前生产已久(即其年龄超过 10 年)。

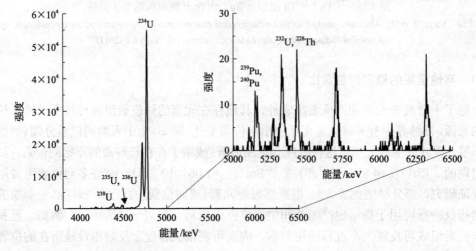

图 5.19 含痕量锕系元素的罚没核材料的 α 能谱

资料来源：Unpublished data from the European Commission, Joint Research Centre (JRC), Institute for Transuranium Elements (ITU), Karlsruhe

1. 铅

在铅的四种稳定同位素中，有三种是铀、钍衰变系的最终产物：^{238}U→^{206}Pb、^{235}U→^{207}Pb 和 ^{232}Th→^{208}Pb。研究发现，各种铅同位素的比例变化较大，取决于铀矿床的铀钍比及其年龄。这种差异性可达数量级，因此相对易于测量(如利用 ICP-MS)[33]。然而，

---

31 Varga, Z. et al., 'Application of lead and strontium isotope ratio measurements for the origin assessment of uranium ore concentrates', *Analytical Chemistry*, vol. 81, no. 20 (2009).

32 Varga and Surányi (note 28); and Wallenius, M. et al., 'Nuclear forensic investigations with a focus on plutonium', *Journal of Alloys and Compounds*, 2007, vols 444-445 (Oct. 2007).

33 Varga et al. (note 31); Švedkauskaite-LeGore, J. et al., 'Investigation of the isotopic composition of lead and of trace elements concentrations in natural uranium materials as a signature in nuclear forensics', *Radiochimica Acta*, vol. 95 (2007).

由于铅无所不在，交叉污染的可能性相当高，这或许会降低该指纹特征的价值，尤其是对曾经历过多个处理步骤的材料。铅同位素通常被用于地质学测年，这种常见的 Pb-Pb 测年方法也可用于核取证，如对于铀精矿样品，可估算铀来源矿床的年龄[34]。

2. 锶

锶共存在四种稳定同位素：^{84}Sr、^{86}Sr、^{87}Sr 和 ^{88}Sr。自然界中的 ^{88}Sr：^{86}Sr 比恒定不变，但 ^{87}Sr：^{86}Sr 比会表现出微小的变化。这一变化是由于长寿命的 ^{87}Rb（$T_{1/2}=4.8\times10^{10}$ 年）衰变为 ^{87}Sr 所致。视铀岩中 Rb：Sr 比和矿床年代的不同，曾观测到各种 ^{87}Sr：^{86}Sr 比值[35]。

3. 钕

钕共存在五种稳定同位素：^{142}Nd、^{143}Nd、^{145}Nd、^{146}Nd 和 ^{148}Nd。与 ^{88}Sr：^{86}Sr 比类似，自然界中的 ^{146}Nd：^{144}Nd 同位素比被认为恒定不变，因此可被用于 ^{143}Nd：^{144}Nd 比值测定的归一化。由于 ^{147}Sm（$T_{1/2}=1.06\times10^{11}$ 年）衰变为 ^{143}Nd，^{143}Nd：^{144}Nd 比会呈现出一定的变化（图 5.20）。与其他所有稀土元素一样，钕在化学过程中的行为表现与铀相似，因此钕是确定天然铀样品源头（即铀矿床类型）的一种极好的指纹特征。

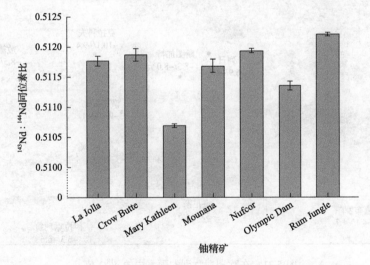

图 5.20 不同铀精矿样品中的 ^{143}Nd：^{144}Nd 比

资料来源：Unpublished data from the European Commission, Joint Research Centre（JRC）, Institute for Transuranium Elements (ITU), Karlsruhe

4. 氧

氧的三种稳定同位素 ^{16}O、^{17}O 和 ^{18}O 的丰度分别为 99.757%、0.038%和 0.205% [36]。

---

34 Varga et al. (note 31)。

35 Varga et al. (note 31)。也可参阅图 3.4。

36 *Karlsruher Nuclide Chart*（note 24）。

不过，由于天然的同位素分馏，$^{18}O：^{16}O$ 原子比测量值的相对变化高达 5%。例如，地区间的温度差异和距离海洋的远近，可导致不同的天然分馏效应。研究表明，寒冷地区的 $^{18}O：^{16}O$ 比值小于温暖地区的 $^{18}O：^{16}O$ 比值(图 5.21)。由于大多数铀处理过程都会涉及水，因此，某一地区水中的 $^{18}O：^{16}O$ 比值可在氧化铀产品中得以反映。因而，该特征可被用于指示铀生产设施的地理位置[37]。

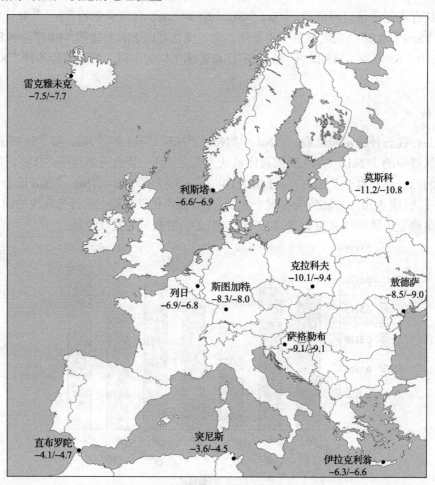

图 5.21　在欧洲观测到的雨水中的 $\delta^{18}O$ 值

各个地区的 $\delta^{18}O$ 值用记录到的、归一化统一标准的 $^{18}O：^{16}O$ 同位素比表示。在各个实例中，第一个数值是长期的算术平均值，第二个数值是加权平均值

资料来源：Pajo, L., *UO₂ Fuel Pellet Impurities, Pellet Surface Roughness and n(^{18}O)/n(^{16}O) Ratios, Applied to Nuclear Forensic Science*, Doctoral dissertation（University of Helsinki: Helsinki, 2001), pp. 14-15

37 Pajo, L. et al., 'A novel isotope analysis of oxygen in uranium oxides: comparison of secondary ion mass spectrometry, glow discharge mass spectrometry and thermal ionization mass spectrometry', *Spectrochimica Acta, Part B: Atomic Spectroscopy*, vol. 56, no. 5 (May 2001)。

第 6 章

核爆炸爆后环境的放射性核素特征

Lars-Erik De Geer

如前几章所述，核材料或其他放射性材料的每一次使用或核燃料循环的各个阶段，都会伴随着某些材料特征变化。分析各种材料特征的信息组合——核取证指纹特征，可了解材料的历史及用途。对于核燃料循环中的材料，相关的指纹特征讨论详见第5章。

核爆炸使核爆炸装置中的材料分解，会抹杀大多数基于物理性质或化学性质的取证指纹特征。不过，这些材料的原子或会在爆炸中得以完整保存，或通过某些有限数量和可预见的核反应发生转变。所生成的各种放射性物质可从爆炸后的碎片、沉降物（以颗粒物形式存在）或大气（以气溶胶和气体形式存在）中进行采集。随后，运用标准的核取证方法：样品采集、材料表征和核取证解译，进而确定材料的历史（见第2章）。在这种情况下，通过核取证分析不仅可核查爆炸的核性质，或许还能了解核爆炸装置的某些特征。

这类"爆后核取证"以各种不同称谓至少被用于以下五种情形。第一，某些国家可通过这种方式来评估其拥有的核武器的性能。例如，对各种武器碎片的放射化学分析（结合武器设计信息），可为核试验后测定武器的真实威力提供最准确的方法[1]。第二，自1949年起，各国一直在采用这种方法进行国外核武器试验的远程探测和分析，并仍在继续这样做[2]。第三，爆后核取证正在被发展成一种针对由恐怖主义分子发起的核爆炸或脏弹爆炸的调查工具。第四，多年来，一直在采用同样的方法核查各种旨在限制核武器试验的国际条约的履约情况，其中包括 1996 年的《全面禁止核试验条约》（Comprehensive Nuclear-Test-Ban Treaty，CTBT）[3]。第五，了解核武器试验沉降中的放射性组分，对公众辐射防护具有重要意义。

系统或详细讨论爆后核取证相关指纹特征的文献十分罕见。这不仅是由于该问题技术上的复杂性，也因为上述前三种情形均与核武器研发或核情报有关。

本章的撰写主要基于作者先后在瑞典国防研究机构（Försvarets Forskningsanstalt，FOA）和全面禁止核试验条约组织（Comprehensive Nuclear-Test-Ban Treaty Organization，CTBTO）筹备委员会的工作经历。1968 年，当瑞典加入 1968 年《不扩散核武器条约》

---

1 US National Research Council, Committee on the Evaluation of Quantification of Margins and Uncertainties Methodology for Assessing and Certifying the Reliability of the Nuclear Stockpile, *Review of the DOE National Security Labs' Use of Archival Nuclear Test Data: Letter Report* (National Academies Press: Washington, DC, 2009), pp. 11-12.

2 见第 7 章和第 8 章。

3 《全面禁止核试验条约》（CTBT）于 1996 年 9 月 24 日对外开放供各国签署，但至今仍未生效，http://treaties.un.org/Pages/CTCTreaties.aspx?id=26。

（Non-Proliferation Treaty，NPT）时，瑞典便停止了曾经由瑞典国防研究机构领导且处于较高发展水平的核武器计划[4]。不过，瑞典针对国外核试验的远程探测计划仍在继续，但主要侧重于辐射防护，这是一个受限制较少的研究领域[5]。瑞典国防研究机构的研究重点主要是大气颗粒物和惰性气体的采集及 γ 能谱表征。之后，在 CTBTO 国际监测系统（International Monitoring System，IMS）的设计中，包括其放射性核素部分的设计中，瑞典曾发挥了主导作用[6]。国际监测系统采用的放射性核素监测技术主要是基于 γ 射线探测。出于这一原因，本章的重点是可用 γ 谱仪进行探测的放射性同位素。

目前，已知的基态和亚稳态的放射性核素共有 2391 种，其半衰期从 1s 到 1×10^8 年不等[7]。采用明确的"相关放射性核素"选择方法，可减少需要处理的核素的数量，有助于核素的客观选择和解释，并可确保影响或能够影响某一问题的某一核素不被遗忘或疏漏。以下小节将会介绍：在计算人体累积辐射剂量时，应如何选择相关的放射性核素（6.1 节）；如何计算地下核试验对人体的辐射剂量（6.2 节）；如何通过分析放射性沉降颗粒物（6.3 节）和惰性气体（6.4 节）或现场视察（6.5 节）来进行《全面禁止核试验条约》核查。总之，上述情形提供了一系列与爆后环境相关的、相当完整的核素集。

6.1 对人体的辐射剂量

20 世纪 80 年代初，联合国原子辐射效应科学委员会（United Nations Scientific Committee on the Effects of Atomic Radiation，UNSCEAR）在试图重新评估核武器试验（特别是大气层核试验）对人体的健康风险（剂量负担）时，启用了"相关放射性核素"的概念[8]。先前，已经估算了沉降中 ^{14}C、^{137}Cs 和 ^{90}Sr 等主要核素的剂量贡献，甚至 ^{136}Cs 和 ^{85}Kr 等辐射剂量很小的核素也曾被计算在内。与此同时，其他几种剂量贡献较小但高于 ^{136}Cs 和 ^{85}Kr 辐射剂量的核素并未被包括在内。

在 2000 年的一份报告中，联合国原子辐射效应科学委员会曾评估了核试验相关放射

---

4 Jonter, T., 'The Swedish plans to acquire nuclear weapons, 1945-1968: an analysis of the technical preparations', *Science and Global Security*, vol. 18, no. 2 (2010)。《不扩散核武器条约》，又称《核不扩散条约》，于 1968 年 7 月 1 日对外开放供各国签署，1970 年 3 月 5 日生效，IAEA Information Circular INFCIRC/140, 22 Apr. 1970, http://www.iaea.org/ Publications/ Documents/Treaties/npt.html。

5 见第 8 章。

6 Dahlman, O., Mykkeltveit, S. and Haak, H., *Nuclear Test Ban: Converting Political Visions to Reality* (Springer: Dordrecht, 2009)；and Dahlman, O. et al., *Detect and Deter: Can Countries Verify the Nuclear Test Ban?* (Springer: Dordrecht, 2011)。

7 US National Nuclear Data Center (NNDC), Brookhaven National Laboratory, 'Evaluated nuclear structure file, ENSDF file', 14 July 2014, http://www.nndc.bnl.gov/nudat2。

8 只有在受污染的环境中，人才会受到源自外照射的辐射剂量。相反，如果放射性物质被吸收进入人体，某些物质可分布于人体组织中并对其进行或许长达数年的持续照射，因此人体将"负担"一定的辐射剂量。在这种情况下，人在一生中（婴儿为 70 年，成人为 50 年）受到的总有效剂量被称为待积有效剂量。它代表了整个人体一生中受到的总照射。相反，剂量负担是指特定群体所受剂量率在无限长时间内的积分（在既定时间内的积分则称"截尾剂量负担"）。

性核素的全球平均有效剂量负担，其中，"相关"一词是指剂量大于或等于 1μSv（表 6.1）[9]。

表 6.1　用于估算历次核武器试验全球平均有效剂量负担的相关放射性核素

放射性核素	半衰期	全球平均有效剂量负担/μSv	全球平均截尾有效剂量负担（1945～1999 年）/μSv
^{14}C	5700a	2500	140
^{137}Cs	30.07a	460	320
^{90}Sr	28.90a	120	110
^{95}Zr	64.02d	84	84
^{131}I	8.02070d	68	68
^{144}Ce	284.893d	60	60
^{106}Ru	373.59d	60	60
^{140}Ba	12.752d	28	28
^{3}H	12.32a	24	24
^{54}Mn	312.12d	19	19
^{239}Pu	24110a	13	13
^{103}Ru	39.26d	13	13
^{125}Sb	2.7582a	12	12
^{241}Am	432.6a	11	11
^{240}Pu	6561a	8.9	8.9
^{55}Fe	2.737a	6.6	6.6
^{89}Sr	50.53d	4.5	4.5
^{91}Y	58.51d	4.1	4.1
^{241}Pu	14.290a	4.0	4.0
^{141}Ce	32.501d	1.9	1.9
^{238}Pu	87.7a	1.0	1.0
合计		3500	990

资料来源：United Nations Scientific Committee on the Effects of Atomic Radiation（UNSCEAR），*Sources and Effects of Ionizing Radiation*, vol. 1, *Sources*, 2000 Report to the General Assembly, with scientific annexes, E.00.IX.3（United Nations: New York, 2000）。

　　由于寿命相当长的 ^{14}C 核素完全主导着剂量负担，加之积分时间限一般被设定为 20 世纪末，便可得到通常所称的"截尾有效剂量负担"。源自以往核试验的总截尾有效剂量负担约为 1mSv，大约是各种自然资源年平均剂量的 40%，或不到 1945 年至 1999 年 55 年间天然剂量的 1%。

6.2　源自废弃地下核试验场的核素

　　接下来需要确定的相关放射性核素与 1996 年由法国政府发起并由 IAEA 管理的一项

---

9 United Nations Scientific Committee on the Effects of Atomic Radiation（UNSCEAR），*Sources and Effects of Ionizing Radiation*, vol. 1, *Sources*, 2000 Report to the General Assembly, with scientific annexes, E.00.IX.3（United Nations: New York, 2000）。

研究有关，该研究旨在分析 Mururoa 和 Fangataufa 上的放射性状况。在这两个位于太平洋的环礁上，法国曾在 1975~1996 年进行了 147 次地下核试验[10]。有一支工作组被授命负责评估这 147 次地下核爆炸产生的、有可能会对人体接受剂量产生长期影响的放射性核素的数量。

相关核素(即那些埋于地下、有可能会释放剂量的核素)的半衰期被定为 1 年至 100 亿年。这种相当宽泛的时间跨度仅囊括了 124 种核素。其下限设定如此之低，足以涵盖核素向人体转移的所有地质和水文过程；而上限设定则相当于地球及其太阳系剩余的存续时间。在这 124 种核素中，有可能形成于地下核爆炸的核素被分为六大类：(a)残余燃料；(b)燃料的非裂变反应产物；(c)裂变产物；(d)非燃料炸弹材料的活化产物；(e)堵塞(回填)材料和爆炸围岩中的活化产物；(f)源自中子注量探测器的活化产物[11]。

经过分析那些有可能形成于地下核爆炸且可能会对人体产生剂量贡献的核素，上述 124 种核素被删减至 36 种，其被认为与废弃地下核试验场相关(表 6.2)。

表 6.2　用于估算 Mururoa 核试验场和 Fangataufa 核试验场地下放射性总量的 36 种相关放射性核素

核素	半衰期/a	分类*	介质中的放射性活度/TBq				
			熔岩	碎石	空气	水	总计
^{3}H	12.33	a, b	—	—	6000	274000	280000
^{137}Cs	30.07	c	4300	10500	—	—	14800
^{147}Pm	2.6234	c	10500	500	—	—	11000
^{90}Sr	28.78	c	4300	6500	—	—	10800
^{55}Fe	2.73	d, e	7200	400	—	—	7600
^{106}Ru	1.0229	c	5100	2200	—	—	7300
^{241}Pu	14.35	a, b	6700	100	—	—	6800
^{60}Co	5.2708	d	2300	300	—	—	2600
^{239}Pu	24110	a, b	1080	20	—	—	1100
^{85}Kr	10.772	c	—	100	800	100	1000
^{125}Sb	2.7582	c	510	220	—	—	730
^{151}Sm	90	c	480	20	—	—	500
^{155}Eu	4.7611	c	450	20	—	—	470
^{63}Ni	100.1	d	430	20	—	—	450
^{241}Am	432.2	a, b	370	10	—	—	380
^{152}Eu	13.537	e	310	20	—	—	330
^{240}Pu	6564	a, b	295	5	—	—	300

10 International Advisory Committee, *The Radiological Situation at the Atolls of Mururoa and Fangataufa: Main Report* (International Atomic Energy Agency: Vienna, 1998)。

11 关于"中子注量(neutron fluence)"的定义，详见术语表。注量探测器曾被用于大气层核试验中，但由于未公开报道过在地下核试验中观测到这类核素，该分类中未列出相关核素。

续表

核素	半衰期/a	分类*	介质中的放射性活度/TBq				
			熔岩	碎石	空气	水	总计
^{238}Pu	87.7	b	195	5	—	—	200
^{154}Eu	8.593	c, e	47	3	—	—	50
^{14}C	5730	d	—	3	22	3	28
^{59}Ni	76000	d	3.6	0.2	—	—	3.8
^{113m}Cd	14.1	c	2.3	1.0	—	—	3.3
^{99}Tc	211100	c	2.0	0.5	—	—	3.0
^{36}Cl	301000	d, e	0.9	0.7	—	0.1	1.7
^{41}Ca	103000	e	0.9	0.4	—	—	1.3
^{134}Cs	2.0648	c	0.19	0.75	—	—	0.94
^{121m}Sn	55	c	0.22	0.14	—	—	0.36
^{93}Zr	1530000	c	0.30	0.02	—	—	0.32
^{135}Cs	2300000	c	0.06	0.21	—	—	0.27
^{237}Np	21444000	a, b	0.23	0.02	—	—	0.25
^{107}Pd	6500000	c	0.15	0.06	—	—	0.21
^{126}Sn	~100000	c	0.13	0.05	—	—	0.18
^{236}U	23420000	a, b	0.12	0.02	—	—	0.14
^{79}Se	≤650000	c	0.008	0.003	—	—	0.011
^{242}Pu	373300	b	0.0090	0.0002	—	—	0.0092
^{129}I	15700000	c	0.0031	0.0024	—	0.0006	0.0061

注：表中数值为截至 1996 年 5 月 1 日(距法国 1996 年 1 月 27 日在 Fangataufa 潟湖进行最后一次核试验约 5 个月之后)的放射性活度，以太贝可勒尔(TBq)计。

*六种核素分类分别为：(a)残余燃料；(b)燃料的非裂变反应产物；(c)裂变产物；(d)非燃料炸弹材料的活化产物；(e)堵塞(回填)材料和爆炸围岩中的活化产物。尽管在大气层核试验中曾使用过中子注量探测器，但由于在地下核试验中未有关于这类核素的公开报道的观测值，表中未开列这类相关核素。

资料来源：International Advisory Committee, *The Radiological Situation at the Atolls of Mururoa and Fangataufa: Main Report* (International Atomic Energy Agency: Vienna, 1998), table 23。

6.3　与《全面禁止核试验条约》核查相关的颗粒状放射性核素

利用空气过滤器进行大体积空气取样，可很容易采集到附着或部分附着于微小固体颗粒物上的"颗粒状"放射性核素[12]。在《全面禁止核试验条约》核查框架中，全面禁

---

12 Matthews, M. and Schulze, J., 'The radionuclide monitoring system of the comprehensive Nuclear-Test-Ban Treaty Organisation: from sample to product', *Kemtechnik*, vol. 66, no. 3 (May 2001), pp. 102-120; Matthews, K. M. and De Geer, L.-E., 'Processing of data from a global atmospheric monitoring network for CTBT verification purposes', *Journal of Radioanalytical and Nuclear Chemistry*, vol. 263, no. 1 (Jan. 2005), pp. 235-240。

止核试验条约组织正在建设一个由 321 个监测台站组成的全球性网络——国际监测系统，用于探测秘密及公开核爆炸的信号。其中，所有 80 个放射性核素监测台站均应能进行颗粒状放射性核素取样或分析，以便确定台站周围的大气中是否存在通常由核爆炸产生的放射性核素。为了积累经验并为《全面禁止核试验条约》生效做准备，截至 2020 年 6 月底，这 80 个台站中的 71 个台站已完成核证并投入使用。此外，另有 1 个台站已完成安装、1 个台站在建、2 个合同谈判中、5 个尚未启动。

在这些放射性核素监测台站，空气过滤器的取样量达 500m³/h 以上，经过 1 天时间的取样，再经过 1 天的静置使某些外来的氡子体衰变掉，随后将取样滤材(手动或自动地)露置于加装铅屏蔽外壳的 γ 探测器中。经 24h 计数测量后，测量能谱将通过卫星连接被立即发送至全面禁止核试验条约组织——位于奥地利维也纳的国际数据中心(International Data Centre，IDC)，在那里将立即对测量能谱进行自动分析，原始数据和分析结果随后会发送给《全面禁止核试验条约》各缔约国。约 1 天后，缔约国将收到第二份经国际数据中心分析师交互核对和审查过的能谱信息分析。当国际监测系统完全投入运行后，国家数据中心每天将会收到 80 份颗粒物能谱及经过审查的分析。

为了帮助这些数据中心处理大量的分析数据，全面禁止核试验条约组织设计了一个五级分类方案，用于指出每次测量的条约相关性。其分级范围从典型的本底能谱(1 级)到含有多种非典型相关核素且至少包括一种相关裂变产物的能谱(5 级，图 6.1)。

为了界定与《全面禁止核试验条约》有关的放射性核素，且仅考虑国际监测系统颗粒物台网范围内的核素，制定了若干定量标准[13]。此外，全面禁止核试验条约组织还进行了相当广泛和保守的审议，以期降低因忽视某种重要核素所致的风险，并为放射性核素实验室可能要求进行更专业的分析提供感兴趣的材料。全球有 16 个设备完善的实验室可以详细检测 5 级样品或其他有可能引发特别关注的样品，尽管其采用的是 Mururoa 研究的选择技术，但分类方法和选择参数略有不同。

必须强调的是，不能说核武器爆炸绝对不会产生某种核素。对任何一种已有的核素，总能够设想出一种可以生成该核素的、或多或少有些奇特的核试验设计(或使用稀土材料，或除装料以外增加某些特殊的实验装置)。不过，如果能在炸弹试验中检测出这样一种核素的话，则很可能会同时检测到一组更典型的其他核素。因此，界定线不可能十分清晰，但是，采取保守方法，一定可以起草出一份可用于实际分类和筛选过程的《全面禁止核试验条约》相关放射性核素清单。

在核武器试验爆炸中，可产生放射性碎片的反应途径很多，包括最明显的裂变反应及某些较特殊的反应(如各种诊断学反应)。本节中，将放射性碎片分为以下 10 类：残余燃料(第 1 类)、燃料中的非裂变反应产物(第 2 类)、裂变产物(第 3 类)、非燃料炸弹材料的活化产物(第 4 类)、地下核爆炸堵塞材料及围岩中的活化产物(第 5 类)、近地大气层核爆炸的地面活化产物(第 6 类)、水下或近海面核爆炸周围海水中的活化产物(第 7

13 De Geer, L.-E., *CTBT Relevant Radionuclides*, Technical Report PTS/IDC-1999/02 (Preparatory Commission for the Comprehensive Nuclear-Test-Ban Treaty Organization: Vienna, Apr. 1999); De Geer, L.-E., 'Comprehensive Nuclear-Test-Ban Treaty: relevant radionuclides', *Kerntechnik*, vol. 66, no. 3 (May 2001), pp. 113-120.

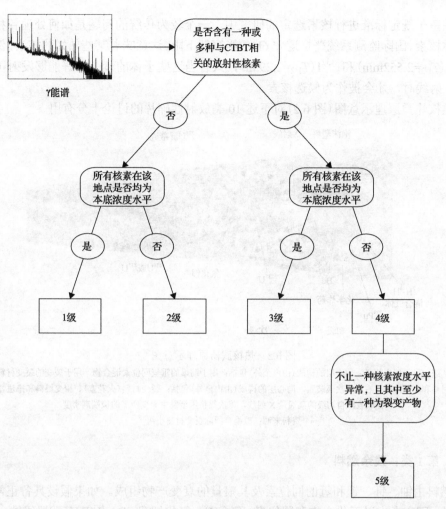

图 6.1　全面禁止核试验条约组织的五级分类方案

类)、大气层核爆炸周围空气中的活化产物(第 8 类)、源自中子注量探测器的活化产物(第 9 类)和添加指示剂(第 10 类)。这 10 种分类标准以 Mururoa 研究中用于地下核爆炸的 6 种分类为模型,增加了 3 种旨在涵盖水下和大气层试验的分类(第 6~8 类)和 1 种有可能是法国地下核试验主要放射性碎片种类的分类(第 10 类)。

　　为了研究与《全面禁止核试验条约》的相关性,国际监测系统必须设定一个可基本满足核素输运和计数测量的较低的半衰期标准。6h 的半衰期下限被认为是合理的,它对应于输运、取样、氡子体衰变和计数测量过程中的大多数半衰期。这也与由各个国家自行运行的类似监测系统的长期经验相符合。半衰期上限实际上可被降至(例如)1000 年,半衰期太长,意味着比活度和信号越弱,通常将超出国际监测系统的能力。此外,以往经验也与这一限值较好一致,但是为了确保任何潜在关切的放射性核素不被忽略、做好核素基础数据记录以备《全面禁止核试验条约》缔约国提出质疑、以便在后续可能进行的实验室分析中被探测到,半衰期上限的阈值可留待最终选定阶段。对于初步的核素筛选,可采用 10 亿年作为半衰期上限。

在基于既定标准进行核素选定的研究中，一个较为传统的问题是如何处理各种短寿命子体核素。国际监测系统严格遵守 6h 的半衰期下限。这意味着某些熟知的核素，例如，^{137m}Ba ($T_{1/2}$=2.552min) 和 ^{132}I ($T_{1/2}$=2.295h)，只有当这些子体的衰变恰好能够发射可供分析的 γ 射线时，才会被作为候选核素。

热核炸弹原理示意图 (图 6.2) 对下述 10 类放射性碎片的讨论十分有用。

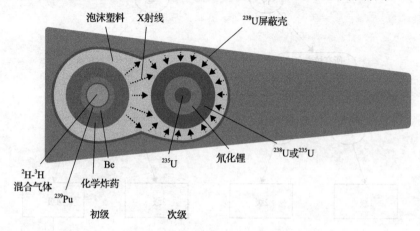

图 6.2 热核武器原理示意图

左边是初级（常规）裂变装置，同心层的构成（由内至外）包括：用于助爆的重氢同位素混合物、用于裂变的裂变材料、中子反射屏材料和高能炸药。右边是次级装置，同心层的构成（由内至外）包括：裂变材料（火花塞）、聚变燃料和推进器。推进器吸收源自初级的高通量 X 射线，将次级挤压至发生聚变所需的极端高密度

资料来源：改编自国际裂变材料小组

6.3.1 第 1 类：残余燃料

燃料由铀、钚、锂和氢的同位素及其痕量的衰变产物组成。如果假设具备正常的武器特性，则应考虑以下化合物和同位素：氚 (^3H)、氘化锂 (^6LiD、^7LiD)、武器级铀 (^{234}U、^{235}U 和 ^{238}U)、天然铀或贫化铀 (^{235}U 和 ^{238}U)、武器级钚 (^{239}Pu、^{240}Pu、^{241}Pu、^{241}Am) 及其他铀同位素 (^{232}U 和 ^{233}U)。

氚用于增强裂变装置。位于助爆式裂变组装中心的氘、氚混合气体可形成微弱的热核火焰，且所产生的中子可大幅提高裂变燃料的燃耗。在聚变装置主要的热核阶段也可能会使用一些氚。

氘化锂是热核阶段的主要燃料。氘化锂是爆炸过程中氚（通过与中子的反应）和氘的来源，但其本身只包含稳定核素。

武器级铀含 90% 以上的 ^{235}U，是从 ^{235}U 的质量分数约为 0.711% 的天然铀浓缩所得。通常，浓缩过程还会增加 ^{234}U 的含量，但由于 ^{234}U 的天然丰度极低 (0.0055%)，其在武器级铀中的含量尚不到 1%[14]。

与天然铀相类似、可用作裂变武器惰层或替代热核武器次级装置推进器的贫化铀，

---

14 Albright, D., Berkhout, F. and Walker, W., SIPRI, *Plutonium and Highly Enriched Uranium 1996: World Inventories, Capabilities and Policies* (Oxford University Press: Oxford, 1997)。

可很容易地从用于生产武器级铀浓缩过程的尾料中获得，因此主要包含 ^{238}U。通常，天然铀进料中约 1/3~1/2 的 ^{235}U(0.2%~0.3%)会残留在贫化铀尾料中[15]。惰层在裂变装置中的作用是在压缩过程中充当一把重"锤"，且有助于将跑出反应区的中子反射回去。推进器——包裹于聚变燃料外围的重材料，可吸收来自裂变初级或"扳机"的 X 射线能量，并通过烧蚀将聚变燃料挤压至必须的极端密度。

武器级钚除主要含 ^{239}Pu 外，还含有不到 7%的 ^{240}Pu 和少量 ^{241}Pu。武器级钚典型的同位素组成为 93.0% ^{239}Pu、6.5% ^{240}Pu 和 0.5% ^{241}Pu[16]。少量 ^{240}Pu 的存在，对核武器的可靠性是有利的，它可使源于自发裂变的杂散中子最小化，这些杂散中子有可能会在内爆压缩过程中过早地引发裂变链并导致爆炸失败。为此，生产堆采用低燃耗循环运行，但还是会生成少量的 ^{238}Pu、^{242}Pu、^{243}Pu 和 ^{244}Pu。因此，这些同位素及其衰变子体在此可被忽略。然而，^{240}Pu 衰变为 ^{236}U 必须予以认真考虑。^{241}Pu 的半衰期相当短，仅为 14.35 年，可衰变为 ^{241}Am，因此，视燃料年龄的不同，将含有不同数量的 ^{241}Am 杂质。从长远看，该衰变链还将产生极长寿命的 ^{237}Np、^{233}U 和 ^{229}Th 核素，其短寿命子体链将衰变为稳定的 ^{209}Bi。

^{233}U 是一种易裂变同位素，可通过反应堆辐照钍获得。^{233}U 早期曾被考虑用作核武器燃料，有权威出版物称曾进行过 ^{233}U 武器试验[17]。不过，辐照钍(^{232}Th 是一种天然可得的钍同位素)将不可避免地还会产生相当短寿命的 ^{232}U 同位素($T_{1/2}$=70 年)，其通过 α 衰变进入天然钍衰变链。这使得 ^{233}U 成为一种不切实际的武器燃料，因为它会发射穿透性的硬 γ 射线，就像 ^{208}Tl 衰变产生的 2.6MeV γ 射线一样。但是，由于无法排除某些国家试图试验 ^{233}U 武器的可能性，对于 ^{224}Ra∶^{228}Ac 比值的突然增大应予以特别关注。^{228}Ac(主 γ 射线为 911.2keV，强度为 25.8%)是天然衰变链的一种量度，而 ^{224}Ra(主 γ 射线为 241.0keV，强度为 4.1%)也可从 ^{232}U 衰变直接进入天然衰变链。在正常的国际监测系统能谱中检测不到 ^{224}Ra 本底，因为 ^{224}Ra 不是一种大气输运的氡子体，加之其 γ 射线的强度相当低。

用于启动裂变过程的中子注入器可能会涉及其他放射性核素。已知 ^{210}Po 与铍一起曾被用于该目的。不过，其 γ 发射极少且难以被国际监测系统捕捉探测。更现代的中子注入器涉及微型加速器中的氚，但与装置其他部件中的氚相比，其数量极少。

除了钍天然衰变链可导致自 ^{228}Th 以下的核素增加外，还有可能源自 ^{233}U 武器试验，上述放射性核素中，只有一种核素具有适宜的短半衰期(1000 年或更短)且可发射强度超过 1%的 γ 射线：^{241}Am，可发射 59.5keV 的 γ 射线，强度为 35.9%。为了完全按照开始时确定的目标——开列核素清单且不考虑任何的半衰期上限，将需要分析 ^{237}Np($T_{1/2}$=2144000 年)、^{233}U($T_{1/2}$=159200 年)和 ^{229}Th($T_{1/2}$=7340 年)的详细衰变链，只是为了收集放射性核素信息，毫无疑问，比活度极低的核素随后将被忽略。

最近，关于是否应将镎(^{237}Np 的 $T_{1/2}$=2144000 年)和镅的长寿命同位素[主要是 ^{241}Am

15 Albright, Berkhout and Walker (note 14)。

16 Albright, Berkhout and Walker (note 14)。

17 Hansen, C., *Swords of Armageddon*, vol. 1 (Chukelea Publications: Sunnyvale, CA, 2007), p. 275。

$(T_{1/2}=432.2$ 年)，还包括 ^{242m}Am$(T_{1/2}=141$ 年)和 ^{243}Am$(T_{1/2}=7370$ 年)]也视为核武器材料一直存在争议。不过，所有这些核素都将汇入已考虑过的衰变链，并且只会额外引入三种需要关注的同位素 ^{242m}Am、^{243}Am 和 ^{242}Cm。反过来，这些核素仅可发射能量小于 50 keV 的低强度 γ 射线。

6.3.2 第 2 类：燃料的非裂变反应产物

热核燃料中的反应可产生氚，理想情况下，所有的氚都将在聚变爆炸中被消耗掉。然而，在实际的聚变爆炸中，仍会残余相当比例的氚。据估计，全球大气层核武器试验期间，273Mt 聚变爆炸之后，可残余约 240EBq(671kg)氚(约 2.5kg ^{3}H/Mt)[18]。

热核爆炸的次级可产生极强的中子注量，这些中子不仅可引发裂变反应，还可导致推进器中的多中子俘获反应。据报道，使用天然铀或贫化铀部件的大型热核试验曾发生过多达 19 次的连续中子俘获。由此产生的重质量铀同位素的寿命极短，通过 β 衰变可迅速衰变为较重元素、较长寿命的同位素。在 1952 年进行的首次二级聚变爆炸(代号 Mike，10.4Mt)中，因上述反应机理，导致发现了新元素镄(Fm)和锿(Es)。然而，这并不意味着会产生大量的较重元素的同位素。在 Mike 爆炸中，质量链 239、240、241 和 242 的相对丰度分别为 1∶0.363∶0.039∶0.019。对全球沉降(大气层试验的累积效应)而言，相应的相对丰度分别为 1∶0.18∶0.013∶0.0043[19]。这些比值主要是基于可产生极高中子注量的高威力热核装置所得。还需注意的是，可合理地假设，特别是在地下核试验中，天然铀或贫化铀不常被用作推进器材料，这是因为它所产生的高威力和裂变产物并不总是有助于考查所涉及的各种过程。因此，丰度曲线随质量数快速减小，对 ^{238}U 而言，质量数超过 241 的中子俘获链可被忽略。剩下的 ^{239}U、^{240}U 和 ^{241}U，分别在短短几天、几小时和几分钟内衰变为相应的镎同位素，并进一步衰变为 ^{239}Pu、^{240}Pu 和 ^{241}Pu。

如前所述，天然铀也可用作裂变武器的惰层材料。裂变武器并不会产生足够高的中子注量，因此不会发生显著的多中子俘获。不过，在惰层中可发生单步的中子俘获，所产生的 ^{239}U 随后会经由 ^{239}Np 衰变为 ^{239}Pu。位于裂变装置核心中的钚也会俘获单中子，生成 ^{240}Pu(衰变产物为 ^{236}U)、^{241}Pu(衰变产物为 ^{241}Am、^{237}Np、^{233}U、^{229}Th 等)和 ^{242}Pu。^{242m}Am 是老化钚燃料中 ^{241}Am 的一种中子俘获产物，由于其截面极小(μb 量级，b 即靶，1b=10^{-28}m^2，μb 即 10^{-34}m^2)，可不予考虑[20]。用作裂变武器中子靶的高浓缩铀，以及初级或次级中的高浓缩铀，将可生成 ^{236}U。

离热核燃烧区最近的燃料暴露于极高能量的中子(高达 14.1MeV)，因此可发生(n, 2n)反应。在这类反应过程中，元素本身并不会发生变化，但质量数会减 1。一枚完整的热

18 United Nations Scientific Committee on the Effects of Atomic Radiation (UNSCEAR), *Sources and Effects of Ionizing Radiation*, 1993 Report to the General Assembly, with scientific annexes, E.94.IX.2 (United Nations: New York, Oct. 1993); and De Geer, L.-E., 'Slutnotan över kärnladdningsproven' [The final cost of the nuclear explosion tests], FOA-tidningen no. 5, Swedish Defence Research Establishment, Dec. 1996。

19 De Geer (note 18); and Krey, P. H. et al., 'Mass isotopic composition of global fall-out plutonium in soil', *Transuranium Nuclides in the Environment* (IAEA: Vienna, 1976), p. 671。

20 关于"截面(cross section)"的定义，详见术语表。

核武器，如果采用 ^{238}U 推进器，则 ^{238}U 推进器会发生很多 (n, 2n) 反应。通过这种途径产生的 ^{237}U 原子，往往较裂变产生的 ^{137}Cs 或 ^{90}Sr 原子更多。例如，1976 年在中国进行的 4Mt 热核爆炸的碎片中，发现 ^{237}U 比 ^{137}Cs 多 3 倍[21]。^{237}U 的半衰期 ($T_{1/2}$=6.75 天) 相当短，将衰变为 ^{237}Np 及其衰变子体 ^{233}U 和 ^{229}Th 等。裂变装置裂变中子谱的高能尾部以及助爆装置中的高能中子，也可使裂变燃料发生有限数量的 (n, 2n) 反应，生成 ^{238}Pu 和 (或) ^{234}U。

对投掷在长崎的非助爆型全钚弹的放射性沉降分析表明，^{238}Pu : ^{239}Pu 原子比为 0.00023——比值之低，以至于在该阶段可忽略 ^{238}Pu[22]。此外，大多数全尺度热核爆炸也显示出极低的 ^{238}Pu : ^{239}Pu 比值，这是由于所有的 ^{239}Pu 均源自推进器中的中子俘获 (在所有核反应停止后，经长时间衰变而产生)。例如，在前面提到过的中国核试验的碎片中，发现 ^{238}Pu : ^{239}Pu 原子比为 0.000045[23]。不过，在助爆型裂变弹中，由于高能中子轰击裂变材料，^{238}Pu : ^{239}Pu 比值将升高。1965 年，苏联在位于哈萨克斯坦的赛米巴拉金斯克 (Semipalatinsk) 核试验场进行了一次 140kt 的地下核爆炸，筑就了如今的查干湖，对此次核试验产物最近的分析表明，^{238}Pu : ^{239}Pu 原子比为 0.0020，约比长崎非助爆型裂变弹的比值高 10 倍，约比中国聚变装置的比值高 40 倍[24]。这是一次裂变：聚变比 (5%) 极低的所谓的"净弹"爆炸，表明未使用铀推进器，但是采用了一个高效的初级 (即助爆型)[25]。

上述燃料活化产物中，只有 ^{239}Np 和 ^{237}U 可很容易地在炸弹碎片的 γ 能谱中被探测发现。此外，二者的原子比值是考查核试验热核特性的一个方便的参数。在以往的大气层热核武器试验中，观测到的 ^{239}Np : ^{237}U 比值约为 1，而裂变弹试验的 ^{239}Np : ^{237}U 比值大于 30。

6.3.3　第 3 类：裂变产物

裂变可产生数百种短寿命的丰中子核素，这些核素通常会通过 β 衰变沿同质量数链衰变为更高原子序数 (Z) 的元素、更长寿命和最终稳定的核素[26]。裂变产物的详细质量分布、生成概率和产额函数，取决于核分裂以及诱发中子的能量。在"简单"裂变武器中，应考虑裂变谱中子对 ^{235}U 或 ^{239}Pu 的影响。在"助爆型"裂变武器中，发生爆炸的裂变装置的中心会出现微弱的热核火焰 (聚变中子的影响主要是增加裂变事件的数量)。高能中子诱发的裂变事件仅占小部分，因此助爆型裂变武器中裂变材料的高能产额曲线可忽

21 De Geer, L.-E. et al., *Particulate Radioactivity, Mainly from Nuclear Explosions, in Air and Precipitation in Sweden Mid-year 1975 to Mid-year 1977*, FOA report C 40089-T2 (Al) (Försvarets Forskningsanstalt: Sundbyberg, Nov. 1978), http://www.iaea.org/inis/collection/NCLCollectionStore/_Public/ll/543/11543720.pdf. Also published in *Environmental Quarterly*, Report EML-349 (Environmental Measurements Laboratory: New York, 1979)。

22 Yamamoto, M. et al., 'Pu isotopes, ^{241}Am and ^{137}Cs in soils from the atomic bombed areas in Nagasaki and Hiroshima', *Journal of Radiation Research*, vol. 26, no. 2 (1985), p. 211。

23 De Geer et al. (note 21). 也可参阅附录 B。

24 Yamamoto M., Tsukatani T. and Katayama Y., 'Residual radioactivity in the soil of the Semipalatinsk nuclear test site in the former USSR', *Health Physics*, vol. 71 (Aug. 1996), p. 142。

25 Russian Ministry of Atomic Energy and Russian Ministry of Defence, *USSR Nuclear Weapons Tests and Peaceful Nuclear Explosions, 1949 through 1990* (All-Russian Research Institute of Experimental Physics, Russian Federal Nuclear Center (VNIIEF): Sarov, 1996)。

26 Z 代表原子中的质子数，不同 Z 值对应不同元素。在 β 衰变过程中，每一次衰变 Z 增加 1，而中子数 N 减少 1。

略不计。在全尺度热核武器中，必须考虑高能中子对 ^{238}U 及初级中使用的 ^{235}U 或 ^{239}Pu 的影响，更重要的是，如果次级中也使用了这类材料，更需予以考虑。

在整个产额分布中，最大累积产额值约为 6%[27]。例如，^{137}Cs 是由暴露于裂变中子谱注量的 6.58% 的裂变 ^{239}Pu 原子所产生[28]。就《全面禁止核试验条约》核查目的而言，应考虑所有产额大于 0.1% 的裂变产物（至少在一种裂变类型中）。从某种意义上讲，这是一个保守的选择，至少以往在全球沉降中探测发现的任何一种裂变产物都不会被疏漏[29]。

6.3.4 第 4 类：非燃料炸弹材料的活化产物

显然，我们无法确切知道用于构建核试验装置的各种非放射性材料。但是，铁、铝、铜、塑料、铍和高能炸药是一些显而易见的部件材料，据报道也曾使用过钛。根据这些材料的化学成分，将会被活化的元素有：氢、铍、碳、氮、氧、铝、氯、钛、铬、锰、铁、钴、镍、铜和锌。在某些装置中，使用铅、钨等替代惰层材料可减少残余活度。核试验中还曾用铅和硼进行过辐射屏蔽。镓作为钚中的一种相稳定成分，显然也是一种活化靶。铀中的铌也是如此。用作表面覆层或电子装置中的金和银也是次要的目标元素。此外，在某些电子元件中可能会发现少量的铯（这主要是出于历史原因，曾是讨论法国在太平洋地下核试验的一个争论议题）。在中国某次大气层核试验的碎片中，还检测出了锑的活化产物[30]。锑常被用于增加铅的强度，因此可被看作是一种预期的核装置材料。

大多数的活化是由于慢化中子诱发的 (n, γ) 俘获所致。较高能量的中子（通常在兆电子伏量级）还可诱发 (n, p)、(n, α) 和 $(n, 2n)$ 反应。少数情形中会涉及相当轻的目标核素，(n, p) 反应的截面对于较低中子能量也很显著。对高能中子而言，很多反应可使靶核的核子数最多减少 10 个[例如，有可能会发生 $(n, t2\alpha)$ 反应]，并且有文献曾报道过，但这类反应的截面通常较小，在此可不予考虑。

6.3.5 第 5 类：地下核爆炸堵塞（回填）材料及围岩中的活化产物

地下核试验可导致周围地层中的核素被活化。这类活化在很大程度上取决于试验场的地层构成及试验的吊装方式和设计。就本章节研究目的而言，目标核素的选定主要基于其在地壳和海水中的平均丰度[31]。核素在地壳中的丰度从 4×10^{-13} ppm 到 46.1%，在海水中的丰度从 6×10^{-16} ppm 到 85.7% 不等。选定地壳和海水同位素作为目标核素的丰度截止限为 0.1%。

在选定环境中的目标核素后，可采用与非燃料炸弹材料相同的方法进行分析。很显

27 同质量数衰变链中任何一种核素的累积产额是可生成该核素的时间积分量，通常用与裂变数量之间的关系（主要以%）表示。

28 关于"中子注量（neutron flux）"的定义，详见术语表。

29 产额数据选自 England, T. R. and Rider, B. F., 'Evaluation and compilation of fission product yields', Los Alamos National Laboratory Report LA-UR-94-3106, Oct. 1994, <http://ie.lbl.gov/fission/endf349.pdf>. 其他汇编数据见 Organisation for Economic Co-operation and Development, Nuclear Energy Agency, Janis 4 browser, http:// www.oecd-nea.org/janis/。

30 详见第 7 章。

31 数值引自 Firestone, R. B. and Shirley, V. S. (eds), *Table of Isotopes*, 8th edn (Wiley: New York, 1996), table 2, p. A5.

然，环境受到的中子能谱照射比爆炸装置本身受到的中子能谱照射要软得多，因此，与装置本身中的材料活化相比，装置外围材料中发生 (n, p)、(n, α) 和 (n, 2n) 活化反应(活化反应的能量阈值通常为 1~10MeV)的情况较为少见[32]。然而，装置外围材料的中子活化严重依赖于装置设计和试验布局，因此难以用通用方法对其进行量化。中子能谱较软，因此热截面被作为一种活化反应指标。

地层中含有大量 1~1000ppm(按重量计)的痕量元素，但是其丰度太低，除非其反应截面非常高，否则无法产生显著量的中子俘获产物。某些元素，尤其是稀土元素，的确会表现出较高的中子俘获截面(与毫靶、数靶乃至数十靶的"常规"值相比，可达数千靶)，因此需予以考虑。俘获截面大于 1000b、放射性核素产物半衰期超过 6h 的中子俘获反应共有 7 例。如果同时考虑地球丰度和同位素丰度，那么 ^{152}Eu($T_{1/2}$=13.542 年) 和 ^{152ml}Eu ($T_{1/2}$=9.274h)将是以这种方式生成的最显著的产物。在 1945 年美国首次核武器试验和 1949 年苏联首次核试验爆心投影点采集到的材料样品也证实了这一点[33]。

6.3.6 第 6 类：近地大气层核爆炸的地面活化产物

理论上讲，地层中可以被大气层核爆炸或地下核爆炸活化的目标核素并无太大区别。视爆炸高度的不同，中子能谱或多或少会变软，但是在相关放射性核素清单中并不会因此而忽略掉任何"新的"放射性核素。

当然，不同之处在于：对于地下核爆炸，采用地壳丰度值来选定目标核素；而对于大气层核试验，还应增加生物圈中的类似数据。尽管可能应该考虑某些生物元素，例如，即便至少碳和氮这两种元素并不是任何《全面禁止核试验条约》相关核素的来源，不过，预计在目标核素的选择上并不会出现大的差异。碳元素中子活化将产生 ^{14}C，但 ^{14}C 是一种不发射 γ 射线的长寿命核素($T_{1/2}$=5730 年)。

6.3.7 第 7 类：水下或近海面核爆炸周围海水中的活化产物

地下核爆炸分析中已经包括了海水分析，部分是由于某些环境中的海水是地下的一部分，但更多是因为海水中的主要元素成分也是地壳中的主要元素成分。因此，预计在此类活化产物中不会出现新的核素。

6.3.8 第 8 类：大气层核爆炸周围空气中的活化产物

预计空气成分经中子活化并不会产生与《全面禁止核试验条约》相关的核素。然而，与《全面禁止核试验条约》的相关性在这里与上面提到的长寿命 β 发射体 ^{14}C 的剂量相关性形成鲜明对比，^{14}C 是历次所有核试验对全球剂量负担的主要贡献者(70%)。空气中的氮(^{14}N)发生 (n, p) 反应可生成 ^{14}C。

---

32 "中子能谱(Neutron spectrum)"在此指中子的能量分布。"软"中子能谱指中子能量分布中，大部分中子的能量较低。

33 De Geer, L.-E., 'Analyses by gamma spectroscopy of samples taken at ground zero of the first US and USSR nuclear test detonations', Unpublished memorandum from the Swedish National Defence Research Establishment, 1996.

6.3.9 第 9 类：源自中子注量探测器的活化产物

在许多大气层核试验中，通常会在装置的重要部位布放某些可用于测算高能中子注量的材料，主要是通过测量这类材料的单步或多步(n, 2n)反应的产物。适用于此目的的稳定核素所产生的放射性核素具有足够长的半衰期(数小时至数天)，过去曾被用于分析全球放射性沉降。在大气层核试验碎片中探测发现的这类例子包括钇和金(中国至少用过两次)以及铱(法国曾用过)。中国在 1976 年 11 月进行的热核试验使用了一种钇探测器，这种探测器每次裂变可产生约 0.022 个 ^{88}Y 原子($T_{1/2}$=106.65 天)，在事件发生一年多后在北半球空气较容易探测到 ^{88}Y [34]。

通览核素图可知，只有少数几种稳定的核素可产生易被试验方探测的(n, 2n)和(n, 2n)^{2}产物。如果假定活化产物具有适宜的 γ 射线活度，则可能的探测器有 ^{75}As、^{85}Rb、^{89}Y、^{90}Zr、^{103}Rh、^{107}Ag、^{169}Tm、^{191}Ir 和 ^{197}Au。对这些核素而言，低于 14MeV 中子能量的最大(n, 2n)截面均在 0.3～2b 范围内。在此，必须考虑不可避免的(n, γ)、(n, p)和(n, α)反应的副产物。

6.3.10 第 10 类：添加指示剂

与许多其他核实验一样，在核武器试验中添加某些指示剂(示踪剂)，被证明对试验诊断极为有用。添加指示剂对于计算试验装置不同部件中同种元素不同同位素的绝对生成量、获取注量和产生率相关信息提供了一种简便的方法。与高能中子注量探测器相比，指示剂的选择和添加原则是实验(即爆炸)本身不产生或不因某些诱发反应而改变。

指示剂也曾被用于计算试验的聚变威力，但这类指示剂是气体指示剂，国际监测系统的颗粒物系统无法进行采集。不过，颗粒物系统可采集位于同位素图超铀区的其他核素，且这类超铀核素被试验者用于深入考察较重元素的反应。文献中提及的一些核素有 ^{233}U、^{237}Np、^{238}Pu、^{242}Pu、^{241}Am、^{243}Am 和 ^{244}Cm [35]。其中，基于比活度及 γ 射线的能量和强度，只有 ^{241}Am 具有被《全面禁止核试验条约》系统探测发现的现实可能性。在以往的武器试验计划中，也有其他的核素被提议作为添加指示剂，例如，中国核试验曾使用过 ^{57}Co [36]。本章作者在 1999 年的研究中，曾将 1945 年美国"三一(Trinity)"核试验中的 ^{133}Ba 解释为一种指示剂[37]。实际上，^{133}Ba 可能是武器高能炸药(baratol)中钡的活化产物，理应归为第 4 类(非燃料炸弹材料的活化产物)。

6.3.11 开列《全面禁止核试验条约》相关颗粒状核素的最终清单[38]

如上所述，选定过程相当保守，并未充分考虑衰变模式、半衰期或产生截面，原因

---

34 De Geer et al. (note 21). 也可参阅附录 B。

35 Smith, D. K., *Challenges in Defining a Radiological and Hydrologic Source Term for Underground Nuclear Test Centers, Nevada Test Site, Nye County, Nevada*, Preprint UCRL-JC-120389 (Lawrence Livermore National Laboratory: Livermore, CA, June 1995)。

36 De Geer et al. (note 21)。

37 De Geer (note 13)。

38 值得注意的是，"最终"在此指本书完稿时的最终结果。当然，将来可能会有来自不同国家补充的数据。

包括两方面：一是确保不忽略掉任何一种感兴趣的核素；二是为放射性核素实验室识别相关放射性核素、运用除 γ 能谱之外的其他技术进行更加深入的分析提供本底参考。

有许多核素曾多次出现在上述 10 种分类中。正因为此，加之例行 γ 射线分析计划采用了更严格的核素选定规则，所以《全面禁止核试验条约》(或更严格地讲，《全面禁止核试验条约》和国际数据中心)相关颗粒状核素的最终清单将会变得更短。为了制定出一份切实可行的清单，需运用下述合理的限制条件：

(1) 半衰期应介于 6h 至 1000 年之间。

(2) 应存在主要的 γ 射线。

(3) 主 γ 射线的能量应大于 50keV。

(4) 主 γ 射线的强度应大于 0.1%。

(5) 非燃料炸弹材料和注量探测器中的相关产生截面应大于 0.1b。

(6) 对于环境中的目标元素，其在地壳和海水中的丰度至少有一个应大于 0.1%。

(7) 对于地层材料中的辐射俘获，地壳或海水中的元素丰度(最大值以 ppm 计)、同位素丰度(归一化至 1)、截面(以 b 计)三者的乘积应大于 100；对于地层中的其他反应，相应的乘积应大于 1000。

(8) 不应考虑气体。

(9) 不应包括 $(n, 2n)^2$ 两步高能中子注量探测器的反应产物。

在第 1 条限制条件中，半衰期下限标准主要基于这样一个概念，即在核试验后的前 3 天，国际监测系统探测器无法实际计数测量超出半衰期下限的核素。3 天时间仅允许进行 1 天的大气输运，且国际监测系统固有的平均延迟为 2 天。3 天时间内，半衰期小于 6h 的放射性核素将会有超过 99.97% 衰变掉。半衰期上限标准的设定，主要是为了排除比活度极低的放射性核素。半衰期上限在此选定为 1000 年(核素活度较 ^{137}Cs 低 33.2 倍)，但值得注意的是，即便将半衰期上限增加至近 100000 年，也不会使相关核素清单增加任何一种核素。

第 2 条限制条件是一条非常明确的标准，即核素至少应发射 1 条 γ 射线，如果将其作为第一条排除标准，则可排除掉 27 种非 γ 放射性核素。

在第 3 条限制条件中，50keV 主 γ 射线能量下限设定低于国际监测系统的实际要求，国际监测系统要求应在 88～1836keV 能量范围对探测器进行仔细校准。其原因主要是为了涵盖 ^{241}Am，^{241}Am 主 γ 射线的能量仅为 59.5keV。否则，可以将主 γ 射线的能量下限设定为 88keV，甚至可设为 100keV，那样相关核素清单忽略的核素不超过两种(即 ^{109}Pd 和 ^{170}Tl)。

第 4 条限制条件是，基于以往经验主 γ 射线的强度或 γ-β(α) 分支比应大于 0.1%。各种国家台网的运行经验表明，绝对强度小于 0.1% 的 γ 射线对首次探测核事件起辅助作用的可能性极低。然而，这并不意味着当某一测量能谱被标记为感兴趣的能谱后，这种弱 γ 射线不会对详细分析提供有价值的信息。

非燃料炸弹材料的中子活化肯定难以估算，因为它必须基于有把握地推测装置本身的结构和功能。前面已罗列了各种预期的非燃料炸弹材料，在此还需注意的是，尽管无法完全排除掉哪一种材料，但绝不能仅试图寻找这类材料的某种活化产物而未能探测到其反应过程某些更为显著的残余物。在第 5 条限制条件中，要求相关的产生截面应大于 0.1b，以此设定活化产物的下限。鉴于无法确切知道所有可能装置的布局和功能，应对所有活化过程保守地运用相同的限制条件。根本找不到截面的反应可忽略不计（假设所有重要截面已知）。注量探测器的副反应产物同样也采用 0.1b 的反应截面限。

对于环境（假设环境为匀质）中的活化产物，第 6 条和第 7 条限制条件采用丰度与截面的乘积作为相关性判据。采用这种方法可平衡处理不同类型的 (n, p)、(n, α)、$(n, 2n)$ 和 (n, γ) 反应。对于高能中子反应，也采用相同的地壳或海水丰度、同位素丰度与相关截面乘积，但考虑到环境中的高能中子注量较低，因此设定了更高阈值（保守地增大至 10 倍）。

第 8 条限制条件之所以忽略气体，是因为所用滤材无法采集气体。第 9 条限制条件之所以忽略两步中子通量探测器反应，是因为这类反应属于二阶效应。

将上述规则应用于先前在 1～10 类中选定的核素，可得到一份含 92 种《全面禁止核试验条约》相关放射性核素的清单，其中包括 47 种裂变产物和 45 种中子活化核素、残余燃料或添加指示剂。

2000 年 1 月，在澳大利亚墨尔本举行的一次《全面禁止核试验条约》研讨会上曾讨论了这份清单，期间，由于各种原因，建议将 8 种核素从清单中删除：之所以删除 ^{241}Am，显然是因为 ^{241}Am 对超铀同位素和裂变产物 ^{109}Pd、^{123}Sn、^{125m}Te、^{127m}Te、^{127}Te 及活化产物 ^{64}Cu 和 ^{170}Tm 有些过度敏感，因为这些核素的主 γ 射线强度（<4%）相当低。因此，《全面禁止核试验条约》相关放射性核素清单中仅保留了 42 种裂变产物和 42 种非裂变产物（表 6.3 和表 6.4）。这份清单经全面禁止核试验条约组织负责试验与发展的 B 工作组推荐，被全面禁止核试验条约组织筹备委员会第 11 次会议采纳，并且在 2015 年初仍在采用。1980 年中国最后一次大气层核试验中探测发现的另一种核素 ^{92m}Nb，后来被解释为抗腐蚀铀-铌合金中铌的一种 $(n, 2n)$ 反应产物。在此，也将 ^{92m}Nb 与 ^{241}Am 和 ^{131}Ba 一起囊括在内（表 6.4）[39]。

表 6.3　与《全面禁止核试验条约》国际监测系统相关的 42 种颗粒物裂变产物

裂变产物	半衰期	主 γ 射线/keV	主 γ 射线强度/%	累积裂变产额/%					
				快中子诱发裂变			高能中子诱发裂变		
				^{235}U	^{238}U	^{239}Pu	^{235}U	^{238}U	^{239}Pu
^{91}Sr	9.65h	1024.3	33.5	5.73	4.04	2.51	4.81	3.87	2.22
^{91}Y[a]	58.51d	1204.8	0.26	5.73	4.04	2.52	4.82	3.87	2.24
^{93}Y	10.18h	266.9	7.4	6.25	4.91	3.82	5.19	4.53	3.22
^{95}Zr[a]	64.032d	756.7	54.38	6.43	5.14	4.67	5.17	4.89	3.92
^{95}Nb[a]	34.991d	765.8	99.808	6.43	5.14	4.67	5.18	4.89	3.93
^{97}Zr[a]	16.749h	743.4	93.09	6.00	5.56	5.27	5.14	5.28	4.40
^{99}Mo[a]	65.976h	140.5[b]	97.9	5.94	6.17	5.98	5.14	5.71	4.75
^{99m}Tc	6.0067h	140.5	89	5.23	5.43	5.26	4.52	5.02	4.18
^{103}Ru[a]	39.247d	497.1	91.0	3.24	6.28	6.83	3.21	4.62	5.21
^{105}Rh[a]	35.36h	319.1	19.1	1.20	4.05	5.36	1.87	3.22	4.27

39　Brown, D. W. et al., 'Aging and deformation of uranium-niobium alloys', *Los Alamos Science*, no. 30 (2006)。

续表

裂变产物	半衰期	主γ射线/keV	主γ射线强度/%	累积裂变产额/%					
				快中子诱发裂变			高能中子诱发裂变		
				^{235}U	^{238}U	^{239}Pu	^{235}U	^{238}U	^{239}Pu
^{106}Ru[a]	371.8d	621.9	9.93	0.53	2.49	4.36	1.61	2.45	3.54
^{111}Ag[a]	7.45d	342.1	6.7	0.04	0.07	0.36	1.08	0.99	1.54
^{112}Pd	21.03h	617.5[b]	50.5	0.04	0.06	0.19	1.08	1.03	1.38
^{115m}Cd	44.56d	933.8	2	0.00	0.00	0.01	0.46	0.07	0.12
^{115}Cd[a]	53.46h	336.2	50.2	0.03	0.03	0.07	0.64	0.79	1.16
^{125}Sn[a]	9.64d	1067.1	10	0.04	0.03	0.12	0.92	0.64	1.18
^{125}Sb[a]	2.75856a	427.9	29.6	0.07	0.05	0.18	1.46	1.20	1.95
^{126}Sb[a]	12.35d	695.0	99.6	0.01	0.01	0.04	0.34	0.19	0.62
^{127}Sb[a]	3.85d	685.7	36.8	0.31	0.14	0.50	2.16	1.49	2.14
^{128}Sb	9.01h	743.2	100	0.01	0.00	0.04	0.42	0.14	0.68
^{129m}Te[a]	33.6d	695.9	3.1	0.14	0.17	0.24	0.71	0.36	0.93
^{130}I	12.36h	536.1	99	0.00	0.00	0.00	0.03	0.00	0.13
^{131m}Te	33.25h	773.7	36.8	0.43	0.26	0.92	1.34	0.42	1.88
^{131}I[a]	8.0252d	364.5	81.5	3.22	3.29	3.88	4.10	3.99	4.35
^{132}Te[a]	3.204d	772.6[b]	77.9	4.66	5.13	5.15	4.09	4.65	3.30
^{133}I[a]	20.83h	529.9	87.0	6.72	6.76	6.91	5.36	6.00	4.48
^{135}I	6.58h	1260.4	28.7	6.30	6.94	6.08	4.22	5.50	3.96
^{136}Cs[a]	13.16d	1048.1	80	0.01	0.00	0.12	0.23	0.02	0.75
^{137}Cs[a]	30.08a	661.7[b]	85.1	6.22	6.05	6.58	4.93	5.15	4.45
^{140}Ba[a]	12.7527d	537.3	24.39	5.98	5.82	5.32	4.50	4.61	3.70
^{140}La[a]	1.67855d	1596.2	95.40	5.98	5.82	5.33	4.53	4.61	3.84
^{141}Ce[a]	32.508d	145.4	48.29	5.95	5.34	5.15	4.49	4.38	3.56
^{143}Ce[a]	33.039h	293.3	42.8	5.73	4.62	4.34	3.82	3.91	2.80
^{144}Ce[a]	284.91d	133.5	11.09	5.27	4.55	3.67	3.17	3.72	2.68
^{147}Nd[a]	10.98d	531.0	13.4	2.14	2.59	1.99	1.62	2.09	1.71
^{149}Pm	53.08h	286.0	3.1	1.04	1.63	1.24	0.81	1.46	1.06
^{151}Pm	28.40h	340.1	22.5	0.41	0.80	0.78	0.36	0.80	0.73
^{153}Sm	46.28h	103.2	29.25	0.17	0.41	0.43	0.20	0.39	0.46
^{155}Eu[a]	4.753a	105.3	21.1	0.04	0.14	0.21	0.08	0.16	0.23
^{156}Sm	9.4h	203.8	21	0.02	0.08	0.15	0.05	0.11	0.17
^{156}Eu[a]	15.19d	1153.8	11.5	0.02	0.08	0.15	0.06	0.11	0.21
^{157}Eu	15.18h	370.5	11.0	0.01	0.04	0.11	0.04	0.08	0.11

a 类似于全面禁止核试验条约组织国际监测系统的瑞典国家系统过去曾探测到这些核素。

b 由短寿命子体衰变所发射的主γ射线。

资料来源: De Geer, L.-E., *CTBT Relevant Radionuclides*, Comprehensive Nuclear-Test-Ban Treaty Organization（CTBTO）Provisional Technical Secretariat（PTS）Technical Report PTS/IDC-1999/02（CTBTO: Vienna, Apr. 1999）; De Geer, L.-E., 'Comprehensive NuclearTest-Ban Treaty: relevant radionuclides', *Kerntechnik*, vol. 66, no. 3（May 2001）, pp. 113-120; National Nuclear Data Center, NuDat 2 database extraction, Brookhaven National Laboratory, 6 Jan. 2015, http://www.nndc.bnl.gov/ nudat2/; England, T. R and Rider, B. F., 'Evaluation and compilation of fission product yields', Los Alamos National Laboratory Report LA-UR-94-3106, Oct. 1994, http://ie.lbl.gov/ fission/endf349.pdf. 其他产额数据汇编见 Organisation for Economic Co-operation and Development, Nuclear Energy Agency, Janis 4 browser, http://www.oecd-nea.org/ janis/。

表 6.4 与《全面禁止核试验条约》国际监测系统相关的 42 种颗粒物非裂变产物，以及未被全面禁止核试验条约组织筹备委员会认定为相关核素的 3 种颗粒物非裂变核素

核素	半衰期	主γ射线/keV	主γ射线强度/%	产生模式 [a]												
				第1类	第2类	第4类(装置)				第5~8类(环境)					第9类	第10类
						γ	p	α	2n	γ	p	α	2n	γ*		
^{24}Na [b]	14.997h	1368.6	99.9936	—	—	—	—	x	—	x	x	x	—	—	—	—
^{42}K	12.360h	1524.6	18.08	—	—	—	—	—	—	x	—	—	—	—	—	—
^{46}Sc	83.79d	889.3	99.9840	—	—	—	x	—	—	—	—	—	—	—	—	—
^{47}Sc	3.3492d	159.4	68.3	—	—	—	x	—	—	—	—	—	—	—	—	—
^{51}Cr [b]	27.7010d	320.1	9.910	—	—	x	—	—	x	—	—	—	—	—	—	—
^{54}Mn [b]	312.05d	834.8	99.9760	—	—	—	x	—	x	—	x	—	—	—	—	—
^{57}Co [b]	271.74d	122.1	85.60	—	—	—	—	—	—	—	—	—	—	—	—	x
^{58}Co [b]	70.86d	810.8	99.450	—	—	—	x	—	—	—	—	—	—	—	—	—
^{59}Fe	44.495d	1099.2	56.5	—	—	x	—	—	—	x	—	—	—	—	—	—
^{60}Co [b]	1925.28d	1332.5	99.9826	—	—	x	x	—	—	—	—	—	—	—	—	—
^{65}Zn [b]	243.93d	1115.5	50.04	—	—	x	—	—	x	—	—	—	—	—	—	—
^{69m}Zn	13.756h	438.6	94.85	—	—	x	—	—	x	—	—	—	—	—	—	—
^{72}Ga	14.10h	834.1	95.45	—	—	x	—	—	—	—	—	—	—	—	x	—
^{74}As	17.77d	595.8	59	—	—	—	—	—	—	—	—	—	—	—	x	—
^{76}As	26.24h	559.1	45.0	—	—	—	—	—	—	—	—	—	—	—	x	—
^{84}Rb	32.82d	881.6	68.9	—	—	—	—	—	—	—	—	—	—	—	x	—
^{86}Rb	18.642d	1077.0	8.64	—	—	—	—	—	—	—	—	—	—	—	x	—
^{88}Y [b]	106.627d	1836.1	99.2	—	—	—	—	—	—	—	—	—	—	—	x	—
^{89}Zr	78.41h	909.2	99.04	—	—	—	—	—	—	—	—	—	—	—	x	—
^{102}Rh	207.3d	475.1	46	—	—	—	—	—	—	—	—	—	—	—	x	—
^{106m}Ag	8.28d	717.3	28.9	—	—	—	—	—	x	—	—	—	—	—	x	—
^{108m}Ag	438a	722.9	90.8	—	—	x	—	—	—	—	—	—	—	—	x	—
^{110m}Ag	249.83d	657.8	95.61	—	—	x	—	—	—	—	—	—	—	—	x	—
^{120}Sb	5.76d	1171.7	100	—	—	—	—	—	x	—	—	—	—	—	x	—
^{122}Sb [b]	2.7238d	564.2	70.67	—	—	x	—	—	x	—	—	—	—	—	x	—
^{124}Sb [b]	60.20d	602.7	97.8	—	—	x	—	—	—	—	—	—	—	—	x	—
^{132}Cs	6.480d	667.7	97.59	—	—	—	—	—	x	—	—	—	—	—	x	—
^{133}Ba [b]	10.551a	356.0	62.05	—	—	x	—	—	—	—	—	—	—	—	x	—
^{134}Cs	2.0652a	604.7	97.62	—	—	x	—	—	—	—	—	—	—	—	x	—
^{152m}Eu	9.3116h	841.6	142	—	—	—	—	—	—	—	—	—	x	—	x	—
^{152}Eu [b]	13.517a	1408	20.87	—	—	—	—	—	—	—	—	—	x	—	x	—
^{168}Tm	93.1d	816.0	50.95	—	—	—	—	—	—	—	—	—	—	—	x	—

续表

核素	半衰期	主γ射线/keV	主γ射线强度/%	第1类	第2类	第4类(装置)				第5~8类(环境)					第9类	第10类
						γ	p	α	2n	γ	p	α	2n	γ*		
^{187}W	24.000h	685.8	33.2	—	—	x	—	—	—	—	—	—	—			
^{190}Ir	11.78d	186.7	52	—	—										x	
^{192}Ir[b]	73.829d	316.5	82.86	—	—										x	
^{196}Au	6.1669d	355.7	87	—	—				x						x	
^{196m}Au	9.6h	147.8	43.5	—	—				x							
^{198}Au[b]	2.6947d	411.8	95.62	—	—	x									x	
^{203}Pb	51.92h	279.2	80.9	—	—				x							
^{224}Ra	3.66d	241.0	4.10	x	—											
^{237}U[b]	6.75d	208.0	212	—	x											
^{239}Np[b]	2.356d	277.6	14.44	—	x											

未得到 CTBTO 筹备委员会认可的颗粒物非裂变核素

^{92m}Nb	10.15d	934.4	9915	—	—				x							
^{131}Ba	11.50d	496.3	48.0	—	—				x							
^{241}Am	432.6a	59.5	35.9	x	x											x

a 产生模式指以下 9 类情形: 残余燃料(第 1 类)、燃料中的非裂变反应产物(第 2 类)、非燃料炸弹材料的活化产物(第 4 类)、地下核爆炸堵塞材料和围岩中的活化产物(第 5 类)、近地大气层核爆炸地面上的活化产物(第 6 类)、水下或近海面核爆炸周围海水中的活化产物(第 7 类)、大气层核爆炸周围空气中的活化产物(第 8 类)、源自中子注量探测器的活化产物(第 9 类)、添加指示剂(第 10 类)。注意,第 3 类"裂变产物"详见表 6.3。在第 4~8 类中,γ、p、α、2n 和 γ* 表示在中子活化反应中发射的粒子,其中,γ* 代表环境中截面非常高的中子活化产物。

b 类似于全面禁止核试验条约组织国际监测系统的瑞典国家系统曾探测到这些核素。

资料来源: De Geer, L.-E., *CTBT Relevant Radionuclides*, Comprehensive Nuclear-Test-Ban Treaty Organization (CTBTO) Provisional Technical Secretariat (PTS) Technical Report PTS/IDC-1999/02 (CTBTO: Vienna, Apr. 1999), pp. 25-26。

《全面禁止核试验条约》缔约国在决定清单构成之前的讨论过程中,曾就是否应采用如此长的清单进行过激烈辩论。有核武器国家及其他一些国家担心,长清单会导致过多的假警报和轻率的违约指控。有人提出,如果存在违约且情况属实的话,至少会探测发现一种或多种最显著的放射性核素,因此无须制定一份全面的清单。瑞典基于其自身经验认为,这种假设未必属实。例如,1968 年美国进行的"纵帆船(Schooner)"试验,只探测到了一种经活化的钨同位素[40]。此外,很难将明确的核爆炸产物视为与核爆炸探测无关。自 2000 年以来,国际数据中心的经验也表明,未曾出现过多的虚假探测或不实指控。尽管有些核素曾多次产生了 4 级或 5 级样品——最显著的是 ^{99m}Tc、^{24}Na 和 ^{60}Co,但可以对其作单独处理。^{99m}Tc 的半衰期为 6.0067h(与 6h 半衰期下限十分接近),但是只要将半衰期下限仅仅增加 25s,便可将其轻易排除掉[41]。另外两种核素通常源自宇宙辐射

---

40 Persson, G., *Radioactive Tungsten in the Atmosphere Following Project Schooner*, FOA report C 4460-28 (Försvarets Forskningsanstalt: Sundbyberg, 1971)。

41 某些靠近 ^{99m}Tc 放射性药物实验室的台站(例如,位于阿根廷布宜诺斯艾利斯的 ARP01 台站)曾反复发出现了 ^{99m}Tc。

或陆地本底，因此应该可以被扣除掉。

如上所述，国际数据中心的五级分类方案及其关联的相关放射性核素基本上是帮助《全面禁止核试验条约》缔约国筛查比较哪个放射性核素样品更需引起关切的工具。不过，在《全面禁止核试验条约》生效后，任何一个国家数据中心都可以自行探测所有的 γ 放射性核素，并用其作为证据支持，向全面禁止核试验条约组织执行理事会提出现场视察请求。第 5 级分类有两种含义：第一，样品通常应被分成两份，并将其送往在 16 个国际监测系统实验室中随机选定的两个实验室，以便相互印证结果，甚至可能探测发现在监测台站能谱中未被注意的东西。后者是极有可能的，因为样品在送抵实验室时，氡子体本底已显著降低。实验室也可能会采用更大的探测器和更长的计数时间，进一步提高对非短寿命核素的测量灵敏度。第二，世界气象组织(World Meteorological Organization，WMO)的多个"区域专业气象中心"将对 5 级样品重复进行气象学分析。维也纳中心将会分析每个样品的"观测场(field of regard，FOR)"，以指出应当在其中寻找可能引起潜在探测的排放物的地理区域。对于 5 级样品，还需要更好地理解气象学分析的不确定性，并希望(因为这很可能是一项极具争议的分析)就结果达成某种全球共识。

6.4　与《全面禁止核试验条约》国际监测系统相关的惰性气体放射性核素

1996 年，《全面禁止核试验条约》在规划设计 80 个颗粒状放射性核素台站时，还决定其中一半台站应配备氙分析能力，这基本上是信任该技术的国家与不信任该技术的国家的一种妥协。在经历朝鲜核试验后，想必很难反对所有 80 个放射性核素台站都配备氙分析能力[42]。该备选方案在《全面禁止核试验条约》议定书中已有规定，并将在条约生效后缔约国大会的首届年会上做出决定。

惰性气体因其化学惰性，因此很难将其封闭于地下，在探测地下核爆炸泄漏物中具有特殊意义。当爆炸空腔中形成极端高压时，便会出现某些惰性气体在数秒钟内泄漏进入大气的重大可能及风险，发生泄漏的惰性气体随后有可能会随风吹散到核查台网中的一个或多个台站。除非特别小心，否则当试验小组在爆后几天打通爆室时，惰性气体仍会发生泄漏。

然而，这些气体的惰性意味着，与气溶胶或颗粒物取样相比，惰性气体的大气取样更复杂。不过，近几十年来，以法国、俄罗斯、瑞典和美国为代表，已经开发出了有效的技术和设备。截至 2014 年 10 月底，国际监测系统台网已包括 30 个经核证的惰性气体台站，另有两个刚刚建成、5 个在建、3 个正在进行规划。

在惰性气体中，只有一组氙同位素适合进行探测：^{131m}Xe($T_{1/2}$=11.84 天)、^{133m}Xe($T_{1/2}$=2.198 天)、^{133}Xe($T_{1/2}$=5.2475 天)和 ^{135}Xe($T_{1/2}$=9.14h)。这些氙同位素具有可探测的

42　关于朝鲜核试验，详见第 8 章。

辐射，其半衰期长到足以在大气输运中存活下来，但又短到不至像 ^{85}Kr ($T_{1/2}$=10.76 年) 一样形成旧的排放本底，且具有较高的裂变产额(表 6.5)。氙同位素存在一个问题，那就是许多医用同位素工厂(如澳大利亚、比利时、加拿大、南非及其他国家)在生产 ^{99m}Tc "母牛"的过程中，会排放出大量极似核武器爆炸所产生的放射性氙同位素混合物。为了解决某些台站存在的显著本底问题，对氙采用了三步分类方案：①第一步中的样品未检测到四种同位素中的任何一种；②第二步中的样品可检测出该台站所特有的结果；③第三步中的样品，四种同位素中至少有一种同位素的浓度超过前一年检测分布上四分位下限与下四分位上限差值的 3 倍。此外，还开发出了各种标志，用以指示同位素比值的特性、台站运行状态、有时影响台站的各种已知源项的盛行大气输运灵敏度。

表 6.5　与《全面禁止核试验条约》国际监测系统相关的 4 种惰性气体裂变产物

裂变产物	半衰期	主 γ 射线 /keV	主 γ 射线强度 /%	累积裂变产额/%					
				快中子诱发裂变			高能中子诱发裂变		
				^{235}U	^{238}U	^{239}Pu	^{235}U	^{238}U	^{239}Pu
^{131m}Xe	11.84d	163.9	1.95	0.05	0.05	0.05	0.06	0.06	0.07
^{133m}Xe	2.198d	233.2	10.12	0.19	0.19	0.24	029	0.18	0.42
^{133}Xe	5.2475d	81.0	36.9	6.72	6.76	6.97	5.53	6.02	4.86
^{135}Xe	9.14h	249.8	90.00	6.60	6.97	7.54	5.67	5.84	6.18

资料来源：De Geer, L.-E., *CTBT Relevant Radionuclides*, Comprehensive Nuclear-Test-Ban Treaty Organization (CTBTO) Provisional Technical Secretariat (PTS) Technical Report PTS/IDC-1999/02 (CTBTO: Vienna, Apr. 1999); De Geer, L.-E., 'Comprehensive Nuclear-Test-Ban Treaty: relevant radionuclides', *Kerntechnik*, vol. 66, no. 3 (May 2001), pp. 113-120; National Nuclear Data Center, NuDat 2 database extraction, Brookhaven National Laboratory, 6 Jan. 2015, http://www.nndc.bnl.gov/ nudat2/; and England, T. R and Rider, B. F.,'Evaluation and compilation of fission product yields', Los Alamos National Laboratory Report LA-UR-94-3106, Oct. 1994, http://ie.lbl.gov/fission/endf349.pdf. 其他产额数据汇编见 Organisation for Economic Co-operation and Development, Nuclear Energy Agency, Janis 4 browser, http://www.oecd-nea.org/janis/。

6.5　与现场视察相关的颗粒状核素和气体核素

上面所讨论的国际数据中心相关放射性核素的概念相当简单，基本上是一种咨询工具，因此不应具有政治敏感性。对于《全面禁止核试验条约》现场视察(on-site-inspection，OSI)机制而言，也存在着定义相关放射性核素的类似需要，但这却是一个更具政治性的关键问题，因为现场视察搜查组只负责搜寻和分析与现场视察相关的放射性核素，并无其他授权。所有作业仅旨在关注与现场视察相关的放射性核素，并且一些国家主张必须对所有测量结果进行部分遮蔽，以便使视察组只能提取与相关核素有关的信息，而无法提取其他信息。

现场视察机制一直是维也纳全面禁止核试验条约组织总部多年来热议的话题。一个特别的问题是如何定义现场视察组在视察中应寻找哪些放射性核素。全面禁止核试验条约组织 2010 年的一份内部文件认定"一致同意"16 种颗粒状放射性核素和 5 种气体放射性核素。另有 5 种颗粒状放射性核素经认定仍需作进一步考虑。

2001 年 11 月 12 日至 20 日在巴黎举办的现场视察实验高级课程中，本章作者建议应建立一份可通过 γ 能谱探测的现场视察相关放射性核素清单。这份清单以国际数据中心清单(见 6.3 节和 6.4 节)为基础，但是将半衰期的范围改为 2 天至 2 年，并要求主 γ 射线的强度应大于 5%，将炸弹材料中的相关产生截面从不小于 0.1b 改为不小于 0.5b。根据这些限制条件确定的清单，除两种明显的炸弹产物 ^{237}U 和 ^{239}Np(通常是以往大气层核试验的主要残余物)外，与全面禁止核试验条约组织 B 工作组正在讨论的清单几乎相同。不过，该清单还包括了放射性氚及另一种惰性气体同位素 $^{37}Ar(T_{1/2}=35.04$ 天)。^{37}Ar(过去曾在地下核爆炸中被探测到)可能是由于中子撞击地下的钙，发生 $^{40}Ca(n,\alpha)^{37}Ar$ 反应而产生。

该清单中包括短寿命核素 ^{135}Xe(表 6.6，列举了与现场视察相关的颗粒状核素及气体核素组合清单)。谨慎处理 ^{237}U 和 ^{239}Np 的原因，可能表明有核武器国家的决策者对讨论铀和超铀数据同样担忧，在将 ^{241}Am 排除出国际数据中心清单(第 6.3 节)时便可看出这一点。然而，为了践行普遍共识选定标准的原则，在此仍将 ^{237}U 和 ^{239}Np 保留在清单中。

表 6.6 拟在现场视察过程中查找的颗粒状及气体放射性核素

放射性核素	半衰期	产生
^{37}Ar	34.95d	环境中的 (n, α) 产物
^{51}Cr	27.7025d	钢铁中的 (n, γ) 和 $(n, 2n)$ 产物
^{54}Mn	312.12d	钢铁中的 (n, p) 产物
^{58}Co	70.86d	钢铁中的 (n, p) 产物
^{59}Fe	44.495d	钢铁中的 (n, p) 产物
^{65}Zn	243.66d	钢铁中的 (n, γ) 和 $(n, 2n)$ 产物
^{95}Zr	64.02d	裂变产物
^{95}Nb	34.975d	裂变产物
^{99}Mo	65.94h	裂变产物
^{103}Ru	39.26d	裂变产物
^{106}Ru	373.59d	裂变产物
^{115m}Cd	44.6d	裂变产物
^{131}I	8.02070d	裂变产物
^{131m}Xe	11.84d	裂变产物
^{132}Te	3.204d	裂变产物
^{133m}Xe	2.198d	裂变产物
^{133}Xe	5.2475d	裂变产物
^{135}Xe	9.14h	裂变产物
^{140}Ba	12.752d	裂变产物
^{141}Ce	32.501d	裂变产物
^{144}Ce	284.893d	裂变产物
^{147}Nd	10.98d	裂变产物
^{237}U	6.75d	^{238}U 中的 $(n, 2n)$ 产物
^{239}Np	2.3565d	^{238}U 中的 (n, v) 产物

重要的是，国际数据中心相关放射性核素清单与现场视察相关放射性核素清单目的不同，而这些目的并不总是被人理解。例如，^{137}Cs 被列在国际数据中心清单中，但并未被开列在现场视察清单中。这看似是一个漏洞，但事实并非如此：重要的是现场视察清单不应包含寿命太长的核素，如果在之前的核试验场探测到这类核素，或许会导致过于轻率的违约指控。这也正是 2001 年巴黎清单为何将半衰期上限选定为 2 年的原因。

第二篇　核取证实践

第 7 章

核取证分析起源 I：美国和苏联

Vitaly Fedchenko，Robert Kelley

如今，核取证学中的许多思想和技术源自 20 世纪 40～50 年代的各种国家核武器计划或对他国计划的响应。本章讲述了美国和苏联这两个最初的核武器国家的发展历程。美苏两国经历了大致类似的发展历程(具体情形存在一定差异，如在个别测量技术的获取上)，均利用各自的核材料和核武器制造经验发展了核爆炸远程监测及其他核情报技术。这些思想和技术后来被其他国际团体所采纳，用于核查各种国际协定及强化核安全(见第 9 章)。

本章 7.1 节讲述了 20 世纪 40 年代美国核取证的起源，首先是调查德国的核能力，继而是测量美国自己的核试验，随后是分析首次苏联核试验。7.2 节讲述了苏联开展的首例核取证分析，首先是 20 世纪 40 年代评估苏联自己的核试验，随后是 20 世纪 50 年代探测美国的核试验。之后的第 8 章讲述了无核武器国家瑞典发展全球核爆炸探测能力的悠久历史。

7.1 美国核取证的起源

第一个意识到并规划后来被称为核取证分析需求的，或许当属美国"曼哈顿计划"[1]的领导人 Leslie R. Groves 准将。当 Groves 成为美国原子弹研发计划的领导者后，1942年 9 月，他听取了英国和美国情报机构对"德国核威胁"两方面的看法。首先，尽管德国在当时制造核武器的可能性被认为十分渺茫，但美国政府中持有的普遍态度并未全然打消这一威胁[2]。1944 年，哥伦比亚大学的 Harold Urey 总结了当时的普遍观点，即应该

---

1 关于曼哈顿计划(正式名称为曼哈顿工程区)的历史概述，可参阅 Rhodes, R., *The Making of the Atomic Bomb* (Simon & Schuster: New York, 1986)。其技术方面的历史，可参阅 Hoddeson, L. et al., *Critical Assembly: A Technical History of Los Alamos during the Oppenheimer Years, 1943-1945* (Cambridge University Press: Cambridge, 1993)；Groueff, S., *Manhattan Project: The Untold Story of the Making of the Atomic Bomb* (Little, Brown and Company: Boston, 1967)。关于曼哈顿计划科学、技术和工程学成果的总结，可参阅 Smyth, H. D., *Atomic Energy for Military Purposes: The Official Report on the Development of the Atomic Bomb under the Auspices of the United States Government, 1940-1945* (Princeton University Press: Princeton, NJ, 1945)；Hawkins, D., Truslow, E. C. and Smith, R. C., *Project Y: The Los Alamos Story* (Tomash Publishers: Los Angeles, CA, 1961)；and Serber, R., *The Los Alamos Primer: The First Lectures on How to Build an Atomic Bomb* (University of California Press: Berkeley, CA, 1992)。

2 Ziegler, C. A. and Jacobson, D., *Spying without Spies: Origins of America's Secret Nuclear Surveillance System* (Praeger: Westport, CT, 1995), p. 3.

搜寻额外的信息，"10%的可能性仍稍显太高、不容忽视"[3]。

其次，Groves 对德国制造所谓"放射性炸弹"或"含放射性物质的常规炸弹"的可能性持谨慎态度。美国科学家认为，制造该类武器将受阻于须应对所需大量放射性材料及必要防护措施的巨大挑战[4]。然而，Groves 认为，"妨碍美国科学家的安全问题并不会妨碍德国人，因为德国纳粹可从其控制的'劣等'人群中选取技术人员和工人"[5]。

7.1.1 批量环境样品分析的第一步

监视德国的核反应堆运行情况，是探测其发展核武器或放射性炸弹的关键。为了获得成功，引入了"放射性情报"的概念。其首例具体实践——旨在监视德国反应堆的环境样品分析，重点是分析空气和两种液体(水和葡萄酒)。

1. 空气

1943 年秋，Groves 召见 Luis W. Alvarez(1968 年诺贝尔物理学奖得主)，向他询问"我们如何才能查明德国人是否在运行核反应堆"，并给他一周的时间来制定相关技术方法[6]。Alvarez 提出了一种包括探测放射性气体(反应堆正常运行过程中的排放物)在内的方法，并认为尤其容易探测的是放射性氙同位素 ^{133}Xe。

^{235}U、^{238}U 和 ^{239}Pu 裂变过程中可生成高占比的 ^{133}Xe 同位素，意味着任何反应堆均可产生大量的 ^{133}Xe。氙是一种惰性气体，不易与其他元素发生化学反应，因此反应堆会释放出可探测量的 ^{133}Xe。^{133}Xe 的半衰期为 5.247 天，这意味着大气中并不会出现天然的 ^{133}Xe。此外，氙气的沸点明显不同于氮气和氧气，因此可以很容易实现其与空气中氮气和氧气的分离。^{133}Xe 可产生独特的 γ 和 β 辐射。所有这些特性使 ^{133}Xe 特别适合用作探测运行核设施的一种"信号"[7]。

直到 1944 年夏，在通用电气的帮助下，Alvarez 研制出了一套氙探测系统，该系统包括空气取样设备和一个用于样品分析的地面实验室。Alvarez 在回忆录中，对其中的空气取样装置描述如下：

利用该系统，使空气样品通过活性炭，其中的氙和氡被吸附截留，而氮和氧通过。氡也是一种惰性气体，其大气浓度较氙低，但沸点要高得多(顾名思义，氡是镭的一种衰变产物，而镭是铀的一种衰变产物。天然铀无处不在，其浓度虽低，但总量较高)。在飞

---

3 Richelson, J. T., *Spying on the Bomb: American Nuclear Intelligence from Nazi Germany to Iran and North Korea* (W. W. Norton & Company: New York, 2006), p. 45。

4 需用到大量的放射性材料可被解释为，当时"放射性炸弹"被认为是一种战争工具，而不是如今在恐怖主义讨论中被视为"大规模破坏性武器"的"放射性散布装置"或"脏弹"。Bernstein, B. J., 'Radiological warfare: the path not taken', *Bulletin of the Atomic Scientists*, vol. 41, no. 7 (Aug. 1985), p. 44。

5 Ziegler and Jacobson (note 2), p. 3。

6 Alvarez, L. W., *Alvarez: Adventures of a Physicist* (Basic Books: New York, 1987), p. 120。

7 Saey, P. R. J., 'Ultra-low-level measurements of argon, krypton and radioxenon for treaty verifycation purposes', *ESARDA Bulletin*, no. 36 (July 2007), p. 44; Kalinowski, M. B. et al., 'Environmental sample analysis', eds R. Avenhaus et al., *Verifying Treaty Compliance: Limiting Weapons of Mass Destruction and Monitoring Kyoto Protocol Provisions* (Springer: Heidelberg, 2006), pp. 376-377。

越领空取样后，用氦气作为载气，加热活性炭，可使氡和氙从活性炭上脱附（解吸）。气流再次通过冰温活性炭，其中的氡被冷凝，而氙通过。之后，使用大量干冰温度的活性炭进行氙吸附。最后，用氦气作为载气，加热活性炭，可脱附得到纯氙。所得高浓缩样品随后可被用于检测放射性氙，如果其中存在放射性氙同位素，则表明德国有核反应堆在运行[8]。

由 Alvarez 研制的设备首先在美国进行了测试，随后被部署于德国。1944 年秋，数架道格拉斯 A-26 "入侵者" 飞机多次飞越可能与德国核计划有关的区域。通过分析各种开源信息、英国和美国机构的航拍照片和报告，对相关区域进行了精确定位，结果并没有发现 ^{133}Xe[9]。

位于伊利诺伊州芝加哥曼哈顿计划冶金学实验室的一位科学家（Anthony Turkevitch），也曾提出了惰性气体取样的想法。尽管如今无法准确知道 Turkevitch 何时产生这一想法，但是新墨西哥州洛斯·阿拉莫斯实验室的一位杰出员工 Stanislaw Ulam 在其回忆录中这样写道："通过检测大气取样空气样品中是否存在某些源自铀裂变的气体……以探测全球任何开展核研究地点（的想法）……出自 Anthony Turkevitch……我记得，战争时期，当我在洛斯·阿拉莫斯时，他曾提到过这样一个计划"[10]。Ulam 是 1944 年 2 月 4 日到洛斯·阿拉莫斯的[11]。

2. 水和葡萄酒

1943 年 9 月，国外情报计划负责人 Robert Furman 就如何监视德国的核计划，向曼哈顿计划科学主任 J. Robert Oppenheimer 征求建议。除其他措施外，Oppenheimer 建议，通过调查 "任何可疑或秘密工厂下游数英里河流的放射性"，可发现某座正在运行的反应堆。Oppenheimer 建议，于核反应堆的下游采集数毫升河水，并在美国实验室中进行分析，将足以确定某座反应堆是否处于运行状态[12]。

按照 Oppenheimer 的建议，Furman 决定从瑞士对 Constance 湖（Bodensee）和莱茵河的上游河段进行河水取样，这是因为从瑞士便于采取水样且无须进入德国领土[13]。尽管对大部分德国地区而言，此段莱茵河为上游河段，但是从北部汇入莱茵河和 Constance 湖的某些小河流，如果其河水曾被用作某座反应堆的冷却剂，其中便有可能会载带一些痕量的放射性。位于德国 Haigerloch 镇的实验堆，位于 Furman 确定的取样点以北约 100km 处。

1944 年 5 月，Furman 还咨询了 Alvarez，Alvarez 对水样采集程序给予了指导，他建议应将水样装入 "贴有注明取样地点和时间（包括时刻）标签的容器中"。此外，他还建议应该从快速流动的河段进行河水取样，"湖水取样应尽可能靠近岸边，且靠近从德国一侧

---

8 Alvarez (note 6), pp. 120-121。

9 Ziegler and Jacobson (note 2), pp. 7-8。

10 Ulam, S. M., *Adventures of a Mathematician* (Charles Scribner's Sons: New York, 1976), p. 210。

11 Ulam, S. M., 'Stan Ulam: Vita-excerpts from *Adventures of a Mathematician*', *Los Alamos Science*, no. 15 (1987), p. 14。

12 Richelson (note 3), p. 34。

13 Richelson (note 3), p. 41。

汇入湖泊的小河"。为了使水样采集不致引起怀疑，"渔船上的人应将取水的瓶子伪装在午餐篮中"[14]。但至今尚不清楚水样是否真的采自上述建议地点[15]。

1944 年 10 月，旨在调查德国科学发展现状的 Alsos 行动小组随同盟军部队开赴欧洲各地，在荷兰小镇 Nijmegen 附近采集了莱茵河下游的水样。取样流程尽可能遵循了 Alvarez 的建议，并立即将水样空运至美国进行分析，但是在水中并未发现任何放射性踪迹[16]。

作为 Nijmegen 水样采集 Alsos 行动小组的一员，Robert Blake 上校负责将水样带回位于法国巴黎皇家 Monceau 酒店的行动小组指挥部，并将其包装后航运回华盛顿。另一位刚刚从马赛回到巴黎的指挥官 Russell A. Fischer 则随身带回几瓶露喜龙（Roussillon）葡萄酒。当时同在巴黎的 Furman 一时兴起，决定开个玩笑，他将一瓶葡萄酒掺入其中一份水样中，并在标签上写上"也请测一下放射性活度"。他的本意是收件人可能会将其喝掉以"测试"葡萄酒，但是"华盛顿并没有认为这是个玩笑"。几天后，Alsos 行动小组收到一份加急电报，上写"水阴性，酒阳性，再送些"。对此可解释为，葡萄酒与矿泉水中天然含有的痕量放射性互不影响，因此，Fischer 被派往法国南部，执行"一项为期 10 天的任务，以收集法国的葡萄酒样本——每种葡萄酒收集两份样本，一份送往华盛顿，另一份作为"存档副本"送往位于巴黎的办公室"[17]。

7.1.2　旨在检验美国核爆炸的环境取样

美国在筹划 1945 年首次"三一（Trinity）"核试验期间，曾决定通过采集土壤样品来测算试验的爆炸威力。这项工作交由 1944 年 11 月到洛斯·阿拉莫斯的哥伦比亚大学研究生 Herbert Anderson 和来自曼哈顿计划冶金学实验室的 Nathan Sugarman 负责[18]。

大家普遍认为，试验一旦取得成功，"最佳样品将可能源自爆炸下方的地面"，且希望能在事发后尽可能快地采集这类样品。在考虑了直升机或飞艇等样品采集方法后，最终决定使用两辆 T4 Sherman 坦克。其中一辆坦克设有单独的驾驶室和取样器间，配有呼吸装置，并加装了 5cm 厚的铅内衬（总重约 11t）。取样器"经由取样间地板上的小孔，通过真空吸尘器或将一根空心管打入地面"采集土样。另一辆坦克则可在距爆心 460m 处将"配有取样鼻锥和回收缆索"的火箭射入弹坑中心[19]。

试验后约 90min，由 Sergeant William Smith 驾驶的防护坦克在"爆心投影点"取到了第一个样品。负责样品采集的 Anderson 成为发现玻璃体（trinitite）样品的第一人，这是一种在"三一"核爆炸中由沙漠沙形成的玻璃体。当天晚些时候，为了取样，坦克共 5

---

14 Richelson (note 3), p. 41。

15 Ziegler and Jacobson (note 2), pp. 7-8。

16 Ziegler and Jacobson (note 2), p. 8。

17 Powers, T., *Heisenberg's War: The Secret History of the German Bomb* (Da Capo Press: Cambridge, MA, 2000), p. 362。

18 Knight, J. D. and Sattizahn, J. E., 'Tracking the isotopes', *Los Alamos Science*, no. 8 (summer 1983), p. 6; and Hoddeson et al. (note 1), p. 358。

19 Knight and Sattizahn (note 18), p. 7; Szasz, F. M., *The Day the Sun Rose Twice: The Story of the Trinity Site Nuclear Explosion, July 16, 1945* (University of New Mexico Press: Albuquerque, NM, 1984), pp. 116-17; Bainbridge, K. T., 'A foul and awesome display', *Bulletin of the Atomic Scientists*, vol. 31, no. 5 (May 1975), pp. 44, 46。

次往返弹坑，样品随后被带回洛斯·阿拉莫斯进行处理和放射化学分析[20]。

Anderson 制定了样品分析方法，该方法首先通过测量裂变产物与残余钚的比值来确定核装置的效率，随后根据测得的效率和装置中已知的钚量来计算核爆炸的威力[21]。放射化学分析相当奏效，一周后，Anderson 向 Oppenheimer 报告："爆炸效率为 18%，威力为 20kt TNT 当量"[22]。采用 Anderson 方法给出的爆炸效率和威力"精度可能为 ±10%"[23]。

"三一"核试验后不久，有人便提出了通过收集大气传播核爆炸碎片进行远程探测核爆炸的想法。该想法最初源自 1888 年伦敦皇家学会关于 1883 年 Krakatoa 火山(现位于印度尼西亚境内)喷发影响的一份报告[24]。曼哈顿计划冶金学实验室的 Turkevitch 和 John Magee 翻阅这份报告时，将其视为是核爆炸"远程效应的一种(潜在)指征"。为了收集核爆炸所产生的尘埃粒子，在一架飞机上加装了过滤器[25]。过滤器由一个直径 60cm、长 60cm 的"开孔钢板"柱组成，里面装填着用于飞机进气过滤器的"AirMat"软质棉纸。洛斯·阿拉莫斯当时的一份报告对该碎片采集装置描述如下：

为了能正确固定滤纸，首先将滤纸夹于两层铜丝网之间，再将其装入钢柱中。用铜盘夹紧钢柱的两端。整个取样装置以两根木质十字杆作为支撑，置于 B-29 飞机的前炸弹舱中。空气通过安装在炸弹舱正上方的一个挡网进气，沿一段直径约 15cm 的管道进入过滤器。管道止于过滤器末端铜盘的中心[26]。

直到 1945 年 8 月 10 日，美国陆军第二空军一架加装上述过滤器的 B-29 轰炸机首次飞越刚刚被美国原子弹轰炸过的日本广岛和长崎的上空。美国国内，在加利福尼亚 Bakersfield、犹他州西部的 Wendover 与华盛顿的西雅图之间，共进行了 5 次飞行取样。但是，所选定的飞行线路又遇到一个附加的难题，这是因为过滤器有可能会采集到一些源自华盛顿 Hanford 钚生产设施的放射性。因此，尽管在滤材上的确发现了低水平的人工放射性，但仍不可能明确将其归因于某次具体的核爆炸。上述飞行证明利用机载过滤器进行放射性碎片取样及其后续分析的技术可行性[27]。然而，远程碎片取样与分析当时仍处于起步阶段，其有效性和可靠性远未得到证实。

1946 年在 Bikini 环礁(位于由美国管辖的 Marshall 群岛)进行的"十字路口行动"(Operation Crossroads)期间，美国人又进一步积累了爆后碎片采集及分析经验。"十字路口行动"共包括两次核试验：6 月 30 日进行的"能力(Able)"空中爆炸和 7 月 24 日进行的"面包师(Baker)"水下爆炸。这两次核爆炸均采用了在日本长崎上空爆炸的"胖子

20 Szasz (note 19), p. 117。

21 Bainbridge (note 19), p. 41。

22 Szasz (note 19), p. 117。

23 Knight and Sattizahn (note 18), p. 7。

24 Symons, G. J. (ed.), *The Eruption of Krakatoa and Subsequent Phenomena: Report of the Krakatoa Committee of the Royal Society* (Trübner & Company: London, 1888)。

25 A. Turkevitch, letter to D. Jacobson, 27Mar. 1990, quoted in Ziegler and Jacobson (note 2), p. 38。

26 Blair, J. M. et al., 'Detection of nuclear-explosion dust in the atmosphere', Report no. LA-418, Los Alamos National Laboratory, 2 Oct. 1945, http://www.fas.org/sgp/othergov/doe/lanl/docsl/00423503.pdf, pp. 2-3。

27 Blair et al. (note 26)。

(Fat Man)" 钚装置的微改进版本[28]。在试验场周边区域采集了两种爆后碎片样品：利用远程控制无人驾驶 B-17 轰炸机和 F-6F 战斗机进行了大气取样，以及利用远程操控的小船进行了海水取样[29]。此前从未尝试过采集水下爆炸碎片，因此预计对"面包师"核试验的碎片采集会特别困难[30]。

碎片中的短寿命同位素，如裂变产物 ^{97}Zr、^{99}Mo 及 ^{238}U 中子俘获产物 ^{239}Np，均在 Kwajalein 环礁上建造的实验室中就近进行测量。^{89}Sr、^{95}Zr、^{140}Ba 和 ^{144}Ce 等较长寿命的裂变产物，以及碎片中 ^{239}Pu 与总钚的比值，均在洛斯·阿拉莫斯进行测量。该比值可提供武器消耗于 (n,2n) 和 (n,γ) 等非裂变中子反应中的 ^{239}Pu 装料信息。这一信息对精确计算武器的效率和威力十分有用[31]。"十字路口行动"之后，通过分析裂变产物测量结果，首次证实了分凝现象[32]。尽管存在诸多预期困难，但针对上述两次核试验效率和威力测定的放射化学方法相当奏效，所得结果均已被其他方法所证实[33]。

"十字路口行动"之后的远程碎片采集和分析实验并算不上先进。加装有过滤器的飞机的确在"距离核爆炸几千英里之外"采集到了碎片样品，但样品中裂变产物的数量对于当时可供利用的放射化学分析流程来说仍太低，仅可进行一般性的放射性测量[34]。因此，截至 1947 年底，通过分析放射性碎片对核爆炸进行远程探测和归因仍是一种颇具前景但尚未证实的想法。当时仍缺乏相应的样品归因（即明确确定样品中放射性的成因）技术。

1947 年 12 月 14 日，美国空军成立了一支专门进行核爆炸远程探测、代号为 AFMSW-1 的部队[35]。Ellis Johnson 博士被委任领导远程探测技术的技术研发。作为"砂岩行动 (Operation Sandstone)"的组成部分，当时已经决定于 1948 年春在太平洋进行三次核武器试验。其主要目的是试验新型核武器设计原理：悬浮式铀-钚（复合）弹芯[36]。此外，还制定了一项与"砂岩行动"有关的远程探测研究计划，并于 1947 年 12 月 31 日将该计划命名为代号"菲茨威廉 (Fitzwilliam)"[37]。

在 Fitzwilliam 行动准备期间，Johnson 博士选择了一家名为 Tracerlab 的小型私人公司提供大部分设备、培训和维护人员。此外，Tracerlab 公司还获得了对 Fitzwilliam 行动样品进行归因分析所需放射化学技术的研发合同。曾隶属于 Tracerlab 公司的科学家 Lloyd R. Zumwalt 博士说："我不得不借助即将在太平洋进行的原子弹试验，尝试核爆炸远程探测的可能性……为了获取给定原子弹爆炸的效率信息，洛斯·阿拉莫斯的科学家已经开发

28 Hansen, C., *Swords of Armageddon*, vol. 7 (Chukelea Publications: Sunnyvale, CA, 2007), p. 86。

29 Knight and Sattizahn (note 18), p. 8。

30 Hawkins, Truslow and Smith (note 1), p. 275。

31 Knight and Sattizahn (note 18), p. 8。

32 关于"分凝 (fractionation)"的定义，详见术语表和第 2 章。

33 Hawkins, Truslow and Smith (note 1), p. 275。

34 Ziegler and Jacobson (note 2), p. 111。

35 字母"AF"代表美国空军 (Air Force)，"M"代表负责装备的副参谋长 (Deputy Chief of Staff for Materiel)，"SW-1"代表特种武器部队第一分队 (Special Weapons Group，Section One)。

36 Hansen (note 28), p. 86。

37 Ziegler and Jacobson (note 2), pp. 95, 113。

出一种蘑菇云近区取样技术和放射化学分析技术。为了获得类似信息，我们希望能在相当远的距离可能收集足够的放射性……明确地讲，我们在寻找苏联人的核爆炸"[38]。

Tracerlab 公司在马萨诸塞州的波士顿准备了主实验室，并在关岛(Guam)、夏威夷和 Kwajalein 环礁建立了进行碎片样品滤材分析的外场台站。为了寻找滤材上的放射性颗粒物，该公司引入了一种新型的自体放射成像程序：将滤材置于 X 射线胶片上，经过特定曝光时间后进行显影。颗粒物的放射性将会在显影胶片上产生暗色的斑点，从而形成一幅放射性颗粒物在滤材中的分布"地图"。将带有颗粒物的滤材部分剪下并溶解，留下裸颗粒物作进一步放射化学分析[39]。

作为大批量采集行动的组成部分，可利用飞机、舰船、配有降水收集器的陆基台站收集雨水以及"高速鼓风机和过滤器"获得样品[40]。通过各种方式，收集到了"砂岩行动"所有三次核试验，即"X 射线(X-Ray)"、"牛轭(Yoke)"和"斑马(Zebra)"的样品。结果发现，加装过滤器的陆基"鼓风机"对于收集距离核爆炸 3200km 之外的、富含相关信息的碎片样品仍十分有用。雨水收集因在很大程度上取决于天气，其可靠性有限，但该技术对于 14500km 之外的碎片取样较为有用。最后，通过机载过滤器的碎片收集可获得距试验场 19300km 范围内"允许进行放射化学分析的强样品"[41]。通过获得这些结果，Fitzwilliam 行动证实了远程探测地面爆炸和空中爆炸的可行性，最终，极大地推动了美国空军临时监测研究网(Interim Surveillance Research Net)和美国海军"雨水桶"计划(Project Rainbarrel)并行开展的两项计划。此外，美国自 1948 年起还与英国进行了合作，借助驻扎在直布罗陀、北爱尔兰和苏格兰的英国取样飞机，以补充其放射性碎片探测能力[42]。这三部分共同构成了针对 1949 年苏联第一次核试验的探测系统。

1. 临时监测研究网

Fitzwilliam 行动于 1948 年 6 月 6 日终止。不过，由于盛行的西风将会载带着位于东向的苏联的放射性碎片，美国人意识到曾在 Fitzwilliam 行动中用过的、位于北太平洋的大多数放射性台站，可能会对探测任何未来的苏联核试验十分有用。为了更好地准备用于探测苏联核试验的网络，在 25 个陆基碎片收集台站中，只有两个台站被迁往大西洋。碎片收集飞机和 Tracerlab 公司的实验室也都继续处于运行状态，以备探测苏联的核试验。1948 年 7 月，AFMSW-1 被改编为 AFOAT-1，其中，字母"O"代表在已有研究活动之外又增加了作战职能[43]。此外，AFOAT-1 还资助了 Tracerlab 公司的研究活动，以重点解决在 Fitzwilliam 行动期间发现的放射化学分析方法的不足[44]。

---

38 Ziegler and Jacobson (note 2), p. 125。

39 Ziegler and Jacobson (note 2), p. 137。

40 Ziegler and Jacobson (note 2), pp. 134-135。

41 Ziegler and Jacobson (note 2), pp. 134-135。

42 Goodman, M. S., *Spying on the Nuclear Bear: Anglo-American Intelligence and the Soviet Bomb* (Stanford University Press: Stanford, CA, 2007), pp. 44-46。

43 字母"AF"代表美国空军(Air Force)，"O"代表负责作战的副参谋长(Deputy Chief of Staff for Operations)，"AT-1"代表原子能办公室第一分队(Atomic Energy Office，Section One)。

44 Ziegler and Jacobson (note 2), pp. 178。

直到 1949 年，大量用于采集颗粒物碎片和惰性气体的 WB-29 飞机和用于测量空气放射性和收集沉降碎片的地面台站，构成了临时监测研究网。空中取样由驻扎在阿拉斯加、加利福尼亚、太平洋关岛和大西洋百慕大群岛的四个超远程气象侦察中队进行定期飞行完成。地面台站呈弧形分布，涵盖了太平洋的东、西边缘，此外在大西洋也建有一些台站。Tracerlab 公司位于伯克利、加利福尼亚、波士顿和马萨诸塞州的实验室，运用经显著改进的裂变产物放射化学分析和放射性测量流程及方法（在 Fitzwilliam 行动后的第二年，曾与洛斯·阿拉莫斯实验室的放射化学团队一起合作，对相关分析流程和方法进行了重大改进），负责处理临时监测研究网采集到的样品[45]。

2. "雨水桶"计划

在 1946 年"十字路口行动"之后，美国海军组建了"海军放射性国防实验室（Naval Radiological Defense Laboratory）"，配有多个监测大气放射性的台站，总的说来，其重点仍是远程探测核试验[46]。1947 年春，应美国原子能委员会的要求，海军研究实验室（Naval Research Laboratory，NRL）也开始着手研制"用于探测、采集和测量大气传播放射性碎片的装置"，这些装置后来也参与了 Fitzwilliam 行动[47]。

1948 年初，在测试某大型原理性 γ 射线探测器的过程中，海军研究实验室的科学家观测到了雨水对大气放射性的"净化"效应，因此开始将雨水作为研究重点[48]。1948 年 6 月，在 Marshall 群岛 Eniwetok 环礁进行的"砂岩"试验两个月后，海军研究实验室的科学家了解到美国位于加勒比海的 Virgin 群岛依靠收集雨水作为饮用水来源，当地人在"混凝土蓄水池"中存蓄了大量雨水[49]。1948 年 6 月 6 日，在距离 Eniwetok 环礁 14500km 处的 St Thomas 岛上，收集到了适量足够长陈化时间、含有源自"砂岩"试验放射性的水样。在对 6464L 水样进行放射性碎片富集后，海军研究实验室分离出其中的稀土同位素 ^{91}Y、^{141}Ce 和 ^{144}Ce，结果表明这三种同位素的比值恰好与"砂岩"试验沉降物中的同位素比值成正比[50]。在 Fitzwilliam 行动之后的一份报告中，所提及的上述由美国海军而非美国空军得到的雨水收集与分析结果，成了利用 14500km 之外的雨水收集指示某次核爆炸可能性的证据。

继上述成功后，海军研究实验室又分别采集了 Aleutian 群岛 Shemya 岛、阿拉斯加州 Kodiak 岛和中太平洋 Truk 潟湖（今称 Chuuk 潟湖，由美国管理的密克罗尼西亚领土）中的池塘水样。除采集水样外，还采集了 Truk 潟湖的一些"苔藓生物"，这也是早期用于核取证目的的植物样本采集实例之一[51]。

---

45 Ziegler and Jacobson (note 2), pp. 186-187。

46 Ziegler and Jacobson (note 2), p. 88。

47 Friedman, H., Lockhart, L. B. and Blifford, I. H., 'Detecting the Soviet bomb: Joe-1 in a rain barrel', *Physics Today*, vol. 49, no. 11 (Nov. 1996), p. 38。

48 Friedman, Lockhart and Blifford (note 47), p. 38。

49 Friedman, Lockhart and Blifford (note 47), p. 40; Ziegler and Jacobson (note 2), p. 190。

50 Friedman, Lockhart and Blifford (note 47), p. 40。

51 Friedman, Lockhart and Blifford (note 47), p. 40。

7.1.3　探测和分析苏联首次核试验的碎片

1949 年 8 月 29 日，苏联在哈萨克斯坦塞米巴拉金斯克试验场进行了首次核武器试验，苏联称这次试验为 RDS-1，西方则称其为 Joe-1。如上所述，直到 1949 年春，美国空军 AFOAT-1 已与英国进行配合，以协调双方例行的大气传播颗粒物采集飞行和雨水收集。所有这些努力在 1949 年 9 月被证明十分有用。

1. 机载滤材中的 Joe-1 试验碎片

为了分析从苏联境内向东运动的气团，从美国阿拉斯加州 Fairbanks 飞往北极和从 Fairbanks 飞往日本横田的两条航线，被证明具有特殊的意义。1949 年 9 月 3 日，从日本返回美国 Fairbanks 的 WB-29 飞机采集到了第一批痕量的放射性颗粒物，这些放射性颗粒物可能是从苏联核试验场的上空经由气团运动被载带到太平洋。接下来的几天，美国人全力以赴地收集尽可能多的样品。仅在美国境内，从 1949 年 9 月 3 日到 16 日，就进行了 92 次飞行取样，共采集到 500 多个放射性样品[52]。由于含颗粒物的气团已经从北美洲的上空运动至大西洋北部区域，美国也得到了英国原子能主管部门和英国皇家空军的帮助，英国也独自进行了样品采集和放射化学分析[53]。

丰富的取样结果使得气象学家们能够对云状进行详细描述，并根据"某种示踪剂在垂直柱中的初始分布特征"，断定其源自某次火山喷发或地面核爆炸[54]。Tracerlab 公司和洛斯·阿拉莫斯实验室放射化学研究团队针对机载(颗粒物)过滤器取样的分析结果显示，样品中存在 ^{140}Ba、^{99}Mo、^{111}Ag、^{140}La、^{91}Y、^{95}Zr、^{144}Ce、^{144}Pr 等裂变产物核素[55]。基于测得的各种裂变产物的比值，计算结果表明所有裂变产物均具有相同的年龄，借此得到第一条"启示"，即这些裂变产物可能源自某次原子弹爆炸，并非某一核反应堆事故所致。与高浓缩铀(highly enriched uranium, HEU)裂变相比，裂变产物产额曲线也与钚裂变更一致，因此，美国科学家猜测苏联核武器是基于钚装料的内爆式原子弹[56]。此外，Tracerlab 公司的科学家还分析了颗粒物中的痕量 ^{239}Np(^{238}U 在吸收 1 个中子后可生成 ^{239}Np)[57]。根据上述分析结果，推断出 Joe-1 炸弹可能采用天然铀作为惰层和中子反射层[58]。

当时，利用核爆炸产生的地震信号或声学信号，均无助于准确定位苏联核试验的位置。这一信息也不得不通过对碎片的放射化学分析获得。通过分析已知的气象学数据，

52　Northrup, D. L. and Rock, D. H., 'The detection of Joe-1', *Studies in Intelligence*, vol. 10, no. 3 (fall 1966), p. 30。

53　Goodman (note 42), pp. 46-49; and Ziegler and Jacobson (note 2), pp. 204-211。

54　Machta, L., 'Finding the site of the first Soviet nuclear test in 1949', *Bulletin of the American Meteorological Society*, vol. 73, no. 11 (Nov. 1992), p. 1805。

55　'Al Ghiorso recalls a moment in time', *Actinide Research Quarterly*, vol. 13, no. 1/2, (spring/summer 2007), p. 13; Machta (note 54), p. 1800; Northrup and Rock (note 52), p. 32。

56　裂变产物产额曲线，由于其呈典型的双驼峰形状，有时也称"Mae West 曲线"，是裂变产物的质量或摩尔产额与其原子序数的关系图。曲线的形状取决于裂变同位素和诱发裂变的中子的能量。例如，可参阅 Saey (note 7), p. 43。

57　Northrup and Rock (note 52), p. 31。

58　关于"惰层(tamper)"和"中子反射层(neutron reflector)"，详见术语表。

气象学家们可得到气团轨迹的反投影[59]。根据计算得到的样品中放射性同位素的年龄，可估算出事件的大概时间(以协调世界时 UTC 计)：在 1949 年 8 月 26 日 03:00 到 8 月 29 日 03:00 之间。这样便提供了停止气团轨迹反投影计算的截止时间，进而可准确但不够精确地确定进行试验的区域[60]。

事件的实际时间(以协调世界时 UTC 计)显然是 1949 年 8 月 29 日 02:00[61]。这几乎超出了由放射化学分析提供的估算时间范围。有人提出，误差来源可能是因为裂变时间(即爆炸时间)是由样品中 ^{140}Ba 与 ^{99}Mo 的比值计算所得。研究人员认为，即便考虑放射性衰变因素，上述比值在裂变后也会保持不变。但是，美国人当时并未认识到样品中大部分的 ^{140}Ba 并非直接源自裂变，而是源自短寿命 ^{140}Xe 母体的衰变。这将导致 ^{140}Ba 与 ^{99}Mo 出现显著的分凝效应(^{140}Ba 的冷凝历程将不同于 ^{99}Mo)，从而使初始假设失效并导致错误。据报道，美国基于后来的核试验经验，已停止使用通过 ^{140}Ba 来确定核爆炸的威力[62]。

2. "雨水桶" 中的炸弹碎片

Tracerlab 公司和洛斯·阿拉莫斯对机载滤材的分析提供了一个相对较好的指证，表明 1949 年 8 月底在苏联境内进行塔爆方式的核装置采用了与美国 "三一" 试验装置相类似的设计。不过，美国政府中的大部分人，包括国防部长 Louis A. Johnson，难以接受苏联人早于预期造出核武器的事实[63]。因此，有必要 "增加分析能力"，在测量裂变产物的同时，增加对钚装料本身的分析[64]。

"雨水桶" 是海军研究实验室发展的炸弹碎片探测器中的一种，曾被用于收集阿拉斯加州 Kodiak 岛和华盛顿数百平方米建筑物屋顶流下的雨水。收集水桶与进行 γ 活度连续扫描的滤纸型空气取样器并列放置。如果从滤纸上探测到 γ 信号，操作人员便会向水桶中按照每加仑水加入 0.2g 硫酸铝的比例(约 0.05g/L)以产生铝絮凝剂。该流程可沉淀水中的悬浮物，以便做进一步的化学处理和分析。利用该方法得到的固体沉淀物基本上可使几百升水样的浓度富集至约 7 个数量级。1949 年 9 月 6～12 日和 9 月 13～17 日期间，曾探测到较强的 γ 信号，且收集雨水出现沉淀[65]。

海军研究实验室负责样品采集并将其运至洛斯·阿拉莫斯，在洛斯·阿拉莫斯将会对样品进行化学处理与纯化，以便做进一步的 α 能谱分析。结果证实，对于洛斯·阿拉莫斯当时仅有的 "α 能谱分析器" 而言，所得样品的放射性太弱。因此，又不得不将样品运往位于伯克利、由 Glenn Seaborg 领导的加利福尼亚大学研究团队。Seaborg 团队通

---

59 Machta (note 54), pp. 1798-1799。

60 Machta (note 54), pp. 1801-1804; Ziegler and Jacobson (note 2), pp. 204-211. 关于术语准确度(accurate)和精确度(precise)，详见附录 A。

61 Mikhailov, V. N. (ed.), [Nuclear tests in the USSR], vol. 1 (RFYaTs-VNIIEF: Sarov, 1997), p. 188 (in Russian)。

62 Machta (note 54), p. 1805。

63 Ziegler and Jacobson (note 2), p. 208。

64 'Al Ghiorso recalls a moment in time' (note 55), p. 14。

65 Friedman, Lockhart and Blifford (note 47)。

过对极低裂变速率的 α 能量分析，因发现了新的超铀元素而闻名于世。在伯克利，Joe-1 碎片中的钚分析工作被交给了 Albert Ghiorso[66]。

第一，首先需要回答的是样品中的钚是否源自反应堆事故或核爆炸。Ghiorso 能够证明所得样品中的钚含约 4%的 ^{238}Pu 同位素[67]。^{239}Pu 与快中子发生(n, 2n)反应是 ^{238}Pu 的"生成途径"之一：^{239}Pu(n, 2n) → ^{238}Pu[68]。核爆炸可产生大量的快中子，而钚生产堆中的快中子很快会被慢化，因此 Ghiorso 认为较之反应堆爆炸，样品中的 ^{238}Pu 含量与核试验更一致。此外，Ghiorso 曾在"三一"试验后参与了相关测量，积累了一定经验，因此他知道"原子弹爆炸后钚 α 能谱的典型特征"。他指出，核爆炸产生的 ^{238}Pu 的数量"大致正比于炸弹的效率"，这意味着通过 α 能谱中 5.5MeV 能峰(对应于 ^{238}Pu)与 5.16MeV 能峰(对应于 ^{239}Pu 和 ^{240}Pu)的比值"可很好地了解爆炸的效率"。对于 Joe-1 试验产生的碎片，Ghiorso 算得上述比值为 4.8%，并表示这一比值"约为美国'三一'试验的一半"[69]。尚不清楚 Ghiorso 测得的"三一"试验的效率。不过，Herbert Anderson 认为"三一"试验的效率约为 18%。假设 Ghiorso 也得到了大致相同的"三一"试验结果，那么他测得的 Joe-1 的效率则约为 9%。

第二，Ghiorso 设计了一种证实 Joe-1 试验采用反应堆增殖钚作为爆炸装料(与之相对，惰层材料中的高浓缩铀装料可在爆炸中增殖生成一定量的钚)的方法。他建议应考虑 ^{241}Pu 与 ^{239}Pu 的比值[70]。^{241}Pu 是 ^{239}Pu 发生双中子(非裂变)俘获反应的产物：^{239}Pu + n → ^{240}Pu + n → ^{241}Pu。中间体 ^{240}Pu 同位素在热能条件下的裂变截面极低，但在快中子(不小于 1MeV)环境中的裂变相当好。因此，在反应堆中，当中子轰击 ^{240}Pu 时，^{240}Pu 很少发生裂变，几乎所有的相互作用都是俘获，从而会产生相对大量的 ^{241}Pu。然而，在核弹爆炸中，当中子轰击 ^{240}Pu 时，^{240}Pu 易发生裂变，因而产生的 ^{241}Pu 很少。因此，反应堆中的 ^{241}Pu 与 ^{239}Pu 比值要高得多。Ghiorso 测得的 ^{241}Pu 与 ^{239}Pu 比值相对较高，作为另一个指征，表明钚产自反应堆，因此 Joe-1 是一枚钚弹。这是一个相对易得的结论，这是因为高浓缩铀核爆炸中产生的钚很少。

第三，更重要的是，Ghiorso 意识到测量 ^{241}Pu：^{239}Pu 比值还可有助于考察用于生产武器级钚装料的反应堆的运行方式。^{241}Pu 的数量取决于燃料从反应堆卸出、进行处理之前反应堆的运行时间。因此，通过 ^{241}Pu 与 ^{239}Pu 的比值，可获得燃料在反应堆中辐照时间的相关信息。假设苏联钚生产堆的中子能谱与美国汉福德石墨慢化热反应堆相类似，通过检查他对美国钚样品在不同辐照时间下的测量和计算结果，Ghiorso 认为用于生产

66 'Al Ghiorso recalls a moment in time' (note 55), p. 16; Northrup and Rock (note 52), p. 33; Reed, T. and Kramish, A., 'Trinity at Dubna', *Physics Today*, vol. 49, no. 11 (Nov. 1996), p. 34.

67 'Al Ghiorso recalls a moment in time' (note 55), p. 17.

68 进一步讨论可参阅 Luksic, A. T. et al., 'Isotopic measurements: interpretation and implications of plutonium data', Institute of Nuclear Materials Management (INMM), *51st Annual Meeting of the Institute of Nuclear Materials Management 2010* (*INMM 51*) (INMM: Deerfield, IL, 2011)。

69 'Al Ghiorso recalls a moment in time' (note 55), pp. 17, 19。

70 'Al Ghiorso recalls a moment in time' (note 55), p. 21。

Joe-1 试验钚装料的反应堆已大约运行了一年[71]。

第四，尽管 Ghiorso 或许无法弄清碎片中的 ^{241}Am 含量（由于送给他的样品已经过高度化学纯化），但此项分析可能会非常有用[72]。^{241}Am 是 ^{241}Pu 发生 β 衰变的一种衰变产物。当钚从钚生产堆卸出、进行后处理时，其中的大部分 ^{241}Am 将被化学去除。因此，武器钚装料在核爆之前的 ^{241}Am：^{241}Pu 比值可作为一种精密计时器，用以测量钚在完成分离与纯化处理之后的时间。核爆炸仅可产生极少量的 ^{241}Am，这是因为其衰变母体 ^{241}Pu 本身的产量就较少，且 ^{241}Pu 没时间衰变为 ^{241}Am。碎片中的 ^{241}Am 和 ^{241}Pu 几乎全部来自爆炸之前的钚，二者的比值仍可作为一种重要的精密计时器，用以测量对钚进行最后一次化学纯化的时间。

总而言之，美国对苏联首次核试验碎片的放射化学分析，不仅进行碎片收集，还对其进行了详细分析。相关分析揭示了试验的大致日期和地点，表明苏联首次核试验很可能采用了塔爆方式，使用了一枚加有天然铀惰层的钚基内爆式装置，在钚装料生产过程中，燃料在反应堆中可能进行了约一年时间的辐照。分析结果还表明，苏联核装置的效率是美国"三一"核装置效率的一半。美国人不知道苏联核装置中的钚装料总量，因此，仅凭放射化学数据不可能弄清核装置的爆炸威力[73]。

正如许多后来的出版物所证实的那样，Ghiorso 的大多数估计是对的。不过，他关于 Joe-1 装置效率和反应堆燃料辐照时间的估算值得怀疑。有充分证据表明，燃料在反应堆中被辐照了约 100 天，并不是 1 年[74]。从各种已知的公开来源尚无法获得 Joe-1 的效率，但人们普遍认为它是一枚与"三一"试验爆炸装置相类似的装置，包括钚装料量和实际威力。如上所述，通过一种方法算得的 Joe-1 装置的效率约为 18%，这与 9% 的估值存在显著差异。

7.2 苏联首例核取证分析

7.2.1 分析苏联本国的核试验碎片

1947 年初，在苏联进行首次核武器试验的两年多前，苏联科学院镭研究所（Radievyi Institut Akademii Nauk，RIAN）接到了一项由苏联领导人约瑟夫·斯大林（Joseph Stalin）下达的任务，要求发展一种用于确定核武器效率（即裂变材料在爆炸中发生实际裂变的比例）的放射化学方法[75]。这项工作被分派给了由 Georgii M. Tolmachev 领导的研究小

---

71 'Al Ghiorso recalls a moment in time' (note 55), p. 21。

72 'Al Ghiorso recalls a moment in time' (note 55), p. 21。

73 后来，通过重新检查另一种方法——声波探测记录，得到了这一数据。Ziegler and Jacobson (note 2), p. 210。

74 Diakov, A., 'The history of plutonium production in Russia', *Science & Global Security*, vol. 19, no. 1 (2011), p.33; Ryabev, L.D., ed., *Atomnyjproekt SSSR: Dokumenty i Materialy* [USSR Atomic Project: Documents and Materials], 'Igor Kurchatov's Suggestion on Increasing Plutonium Production at A Reactor, 9 April 1949', Document 244, Vol. II, Atomic Bomb, 1945-1954, Book 4, p. 638 (Moscow-Sarov, Nauka-Fizmatlit, 2003)。

75 Dubasov, Yu. V., [Radiochemical studies of consequences of nuclear explosions, serious radiological accidents and radioactive waste disposal], *Proceedings of the V. G. Khlopin Radium Institute*, vol. 10 (2003), p. 33 (in Russian)。

组，工作重点首先是发展一种方法，以便确定 1949 年 8 月 29 日苏联首次核试验的效率和威力[76]。

苏联科学院镭研究所的方法主要是基于测定各种裂变产物与 ^{239}Pu 的活度比[77]。按照定义，裂变产物源自发生裂变的钚，因此通过裂变产物与残余钚的比值，可算得钚在核爆炸过程中发生裂变的比例。对武器设计人员而言，武器中的钚装料总量是已知的，因此，他们可以很容易地计算出有多少钚发生了裂变，进而可确定裂变的总放能(即武器的威力)。样品中 ^{99}Mo、^{95}Zr、^{95}Nb、^{137}Cs 和 ^{144}Ce 等裂变产物的浓度，可通过其 β 和 γ 比活度测得[78]。^{239}Pu 浓度可采用"测量高本底 β 和 γ 活度的 α 活度测量装置"测得[79]。

为了确定苏联首次核试验的爆炸参数，核试验设计人员准备了多种样品采集手段。首先，两辆经过特殊屏蔽防护的作战坦克在试验后约 10min 被开到了爆心投影点。其中一辆坦克进行放射性测量并采集已烧结的土壤样品(被熔融为玻璃体)[80]。

其次，1949 年 8 月 30 日，在试验后的第二天进行了更加系统的样品采集。一支配有个人防护装置、金属铲斗、防潮袋和一辆普通汽车的三人小组，在爆心投影点及其不同径向距离处进行样品采集。该小组在那里进行了 5～7min 的样品采集，并报告说他们在爆心投影点发现了一个半径约 250m 的熔融及凝固砂石区。次日，另一支小组又重复了相同的样品采集流程[81]。所采集到的样品中含有源自爆炸塔架的、已凝固的金属液滴，塔架先是被蒸发，随后与放射性碎片夹杂物凝结(这种物质被俗称为 kharitonki 或 kharitonchiki，取名自苏联核弹的总设计师 Yuli B. Khariton)。由 Tolmachev 领导的苏联科学院镭研究所的研究小组则利用上述样品来确定装置的效率和爆炸威力[82]。

最后，1947 年，苏联核武器计划领导人伊戈尔·瓦西里耶维奇·库尔恰托夫(Igor V. Kurchatov)要求莫斯科卡尔波夫物理化学研究所(Karpov Institute of Physical Chemistry)的气溶胶实验室开发一种用于在核武器试验后从放射性云烟中采集放射性气溶胶的方法。由 Igor V. Petryanov-Sokolov 领导的气溶胶实验室为此专门研制了一种合成纤维滤材[83]。这项工作可能于 1948 年完成，因为那一年，位于莫斯科州 Zhukovsky 的中央航空流体力学研究所(Tsentralniy Aerogidromicheskiy Institut，TsAGI)已经开始为 YaK-9v 飞机研制"aerogondolas"(即悬挂在飞机上的密封吊舱)，其中将搭载由卡尔波夫研究所制造的

76 Mikhailov, ed. (note 61), p. 195。

77 Mikhailov, V. N. (ed.), [Nuclear tests in the USSR], vol. 2 (RFYaTs-VNIIEF: Sarov, 1997) (in Russian)。

78 Mikhailov, ed. (note 77); Kruglov, A. K., [How the nuclear industry was created in the USSR](TsNIIAtominform: Moscow, 1995), p. 157 (in Russian)。

79 Dokuchaev, Ya. P., [Concerning the test of the first nuclear bomb], *Ohrana Prirody Yuzhnogo Urala*, 2008, p. 74。

80 Kruglov (note 78), p. 158; Holloway, D., *Stalin and the Bomb: The Soviet Union and Atomic Energy, 1939-1956* (Yale University Press: New Haven, CT, 1994), pp. 214, 217-218。

81 Kruglov (note 78), p. 159。

82 Vasil'ev, A. P., *Rozhdennaya Atomnym Vekom* [Created by the nuclear age], vol. 1 (Self published, Moscow, 2002), p. 208; and Mikhailov, ed. (note 61)。

83 Ogorodnikov, B. I., 'The development of technical means for aerosol method of detection and control of nuclear explosions', Proceedings of the Second International Symposium on the History of Atomic Projects (HISAP'99), International Institute for Applied Systems Analysis (IIASA), Laxenburg, 4-8 Oct. 1999, p. 1. HISAP'99 会议文集曾已印制，但从未对外公开。参考文章由莫斯科库尔恰托夫研究所提供。研讨会相关信息，可访问网址 http://webarchive.iiasa.ac.at/Admin/INF/PR/PR-99-10-08.html。

过滤材料[84]。为了从放射性烟云中采集样品，YaK-9v 教练战斗机被改装为远程控制和无人驾驶。截至 1949 年 8 月，苏联共制造了 5 架这样的飞机。不过，这 5 架飞机在试飞过程中都因着陆困难而不断受损。考虑到试验当天复杂的气象条件及 YaK-9v 飞机不太理想的性能，库尔恰托夫决定取消用其进行样品采集[85]。

苏联科学院镭研究所的方法并不是为远程探测核爆炸而设计。其目的应该是为表征苏联首次核试验提供诸多测量技术中的一种。不过，在试验后不久，对测量结果所做的分析表明了远程探测核爆炸的可能性。第一，如上所述，可确定装置的效率和威力。第二，分析首次核试验的放射性碎片，证明有可能能够确定武器中所用裂变材料的种类[86]。第三，出于健康和安全目的的放射性测量，能够探测到距试验场远至 720～750km 处的试验沉降的放射性[87]。

1951 年，苏联再次成功试验了机载采集放射性沉降。到 1951 年秋，Li-2 军用运输机已经加装上了类似于为 YaK-9v 教练机曾研制的过滤取样密封吊舱[88]。运用放射化学分析方法，通过测定已裂变钚的比例，确定了 1951 年 9 月 24 日苏联第二次核武器试验的威力。所得结果被单独立项的核火球体积及温度测量方法所验证[89]。至今尚不清楚苏联人是否在第二次核试验中使用了飞机采集放射性碎片。

与前两次试验不同，苏联在 1951 年 10 月 18 日进行的第三次核试验采用了 Tu-4 飞机空投核武器的爆炸方式，爆炸高度为 400m。爆后 27min，Li-2 军用运输机对蘑菇云"云柱"不同点位的放射性碎片进行了滤材取样。爆后 80min，一辆作战坦克在爆心投影点进行了其他测量。放射化学分析确定苏联第三次核试验的威力为 41.2kt。这一结果再次被火球大小及温度测量、冲击波参数测量等独立测量方法所证实[90]。

苏联在其前三次核试验后所开展的放射性碎片分析，证实了苏联放射化学方法的总体可行性，并为进一步发展更先进的放射化学分析流程奠定了基础。截至 1953 年，由苏联科学院镭研究所 Tolmachev 发展的早期方法已经被 Vyacheslav N. Ushatskii 改进，拟用于分析热核试验[91]。除苏联科学院镭研究所外，测量设备实验室（Laboratoriya Izmeritel'nykh Priborov Akademii Nauk，LIPAN，后来被称为库尔恰托夫研究所）也于 1952 年开始独立开展了"对放射性沉降的放射化学与辐射测量分析"[92]。

由 Ovsei I. Leipunskii 及其同事发展的另一组方法，则利用了所谓的"中子指示

---

84 Dyachenko, A. A. (ed.), *Opalennye v bor'be pri sozdanii yademogo schita Rodiny* [Scorched in the struggle to create the nuclear shield of the motherland] (Poligraf-Service: Moscow, 2008), p. 348。

85 Dyachenko, ed. (note 84), p. 348; and Zhuchikhin, V. I., *Pervaya atomnaya* [First nuclear bomb] (IzdAT: Moscow, 1993), p. 93。

86 Vasil'ev, ed. (note 82), p. 184。

87 Vasil'ev, ed. (note 82), p. 6; and Mikhailov, ed. (note 61), p. 196。

88 Dyachenko, ed. (note 84), p. 350。

89 Dyachenko, ed. (note 84), p. 350。

90 Ogorodnikov (note 83), p. 2; Dyachenko, ed. (note 84), p. 350。

91 Vasil'ev, ed. (note 82), p. 7。

92 Vasil'ev, ed. (note 82), p. 7。

剂"[93]。如果将一种稳定同位素布放在核爆炸装置内部的预定位置，那么它在爆炸中将会受到中子的"轰击"，进而被中子活化反应转变成一种新的不稳定同位素(即活化产物)。随后可以在放射性碎片中检测到各种活化产物，通过其相对数量可计算出预定位置处的中子通量以及整个装置的中子产额。通过选择仅可被特定能量中子进行活化的稳定同位素，可获得核爆炸装置内部中子能谱的相关信息[94]。某些活化产物仅可产自聚变反应所生成的中子，因而可作为诊断热核威力的指示剂(见第 6 章和第 8 章)。根据官方的苏联核试验历史，"1953 年 8 月 12 日进行的首次热核爆炸曾使用了高阈值中子指示剂记录热核中子"[95]。苏联在当日进行试验的核武器被称为 *sloika*(多层蛋糕)设计，使用氘化锂作为热核燃料，并使用了好几层与热核燃料层交错排列的 ^{238}U 层[96]。据报道，为了表征相同的试验，还发展出另一种基于 ^{7}Be 记录的武器碎片放射化学分析方法，其中的 ^{7}Be 产自氘与锂同位素的反应[97]。

7.2.2　分析美国的核试验碎片

1949 年，苏联初步证实了远程探测核试验的可能性。美国总统哈里·杜鲁门(Harry S. Truman)于 1949 年 9 月 23 日发布的声明提供了第一条线索，声明称"近几周内，苏联境内发生了一起原子弹爆炸"[98]。几周后，一位名叫 Harold 'Kim' Philby 的苏联间谍设法弄到了关于英国和美国能够探测核爆炸的方法的详细信息[99]。不过，尚不清楚这些信息在苏联境内的传播范围。

苏联圆满完成了对前三次核武器试验碎片的放射化学分析，由此进一步推动了苏联远程探测美国核爆炸的计划[100]。1951 年，由伊戈尔·库尔恰托夫领导，测量设备实验室开始了苏联首项放射性气溶胶大气输运研究[101]。苏联科学院镭研究所也在并行开展研究。测量设备实验室的工作包括两部分。第一，由 Isaak K. Kikoin 负责，发展旨在确定爆炸日期的放射性沉降物采集、放射性测量、分析相关方法及设备[102]。这部分工作也包括验证 1948 年发表的、与裂变产物衰变速率有关的 Way-Wigner 半经验方程式[103]。第二，由

93　Mikhailov, ed. (note 77)。

94　Mikhailov, ed. (note 77); De Geer, L.-E., *CTBT Relevant Radionuclides*, Comprehensive Nuclear-Test-Ban Treaty Organization (CTBTO) Provisional Technical Secretariat (PTS) Technical Report PTS/IDC-1999/02 (CTBTO: Vienna, Apr. 1999), p. 19. 也可参阅第 6 章。

95　Mikhailov, ed. (note 77)(原书作者的翻译)。

96　Holloway (note 80), pp. 306-307。

97　Holloway (note 80), pp. 304。

98　Ziegler and Jacobson (note 2), p. 211。

99　Ziegler and Jacobson (note 2), pp. 214-215. 也可参阅第 2 章。

100　Vasil'ev, ed. (note 82), p. 8。

101　Vasil'ev, A. P., 'An initial stage of creation in the USSR of the system of detection of nuclear explosions', HISAP'99 (note 83), p. 1。

102　Dubasov, Yu. V., Rimskii-Korsakov, A. A. and Ushatskii, V. N., 'Development in RIAN of the aerosol method for control and registration of foreign nuclear tests', HISAP'99 (note 83), p. 1。

103　Way, K. and Wigner, E. P., 'The rate of decay of fission products', *Physical Review*, vol. 73, no. 11 (1 June 1948) pp. 1318-1330。

Boris V. Kurchatov(伊戈尔·库尔恰托夫的弟弟)负责，开展旨在确定国外核武器及热核武器设计参数的"放射化学和辐射测量"碎片分析研究[104]。

1952 年 8 月 23 日，两名苏联核武器设计人员 Andrei D. Sakharov 和 David A. Frank-Kamenetskii 提交第一份详细建议，建议采用加装有过滤器、沿预定航线飞行的普通飞机作为远程探测国外核爆炸的一种手段。其具体建议包括：计算放射性碎片在大气中的稀释；鉴于 ^{238}U 与 14MeV 中子可发生(n, 2n)反应，探讨将 ^{237}U 作为一种考查氘-氚聚变反应的指示剂；分析直接探测大气中氚的可行性；提出关于测量 γ 活度、裂变产物、氚和滤材中 ^{237}U 的相关建议[105]。

列宁格勒州从 1953 年开始对大气放射性沉降进行系统性的日常监测(可能采用的是静态被动式碎片取样器)。首先，通过测量样品的总 β 活度，对样品进行现场分类；随后，将"含有信息的"样品送往苏联科学院镭研究所进行详细的放射化学表征[106]。当时是根据裂变产物的总衰变速率，基于经改进的 Way-Wigner 方程式进行计算来确定爆炸的日期[107]。

进一步的放射化学研究重点是确定核爆炸材料(高浓缩铀或钚)、武器类型(核武器或热核武器)、是否存在 ^{238}U 惰层，以及计算各种核反应和热核反应在威力贡献中的占比[108]。Boris Kurchatov 负责方法学的研究[109]。方法学研究的基础是确定裂变产物产额曲线和 ^{239}Np、^{237}U 测量[110]。铀、钚裂变产物产额曲线在形状上的差异，与引发裂变的中子的能量有关。这种差异可通过位于产额曲线"谷底"的放射性核素(如 ^{111}Ag、^{89}Sr 和 ^{103}Ru)量与位于"峰顶"的放射性核素(如 ^{140}Ba)量的比值进行量化。例如，按照苏联当时获得的数据，如果是热中子诱发 ^{235}U 裂变，则 ^{111}Ag 与 ^{140}Ba 的比值约为 0.01；如果是热核中子诱发 ^{235}U 裂变，则该比值将会增至 0.17[111]。

截至 1953 年，苏联已经积累了充分的资料和经验，足以证实远程探测国外核试验及分析其特征的可行性。苏联因此开始大力建设地面和机载放射性沉降取样网络。到 1954 年，苏联已经部署了一个由 120 个静态被动式碎片采集器("纱布托盘")组成的网络。此外，苏联还出动了加装有类似于苏联首次核试验后用于碎片采集的 TsAGI 过滤密封吊舱的飞机，在列宁格勒与敖德萨(Odessa)之间，以及从驻中国的基地出发，定期进行飞行样品采集(于 3～7km 高空)[112]。苏联科学院镭研究所和测量设备实验室

104 Vasil'ev (note 101), p. 1; Lobikov, E. A. et al., 'Development in the USSR of the physical methods of long-distance detection of nuclear explosions', HISAP'99 (note 83), p. 1。

105 Vasil'ev, A. P., *Rozhdennaya Atomnym Vekom* [Created by the nuclear age], vol. 3 (Self published, Moscow, 2002), pp. 218-226。

106 Dubasov, Rimskii-Korsakov and Ushatskii (note 102), pp. 1, 3。

107 Dubasov, Rimskii-Korsakov and Ushatskii (note 102), p. 1。

108 Dubasov, Rimskii-Korsakov and Ushatskii (note 102), pp. 2-3。

109 Lobikov et al. (note 104), p. 2。

110 See note 56; e.g. Saey (note 7), p. 43。

111 Lobikov et al. (note 104), p. 2; Dubasov, Rimskii-Korsakov and Ushatskii (note 102), p. 2。

112 Vasil'ev, ed. (note 82), p. 8; Vasil'ev (note 101), p. 2。

的放射化学家负责进行样品表征。所有结果被送往位于高尔基市的萨罗夫-16 实验室 (Arzamas-16)，交由第 11 设计局 (Konstruktorskoe Byuro no. 11，KB-11) 的核武器设计人员进行最终解读[113]。1954 年 3 月 4 日，为了管控和协调包括碎片采集与分析在内的诸多监测工作，苏联国防部长 Nikolai A. Bulganin 下令在苏军情报总局 (Glavnoe Razvedyvaternoe Upravlenie，GRU) 成立一个负责监测国外核武器试验的特种局 (特种监测局)[114]。

为了探测美国于 1954 年 3 月 1 日至 5 月 14 日在太平洋 Marshall 群岛进行的"城堡行动 (Operation Castle)"系列核试验，对上述所有资产进行了及时部署[115]。通过分析放射性碎片，"城堡行动"中的"喝彩 (Bravo)"试验成为被苏联探测发现的首例国外核试验[116]。由于这次试验所造成的危害 (例如，日本渔民受到放射性沉降的伤害)，试验的精确日期从各种新闻报道广为人知[117]。这也使得在测量设备实验室工作的 Evgeniy A. Lobikov 有可能对一种根据裂变产物衰变速率计算爆炸时间的已有模型 (基于 Way-Wigner 定律) 进行校准。经过校准，模型计算结果的准确度被提升至 ±1 天 (未校准前，苏联方法的准确度为 ±5 天)[118]。

据报道，利用这种方法，苏联探测到了"城堡行动"中所有的 6 次试验，并计算出了试验的日期。其中，"喝彩"、"罗密欧 (Romeo)"和"美国佬 (Yankee)"三次核试验由于探测到了 ^{237}U，被正确地指认为热核试验[119]。"库恩 (Koon)"试验失败，未能探测到热核威力。"联盟 (Union)"和"神酒 (Nectar)"试验均取得成功，的确也都是热核试验，但实际情况与苏联的探测结果不尽相同[120]。通过总结列宁格勒地区各个研究机构在 1954～1955 年得到的放射性沉降物分析结果 (表 7.1)，并与各种公开的核试验历史数据进行比较，苏联科学院镭研究所的专家总结认为"并不是当时进行过的所有核爆炸都被逐一探测识别，但是，除了英国 1954 年 11 月在澳大利亚进行的试验外，所有的系列核试验都已被探测发现。这一事实确凿证明，任何大气层核爆炸——无论距离有多远，只要发生在同一个 (地球) 半球，即使采用相对过时的沉降物分析手段——都可以被可靠地探测发现并确定出其试验时间"[121]。

---

113 Dubasov, Rimskii-Korsakov and Ushatskii (note 102), p. 3。

114 Vasil'ev, ed. (note 82), p. 9。

115 Hansen (note 28), p. 100。

116 早期唯一已知的碎片采集报道，涉及 1952 年 11 月在列宁格勒地区的积雪采集。据推测，积雪中可能含有美国于 1952 年 10 月 31 日进行的"常春藤行动""迈克"试验 (Ivy Mike test) 的碎片，但是据报道，样品在进行表征前被意外丢弃。Sakharov, A., Memoirs (Hutchinson: London, 1990), p. 158. 不过，"迈克"试验仍然是苏联利用技术手段 (地震波探测) 探测发现的首例国外核试验。Vasil'ev, ed. (note 82), p. 7。

117 详见第 9 章。

118 Lobikov et al. (note 104), p. 2。

119 Lobikov et al. (note 104), p. 3。

120 Hansen (note 28), p. 100; Lobikov et al. (note 104), p. 3。

121 Dubasov, Rimskii-Korsakov and Ushatskii (note 102), p. 3。

表 7.1　苏联对核爆炸产物的放射化学分析结果（1953～1956 年）

年份	日期	威力	与 ^{140}Ba 的同位素比值					武器类型（苏联当时的结论）
			^{237}U	^{239}Np	^{111}Ag	^{89}Sr	^{103}Ru	
1953	8 月 12 日 [a]	400kt	4.6	—	0.06	0.73	—	采用 ^{238}U 惰层的热核武器
1954	2 月 28 日	15Mt	0.94±0.2	—	0.073±0.010	0.58±0.06	1.15	采用 ^{238}U 惰层的热核武器
	3 月 26 日	11Mt	1.65		0.045	0.59	1.0	采用 ^{238}U 惰层的热核武器
	5 月 4 日	13.5Mt	1.9±0.2		0.044±0.004	0.70±0.05	1.1	采用 ^{238}U 惰层的热核武器
1955	2 月 22 日	2kt			≤4×10^{-2}	0.8	—	HEU 装料的核武器
	3 月 7 日	43kt	0.078±0.070		0.026±0.005	0.55±0.03	1.2±0.1	HEU 装料的核武器
	3 月 12 日	4kt	0.078		0.0145	0.63	0.65	HEU 装料的核武器
	3 月 22 日	8kt	0.15±0.01		0.082±0.010	0.60±0.07	2.5	Pu + (d, t) 助爆
	3 月 29 日	14kt	0.036±0.001		0.030±0.002	0.95±0.03	0.9	Pu 和 HEU 装料的核武器
	4 月 6 日	3kt	0.072		0.04	0.90	1.8	Pu 和 HEU 装料的核武器
	4 月 15 日	22kt	0.052		0.01	0.91	0.53	Pu 和 HEU 装料的核武器
	5 月 5 日	29kt	0.057±0.008		0.020±0.005	0.74±0.07	0.9±0.1	Pu 和 HEU 装料的核武器
1956	5 月 27 日	3.5Mt	2.0		0.06	0.6		采用 ^{238}U 惰层的热核武器
	6 月 16 日	1.7Mt [b]	2.28±0.4	0.60±0.06	0.048±0.002	1.21±0.14	—	采用 ^{238}U 惰层的热核武器
	7 月 10 日	4.5Mt	4.1±1.4	0.38	0.11±0.03	0.93±0.12		采用 ^{238}U 惰层的热核武器
	7 月 20 日	5.0Mt	2.3±0.5	1.12±0.17	0.128±0.002	0.57±0.12		采用 ^{238}U 惰层的热核武器

注：除非作特别说明，表中核试验均为美国核试验。HEU 为高浓缩铀。

a 这是一次苏联核试验。

b 此次试验的威力为 1.7kt。原始文献中的 1.7Mt 可能属于笔误。

资料来源：From an internal Kurchatov Institute report, issued in 1958, as presented in Lobikov, E. A. et al., 'Development in the USSR of the physical methods of long-distance detection of nuclear explosions', Proceedings of the Second International Symposium on the History of Atomic Projects（HISAP'99），International Institute for Applied Systems Analysis（IIASA），Laxenburg, 4-8 Oct. 1999, p. 3。

　　截至 1955～1957 年，苏联已建成了一个由特种监测局组织协调的、早期版本的核武器试验远程探测系统。该系统主要基于四种物理原理：记录极低频无线电波（约 12kHz）、地震波、放射性气溶胶和次声。该系统的放射性核素部分由静态碎片采集器（旨在确定已发生的核试验及其日期）和机载过滤器装置（旨在弄清爆炸装置的具体特征）组成[122]。这些事件可被视为苏联远程探测计划首个探索性发展阶段的结束。苏联在 1957 年之后进行的进一步研究和组织变革，主要目的是使这套系统转变为一种常规运行的管控机制[123]。

---

122 Vasil'ev, ed.（note 82），pp. 10-11。

123 关于苏联在 2000 年之前发展远程探测系统的详细信息，可参阅 Vasil'ev, ed.（note 82），特别是 11-41 页。

　　值得注意的是，已有的公开资料似乎表明，20 世纪 50 年代，与美国一样，苏联尚未太多关注对惰性气体的放射性同位素分析。各种可供利用的出版物之所以开始讨论核爆炸气体产物(包括惰性气体和碘同位素)分析，也只是与 1963 年《部分禁止核试验条约》(Partial Test-Ban Treaty，PTBT)之后需要探测地下核试验有关[124]。

　　124 Vasil'ev, ed.（note 82）, pp. 188, 31; Dyachenko（note 84）, p. 355;《禁止在大气层、外层空间和水下进行核试验条约》，也称《部分禁止核试验条约》，由苏联、美国和英国三个创始成员国于 1963 年 8 月 5 日缔结签署，1963 年 8 月 8 日对外开放供各国签署，1963 年 10 月 10 日生效，*United Nations Treaty Series*, vol. 480 (1963)。

第 8 章

核取证分析起源 II：瑞典的核武器碎片分析

Lars-Erik De Geer

1943 年，在德国威翰姆帝王化学研究所(Kaiser Wilhelm Institute for Chemistry)实验证明核裂变 5 年之后，瑞典从柏林获得情报，称德国正在研发"原子分裂武器"，这种武器不仅可有效摧毁装甲车辆、通过冲击波和热波杀死接近爆炸的人员，还可通过"耗光氧气"杀死更远处的人员[1]。这在斯德哥尔摩并未引起轩然大波。诺贝尔物理研究所所长被要求对此发表评论时，向瑞典政府回应称"(德国)不可能造出原子弹"[2]。直到美国在 1945 年 8 月 6 日和 9 日向全世界实际演示核弹后，瑞典当局及其他国家才开始优先考虑核军备选项。新成立的瑞典国防研究机构(Försvarets forskningsanstalt, FOA)不仅负责研究核武器的影响及如何防御核武器，还负责探讨瑞典发展核弹的可能性。

瑞典国防研究机构的研究计划在 20 世纪 50 年代末达到顶峰。随着公众舆论的改变及瑞典开始成为核裁军谈判的积极参与者，特别是作为日内瓦十八国裁军委员会(Eighteen Nation Committee on Disarmament, ENCD)的创始成员国之一，瑞典国防研究机构的研究计划自 20 世纪 60 年代初开始逐渐缩减。十八国裁军委员会主要专注于禁止核试验和核不扩散，瑞典作为该委员会中唯一拥有深入核武器知识的不结盟国家，发挥了特殊作用。

通过签署 1968 年《不扩散核武器条约》(Non-Proliferation Treaty, NPT)，瑞典正式放弃其核武器计划，瑞典国防研究机构的研究重点则转向了核防御及在核袭击期间对民众和部队的保护手段[3]。不过，为了了解各种核武器效应、设计适当的防护措施，有时需要具备武器物理学知识，因此二者之间的界限可能会模糊不清。这有时会致使瑞典国内

---

1 1938 年实验的设计者莉泽·迈特纳(Lise Meitner)于 1938 年 12 月被迫从德国逃往瑞典。圣诞节那天，在她与外甥奥托·弗里施(Otto Frisch)在瑞典西海岸的 Kungalv 附近散步时，一起想出了核裂变的概念。Meitner, L. and Frisch, O. R., 'Disintegration of uranium by neutrons: a new type of nuclear reaction', *Nature*, vol. 143, no. 3615 (11 Feb. 1939), p. 239-240. 实际上，恩利克·费米(Enrico Fermi)早在 1934 年就已经进行过类似实验，但他未能得出正确结论。3 个月后，当德国化学家伊达·诺达克(Ida Noddack)提出铀原子分裂有可能会导致他那些异乎寻常的结果时，恩利克·费米甚至予以否定。这是一个关键的时刻：如果 Noddack 博士能够被认真对待，那么核武器的研制可能会比实际时间早 4 年，这将对第二次世界大战的进程产生巨大影响。

2 *FOA och kärnvapen: dokumentation från seminarium 16 november 1993* [FOA and nuclear weapons: documentation from the seminar of 16 November 1993], Försvarets Forskningsanstalt (FOA) VET om försvarsforskning no. 8 (FOA Veteranförening: Stockholm, 1995)。

3 《不扩散核武器条约》，又称《核不扩散条约》，于 1968 年 7 月 1 日对外开放供各国签署，1970 年 3 月 5 日生效。IAEA Information Circular INFCIRC/140, 22 Apr. 1970, http://www.iaea.org/Publications/Documents/Treaties/npt.html. 瑞典于 1968 年 8 月 19 日签约，并于 1970 年 1 月 9 日批约。

外新闻界指责瑞典在发展秘密的核武器计划，但这种猜疑如今看来已被打消[4]。

各种禁核试核查技术成为一个新的研究路线，目标是证明核查全面禁止核试验的可行性并进一步发展该类手段。研究重点是地震学技术以及收集和表征各种秘密核爆炸放射性碎片的方法。本章主要是论述后者，讲述了瑞典国防研究机构如何发展针对核裂变和核聚变事件的远程探测技术(8.1 节)以及如何用其探测大气层核试验和地下核试验泄漏(8.2 节)，并详细回顾了中国历次核试验(附录 B)。随后，介绍了瑞典放射性核素核查系统的发展(8.3 节)和瑞典探测地下核爆炸放射性泄漏的情况(8.4 节)。8.5 节的重点是瑞典在各种非核武器事件中的核取证运用，8.6 节涉及瑞典的各种经验和技术对 1996 年《全面禁止核试验条约》(Comprehensive Nuclear-Test-Ban Treaty，CTBT)的影响[5]。

8.1 核裂变和活化产物放射性核素的远程探测

核试验爆炸及其他核事件所产生的放射性残留物可散播进入大气及其他环境中，并以这种方式揭示某些未必公开的事情。1944 年秋，为了查找德国境内可能的钚生产堆，美国进行了首次此类意图的放射性核素搜索。当时的重点是搜索惰性气体核素 ^{133}Xe，但一无所获。5 年后，一架从日本飞往阿拉斯加的美国侦察机收集到 1949 年 8 月 29 日首次苏联核试验所产生的新鲜的裂变产物[6]。

此次探测之后，核试验集中加速。1951～1954 年，全球平均每年进行 16 次核试验(均为地上试验)，且在随后 3 年间，试验频次以约 50%的速度逐年递增。1958 年，核试验的数量增加了一倍多，达 101 次。1958 年底，当三个已有的核大国同意暂停核试验时，全球自 1945 年 7 月 16 日首次"三一"核试验起，共已进行了 276 次非地下核武器试验[7]。

这些核爆炸中的大多数发生在北半球，从靠近赤道当时属于英国领土的圣诞岛(Christmas island)(位于北纬 2°)到北极圈以北的苏联岛屿新地岛(Novaya Zemlya)(位于北纬 74°)。1951～1958 年，只有英国在赤道以南地区进行过原子武器试验：英国在澳大利亚进行了 10 次裂变弹试验,在太平洋后来属于英国领土的 Malden 岛(位于南纬 4°)进行了 3 次热核武器试验。据估计，截至 1958 年底，散播进北半球的裂变产物的数量约相当于 47.3Mt 总裂变威力。其中，"2.3Mt"进入了对流层(大气层的最底层，直至 10～15km 高空)，"45Mt"进入了平流层(介于对流层与中间层之间，直至约 50km 高

4 Larsson, C., 'Historien om en svensk atom bomb 1945-1972' [The story of a Swedish atomic bomb 1945-1972], *Ny Teknik*, no. 17 (25 Apr. 1985); and Coll, S., 'Neutral Sweden quietly keeps nuclear option open', *Washington Post*, 25 Nov. 1994.

5 《全面禁止核试验条约》(CTBT)于 1996 年 9 月 24 日对外开放供各国签署，但至今仍未生效。http://treaties.un.org/ Pages/CTCTreaties.aspx?id=26。

6 详见第 7 章。

7 这一总数并不包括 1945 年对日本的 2 次作战爆炸。Fedchenko, V., 'Nuclear explosions, 1945-2013', *SIPRI Yearbook 2014: Armaments, Disarmament and International Security* (Oxford University Press: Oxford, 2014), table 6.16。"非地下试验"几乎都是大气层核试验，但也包括一些有时被单独计算的成坑试验、地面试验、水下试验和高空试验。

空)[8]。对流层与平流层之间的差异很重要，这是因为碎片在对流层中因放射性沉降(包括干沉降和特别是随同雨雪的湿沉降)仅可滞留约一个月，而在平流层中可滞留数年之久(平流层的温度随高度增加而升高，使其较对流层更稳定)。此外，污染物很少穿越赤道，因此南北半球差异也很重要。这些事实为瑞典在 20 世纪 50 年代建立大气层放射性核素监测系统奠定了基础。

1951 年，瑞典的 Rolf Sievert 教授在利用全身计数器开展的研究中，首次注意到全球散播核武器碎片作为本底危害的影响[9]。随后几年又进行了大型的氢弹试验，放射性沉降增加，1954 年 4 月，Sievert 致信瑞典首相塔格·埃兰德(Tage Erlander)，请求应对此采取行动(他必定也是受 1954 年 3 月初美国"喝彩城堡(Castle Bravo)"核试验放射性沉降以及随后的国际抗议活动影响)[10]。当时，瑞典国防研究机构通过测量雨水蒸发残留物中的 β 活度、分析 ^{90}Sr(由于其高能 β 辐射、长半衰期和亲骨性，在当时被认为是最易危及人体健康的一种裂变产物)的累积沉积，对放射性湿沉降进行了长达一年的持续跟踪。

到 1955 年，该监测系统经过发展，已经可以利用玻璃纤维滤材收集各种碎片、利用 NaI：Tl 闪烁晶体测量取样滤材中的辐射[11]。这意味着辐射可根据其能量被分配于不同道址并将其合成为能谱。记录更多事件的道址，通过其相应能量和事件数量，可表明取样气团中的单个放射性核素及其浓度。20 世纪 50 年代中期，较难获得用于这种数据存储的电子设备，因此瑞典国防研究机构自行研制了其所谓的 Hutchinson-Scarrot 分析器。据当时的同事描述，室壁周围安装了 20m 的镍丝作为延迟线。

用这种方法得到的能谱仅可解析有限数量的数据。在最近一次核试验的测量能谱中，瑞典国防研究机构的专家通常可看出 ^{131}I、^{132}Te、^{132}I、^{103}Ru、^{95}Zr、^{95}Nb 和 ^{140}La。相关分析是通过所谓的单个核素标准谱与样品谱的数据拟合完成。利用该技术也可分析 ^{95}Zr、^{95}Nb 等相当不易分辨的能峰。由于 ^{95}Zr(半衰期为 64 天)可衰变为裂变过程本身并不产生的 ^{95}Nb(半衰期为 35 天)，该"核素对"可作为一个完美的"时钟"，用以定时和关联单个样品与数月时间内的单次试验。然而，20 世纪 50 年代至 60 年代初，曾接连进行了太多的大气层核试验，因此难以确保某个样品正好是源自哪次试验。通常的解决方法是对某一单个"热粒子"进行定位，以确保其必须是源自拟确定试验日期的单次爆炸。

如图 8.1 所示，瑞典建立了一个全国性的大气过滤台网。这些台站采用装有玻璃纤维滤材的取样器，取样率一般为 1000m³/h，每周更换 2～3 次滤材。多年来，靠近斯德哥尔摩的 Grindsjön 台站，通过 5 台取样器、每周更换 2 次滤材，取样率可达 5400m³/h。

---

8 United Nations Scientific Committee on the Effects of Atomic Radiation (UNSCEAR), *Sources and Effects of Ionizing Radiation*, 2000 Report to the General Assembly, with scientific annexes, E.00.IX.3 (United Nations: New York, 2000)。

9 Sievert 是一位著名的保健物理学先驱，为了纪念他，他的名字已被用作等效剂量、有效剂量、待积剂量和剂量负担的一种单位。

10 关于"喝彩城堡"试验，详见第 9 章。

11 关于掺铊碘化钠闪烁体，详见第 4 章。

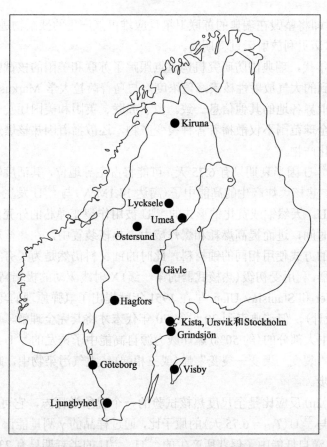

图 8.1 瑞典国防研究机构 (Försvarets forskningsanstalt，FOA) 建立的地面取样台网
截至本书成稿时 (2015 年)，仍在启用的台站有 Gävle、Kiruna、Kista、Ljungbyhed、Umeå 和 Visby 台站。
此外，Kista 还建有属于 CTBTO 全球监测台网的气溶胶和惰性气体台站

　　并非所有台站一直处于运行状态，靠近斯德哥尔摩的台站因瑞典国防研究机构的重组曾进行过迁址。位于 Gävle 和 Visby 的台站于 1986 年苏联切尔诺贝利反应堆事故之后建成——Gävle 台站旨在跟踪放射性沉降重污染区中的再悬浮 (即放射性核素从沉降返回大气的输运)，位于波罗的海哥特兰岛上的 Visby 台站因切尔诺贝利放射云首先穿越 Gotland 岛而建。位于 Gothenburg、Lycksele 和 Östersund 的台站因财政原因和大气层核试验频次减少于 20 世纪 70 年代被关停。Grindsjön 台站于 2003 年被关停，当时在 Kista 建成了一个 1600m³/h 取样能力的新台站。

　　为了更详细地研究单个炸弹残余物，瑞典研制出了挂载在军用飞机两翼下的取样器。该系统可收集相当 "热" 的样品，有时相当于约 100pg 的铀或钚裂变[12]。所用飞机包括萨博 J29 "飞行圆筒 (Tunnan)" 和萨博 32 "矛 (Lansen)" 式飞机。尽管最后一架 "矛" 式飞机制造于 50 年之前，但至今仍有一架准备用于飞行取样。不过，自最后一次大气层试验 (中国罗布泊，1980 年 10 月 16 日) 以来，"矛" 式飞行仅执行过两次取样任务：一

---

　　12 例如，100pg 的钚尽管看似很少，但其完全裂变对应于约 10000～40000Bq，且每次裂变可生成 ^{99}Mo、^{131}I、^{132}Te 和 ^{140}Ba 等短寿命裂变产物。

次是在 1984 年对即将坠毁在瑞典的苏联卫星反应堆可能产生的残余物进行取样，另一次是在 1986 年切尔诺贝利放射云过境期间。

20 世纪 50 年代，瑞典国防研究机构重点跟踪了苏联和美国的核试验计划。瑞典国防研究机构探测到的大气放射性核素峰值浓度，与乌普萨拉大学 Markus Båth 教授得到的地震仪记录及世界各地的其他信息一致。由于苏联、英国和美国还发展和试爆了热核炸弹，这意味着全球范围不仅散播着各种裂变产物，还散播着因热核爆炸巨大中子通量所生成的各种活化产物。

放射性核素 ^{237}U 因半衰期只有 6.75 天，可能将占主导地位，其活度较其他最显著的裂变产物高 4 倍。热核爆炸产生的高能中子(高达 14.1MeV)与 ^{238}U 发生 (n, 2n) 中子诱发反应，可生成 ^{237}U。天然铀或贫化铀形式的 ^{238}U 被用作裂变弹芯的外壳，目的是夯实爆炸、增加临界的时间，进而提高燃耗和爆炸威力。热核装置中，在热核燃料的外围，通常也会采用相似的方式使用相同的铀材料，此时的铀材料仍然是为了夯实爆炸，但更重要的是作为推进器，利用受初级(热核武器的第一级)X 射线驱动的极端高压挤压氘化锂[13]。尽管 Edward Teller 和 Stanislav Ulam 早在 1951 年就提出了氢弹原理的巧妙构思(即所谓的 Teller-Ulam 设计)，但瑞典直到 20 世纪 70 年代末才将其完全理解，不过很早就显而易见的是，氢弹中大部分的(约 50%)爆炸威力源自高能中子诱发的 ^{238}U 裂变。因此，这类炸弹又被称为"裂变—聚变—裂变"弹(或三相弹)。大气污染物中，超过 90% 的裂变碎片源自最后一步。

(n, γ)：(n, 2n) 反应比是全尺度热核试验的一个现象学标志，它可被定义为 ^{239}Np ($T_{1/2} = 2.356$ 天)与 ^{237}U ($T_{1/2} = 6.75$ 天)的原子比，通过样品的 γ 测量能谱可容易地分析这两种核素。^{239}Np 源自低能中子俘获所产生的 ^{239}U，^{239}U 的半衰期只有 23.45min，可快速衰变为 ^{239}Np。经验表明，高威力氢弹在爆炸时刻的(n, γ)：(n, 2n) 反应比约接近 1，而经典原子弹放射性碎片中的(n, γ)：(n, 2n) 反应比则大于或等于 30。

早在 20 世纪 50 年代，瑞典的机载放射性核素监测系统已经能从与武器试验间接关联的各种放射性事故中捕捉信号。英国热核炸弹所需的氚供给，推动了位于爱尔兰海坎伯兰郡 Windscale 的一座钚生产堆的极限。主要原因是所谓的 Wigner 效应，其中，石墨慢化剂因中子产生的位错导致能量积聚。这种能量随后可自发释放并导致燃料过热。该问题众所周知且通常可得到处理，但是氚生产变化所导致的过热问题并未引起注意，该反应堆最终在 1957 年 10 月 10 日发生火灾。这场火灾约释放了 740TBq 的 ^{131}I 和 22TBq 的 ^{137}Cs [14]。风从西边刮来，两天后在斯德哥尔摩便探测到了放射性水平约为 40mBq/m^3 的 ^{131}I 和 ^{132}Te。

20 世纪 50 年代，瑞典国防研究机构针对所收集核武器碎片的研究突出了两个相互关联的问题：分凝的概念及其与爆炸类型和环境的相关性；利用反转放射自显影成像进行微颗粒研究。

---

13 可参阅图 6.2。

14 从长远看，其放射性释放量尚不及近三十年后切尔诺贝利核事故的一半。Cooper, J. R., Randle, K. and Sokhi, R. S., *Radioactive Releases in the Environment: Impact and Assessment* (Wiley: Chichester, 2003)。

8.1.1　分凝

研究人员很快就注意到，即便是对于单次核爆炸，碎片样品中所含的放射性核素混合物往往也会不同于裂变过程中的预期生成量。相反，放射性核素混合物是诸多因素的复杂函数，特别是与爆炸环境有关（如爆炸是地面爆炸、空投爆炸还是发生在驳船上），此外，还与总爆炸威力有关。只有火球未触地的超大型核试验，爆炸烟云会较好地升入平流层中，形成成分基本不变的碎片。分凝（fractionation）是一个现象学术语，一般用分凝系数进行描述：

$$f_{A-R} = \frac{[N_A/N_R]_{实验测量}}{[N_A/N_R]_{裂变}}$$

式中，$[N_A/N_R]_{实验测量}$ 为样品中质量数分别为 A 和 R 的两种核素的原子比（计算回推至爆炸时刻）；$[N_A/N_R]_{裂变}$ 为相应的裂变产额之比[15]；下标 R 为一个参考链，瑞典曾选用质量数 95，用 ^{95}Zr 和 ^{95}Nb 作为被测量。美国由于拥有可收集更新鲜样品的资源，通常选用质量数 99 及其寿命较短的被测量 ^{99}Mo（$T_{1/2} = 66h$）。倘若可获得新鲜的样品，钼将是一个更好的选择，这是因为钼可以最大限度地减少同一样品中源自数次爆炸的混合碎片问题。《部分禁止核试验条约》（Partial Test-Ban Treaty，PTBT）于 1963 年生效后，瑞典的分凝研究变得更加富有成效[16]。此后，只有中国在北半球进行过大气层核试验，且试验频次相当低，每年进行一到两次试验，偶尔会进行三次试验（见 8.2 节）。

20 世纪 50 年代，研究人员就已经认识了一般的分凝行为，其背后的机理也变得较为清晰[17]。对于火球未触及地面的小型空投试验[即爆炸高度（以米计）大于爆炸威力（以千吨计）立方根的 55 倍]，数周内抵达瑞典的碎片通常富含难熔性元素[18]。这是因为源自远距离核试验的较大颗粒物（0.1～10μm）在输运过程中会下降，首先沉降在取样滤材上。与此同时，这些较大的颗粒物在爆炸烟云冷却过程中率先开始冷凝，因此含有更多的难熔性元素，与之相比，易挥发性元素则需要经历更长时间才能形成气溶胶。这样的样品被称为"正常"分凝。

相反，之后到达的碎片由于经历了更长的输运时间，较大的颗粒物已沉积在地面上，样品则会呈现出显著富含易挥发性元素的"反向"或"逆向"分凝。由于上述现象源自同一过程，这两种样品有时也被称为"镜像颗粒物"。对于塔爆等近地核爆炸，大量的地面物质会被吸入爆炸烟云中，这将使难熔性元素得到优先清除并将其沉积在爆心投影点

15　Edvarson, K., Löw, K. and Sisefsky, J., 'Fractionation phenomena in nuclear weapons debris', *Nature*, vol. 184, no. 4701 (1959), pp. 1771-1774。

16　《禁止在大气层、外层空间和水下进行核武器试验条约》，又称《部分禁止核试验条约》，由苏联、美国和英国三个创始成员国于 1963 年 8 月 5 日缔结签署，于 1963 年 8 月 8 日对外开放供各国签署，并于 1963 年 10 月 10 日生效。*United Nations Treaty Series*, vol. 480（1963）。

17　Edvarson, Löw and Sisefsky（note 15）。

18　在此，难熔性元素指沸点（即冷凝点）大于且通常远大于约 1500℃的元素或元素氧化物。参考元素锆和钼是两种最难熔的元素，其冷凝点分别为 4377℃和 4612℃。当然，这也是为什么选择用其作为参考元素的一个原因。

附近。难熔组中的典型放射性核素，除钼和锆外，还有钡、铈、钕、钇的同位素。易挥发组中的典型放射性核素(不包括氪和氙，其在约 100℃以上仍为气体)有碘、铯、碲和钌(实际上以氧化物形式存在)。

其他元素为中间体，因为其冷凝点或其氧化物的冷凝点接近于构成颗粒物主体的基体物质(如铝、铁、硅等)的氧化物的冷凝点。在分凝研究中，是否应考虑某种元素或氧化物，取决于氧化物的分解温度。例如，过氧化钡(二氧化钡)的熔点较低，但高于约500℃时会分解；与之不同，氧化钡的熔点和沸点约为 2000℃。钌是一个氧化物起决定性作用的非常明显的例子，钌于3900℃冷凝，但因为四氧化钌于 40℃冷凝，钌在氧化碎片中的行为更像碘。此外，由于初始烟云的冷却时间和物理性质，分凝模式也会出现一些变化。在自由大气中，爆炸烟云可在几十分之一秒内冷却至颗粒物形成的温度。举个例子，在这样的时间段内，质量数 140 残余物的主体部分是氙和铯，但还没有钡。因此，详细的冷却历程可对分凝产生决定性影响。

8.1.2 热粒子研究

热粒子是指碎片中载带着大量放射性核素、粒径大得足以用光学显微镜进行研究的颗粒物，即直径大于约 0.2μm 的颗粒物。在各种原因的放射性沉降和核武器残余物细节研究中，均热衷于对热粒子的详细分析。这类颗粒物可用带有小型盖革-弥勒计数器的露置滤材或通过放射自显影进行识别。其中，放射自显影是将对 β 辐射敏感的胶片置于滤材的上方使其曝光一段时间，通过感光胶片上产生的黑点，进而可指导科学家识别滤材上的热粒子。不过，瑞典国防研究机构开发出了一种更为先进的方法[19]。在完成最初的标准放射自显影之后，用 4mm 打孔工具对产生感光黑点的滤材部分进行冲压打孔。随后，将打孔滤芯放进赛璐珞溶液中进行搅拌。将所得糊状物(如果需要，可用丙酮进行稀释)涂布在一个涂有赛璐珞覆层的玻璃板上。之后，将一种对 β 辐射敏感的核乳胶倾倒在玻璃板上并露置数天，核乳胶的用量取决于颗粒物的放射性活度。曝光过程中，每个颗粒物约需发生 1000 次衰变。最后，对玻璃板进行反转显影，这样，在显微镜中，热粒子便会出现在玻璃板圆形光孔的中心处。

利用这种方法，将有可能研究颗粒物活度随颗粒物直径的变化关系。一个涉及大量研究的说明性实例是分析 1958 年 10 月 17 日在瑞典中部地区 12km 高空处收集到的活度相当强(总计约 100000Bq)的样品[20]。通过放射性核素分析和地震记录，显示样品完全以1958 年 9 月 30 日早晨在新地岛(位于跟踪取样点西北方向 2300km 处)进行的两次热核试验的碎片为主。如今已知这两次热核试验的总威力为 1.2 + 0.8 = 2.0Mt，空投高度分别为1.5km 和 2.3km[21]，共有约 1000 个颗粒物被定位并进行单独分析。颗粒物从无色至淡红色、半透明、或多或少呈球形。淡红色可表明外壳中的钢(铁)和炸弹机理。当利用所有

19 Sisefsky, J., 'Method for photographic identification of microscopic radioactive particles', *British Journal of Applied Physics*, vol. 10 (Dec. 1959), pp. 526-529.

20 Sisefsky, J., 'Debris from tests of nuclear weapons', *Science*, vol. 133, no. 3455 (1961), pp. 735-740。

21 Mikhailov, V. N. (ed.), *Catalog of Worldwide Nuclear Testing* (Begell Atom, LLC: New York, 1999)。

的颗粒物活度对颗粒物直径做图时，可看出颗粒物的活度与体积成正比，这一点非常符合前面所述的难熔性物质在整个冷凝过程中被融入颗粒物中的设想。有时，当分析涉及将大量地面物质卷入爆炸烟云的地面爆炸时，由于颗粒物并未经历完整的熔融—固化过程，颗粒物会呈现出一定程度的不规则性。这就意味着沉积在颗粒物表面上的放射性核素及活度变得更加与颗粒物的面积成正比。

8.2　探测大气层核试验

8.2.1　大气层核试验（1958～1963 年）

1958 年 10 月 31 日，当时的三个核武器国家（苏联、英国和美国）同意暂停核试验。尽管如此，11 月 1 日和 3 日，苏联又进行了两次小型核试验，不过，此后所有的试验场均安然无事。此次暂停试，部分是由于苏联和美国为迎合全球反核舆论所进行的宣传竞赛，当然，同时也是为了适应美苏两国各自的核试验发展计划，这两个国家均刚刚完成一系列重要试验，需要时间来分析试验结果。三个国家中，英国是唯一一个尚未真正做好暂停试准备的参与国，因此英国不得不在 1958 年秋季加速其热核计划。

1960 年 2 月 13 日，法国在阿尔及利亚的 Reggane 试验场用一个代号为“蓝色跳鼠（Gerboise Bleue）”、40～80kt 的裂变装置进行了 100m 爆高的塔爆试验，法国自此进入了核俱乐部[22]。在瑞典西南部的降雨和空气中，均探测到了此次试验的碎片（包括热粒子）[23]。在延迟约两周多后，烟云从西边进入瑞典领空，期间，烟云曾绕过了北极，甚至经过了北美大陆。在随后的 15 个月中，法国在同一试验场又进行了 3 次大气层试验（威力小了一个数量级）。

1961 年 9 月 1 日，苏联打破暂停试，开始了空前规模的大气层核试验阶段，直到 1962 年 12 月底才告停止。这些试验包括苏联在位于新地岛的北部试验场进行的、威力超过 50Mt 的所谓的“沙皇炸弹（Tsar Bomba）”，以及在同一个试验场进行的、威力从 1Mt 到 24.2Mt 不等的 30 次其他热核爆炸。1961～1962 年，全球共经历了 136 次苏联、39 次美国和 1 次法国非地下核爆炸[24]。这些核爆炸分别向对流层注入了 2.5Mt、4.4Mt 和 0.0004Mt 的裂变产物，向平流层注入了 68Mt、14Mt 和 0Mt 的裂变产物。

这是一个精神恐怖的时代（更因 1962 年 10 月的古巴导弹危机而加剧），因此，瑞典国防研究机构的监测系统主要专注于新地岛（距离瑞典边境仅 1200km）频繁核试验所造成的健康威胁。特别是密切观测食品中的放射性沉降，如牛奶中的放射性碘、地衣牧草驯鹿肉中的 ^{137}Cs。1965 年冬，因 1961～1962 年核试验累积的平流层输运物的储层浓度

22　International Atomic Energy Agency (IAEA), *Radiological Conditions at the former French Nuclear Test Sites in Algeria: Preliminary Assessment and Recommendations*, IAEA Radiological Assessment Reports Series no. 6 (IAEA: Vienna, 2005)。

23　Lindblom, G., *Advection over Sweden of Radioactive Duste from the first french nuclear test explosion*, Försvarets Forskningsanstalt (FOA) 4 Report no. C 4155-4127 (Rev) (FOA: Stockholm, 1961)。

24　Fedchenko (note 7)。

达到峰值，驯鹿肉中的铯浓度比切尔诺贝利核事故后瑞典首次制定的 300 Bq/kg 的人体摄入限值(后来变更为 1500Bq/kg)高 10 倍。

不过，有两个影响因素降低了苏联新地岛核试验造成超高区域放射性沉降的风险。首先，在许多高威力核试验中，大部分的试验碎片会被抬升进入平流层，在其进入对流层之前，试验碎片将在平流层中大幅度衰变并散布整个半球，继而在随后数年间才沉积到地面上(主要发生在春季)。其次，据说为了限制"沙皇炸弹"的裂变威力，"沙皇炸弹"采用了一个或多个铅材料(并非铀材料)的惰层推进器[25]。据报道，"沙皇炸弹"是"最干净的"核试验之一，裂变威力仅占 50Mt 爆炸威力的 3%。

为了应对全球日益高涨的民众抗议，苏联和美国于 1963 年签署了《部分禁止核试验条约》，条约规定，同年 10 月 10 日起，禁止所有"在大气层中；在大气层以外范围，包括外层空间；或在水下，包括领海或公海；或在任何其他环境中，如果这类爆炸所产生的放射性碎片出现于在其管辖或控制下进行这类爆炸的国家领土范围以外"的核爆炸[26]。在瑞典，情况有所变化，放射性核素监测的目标变为对《部分禁止核试验条约》的自愿核查、向核大国施压，以期延伸条约的禁止范围，使其发展为全面禁止核试验条约。如今已十分清楚，该条约对遏制军备竞赛至关重要，据了解，在《部分禁止核试验条约》生效后，全球有超过 75%的核爆炸已转入地下进行。

8.2.2 中国大气层核试验(1964～1980 年)

除自愿核查《部分禁止核试验条约》外，当中国于 1964 年 10 月 16 日进行首次核试验——采用基于高浓缩铀材料、威力为 20kt 的塔爆裂变装置，瑞典的远程探测计划又增加了一个新的关注点。此次试验是中国在新疆塔克拉玛干沙漠罗布泊附近 16 年间进行的 22 次大气层核试验中的首次试验。

所有这些试验产生的放射性碎片，在约 10 天内从罗布泊沿顺风方向相当有规律地穿越太平洋、北美和大西洋，历经 20000km 之后，在瑞典被探测发现并进行了分析。能够在如此远的距离研究这些试验的细节，着实令人惊讶，这主要是由于以下因素。第一，对流层顶附近的急流就像是一辆公共汽车，以高达 100km/h 的速度载带着碎片输运。第二，锗 γ 探测器已投入使用，极大地提高了分析灵敏度，使对混合放射性核素样品的探测可获得数百个高度分辨的测量谱峰。第三，较低的试验频次降低了样品的复杂性，以前，样品中常含有源自多次爆炸的混合碎片。第四，反转放射自显影方法已得到充分发展并着手应用。第五，共包括 7 个台站的国家取样台网已投入运行，其中包括位于 Grindsjön 的超大体积(5400m³/h)取样器。第六，处于待命状态的瑞典空军可在国内任何地方追逐高达 14km 高空处的放射性烟云，且瑞典的南北长度几乎相当于近半个欧洲的南北长度。第七，一项巨大的技术进步是 Studsvik 反应堆同位素在线分离(OSIRIS)研究计划，瑞典国防研究机构在 20 世纪 60 年代末、70 年代初参与其中，这为其在新型探测

---

25 尚无法确定惰层推进器的数量，因为有报道称"沙皇炸弹"可能有 2 个热核级，甚至有可能第二级被分成了几部分。

26 Treaty Banning Nuclear Weapon Tests in the Atmosphere, in Outer Space and Under Water (note 16), Article I.

器乃至新兴微型计算机和在线测量技术方面提供了宝贵经验。针对 8K 16 位内存的汇编语言软件和交互式多道分析程序，在很多方面都超过了目前的商用系统和大型系统。因此，瑞典能够有效地捕获源自中国的核试验碎片，使得对中国所有 22 次大气层试验的探测水平至少比瑞典国防研究机构的检测限高 1000 倍。

附录 B 给出了在瑞典探测到的这些中国核试验的细节。中国的系列核试验阐明了一个国家获取先进核军备的必由之路。瑞典的监测结果显示，中国核试验包括"简单的"裂变弹、助爆弹、可能的"层状蛋糕"、"臭弹"、部分或可能自愿终止的热核试验，以及一些完全成熟的二级热核爆炸。少数试验似乎也是为了测试为中国核武库而生产的核弹。在完成首轮 26 次试验(其中包括 4 次地下试验)之后，直至 1996 年 7 月 29 日，距中国在《全面禁止核试验条约》开放日签署条约不到两个月之前，中国在竖井和平硐中又进行了 18 次地下试验。

8.2.3 法国大气层核试验(1966～1974 年)

法国在 1960 年 2 月 13 日进行完首次核试验后，于 1960～1961 年在阿尔及利亚的 Reggane 附近又进行了 3 次大气层试验。随后，1961～1966 年，法国在 Reggane 东南部 575km 处 In Ekker 堡附近的 Taourirt Tan Afella 花岗岩巷道中又进行了 13 次地下核试验。这些地下核试验的总威力约为 270kt。除前两次试验外，其余试验均是在阿尔及利亚于 1962 年 7 月 5 日脱离法国并独立后进行的。这些试验得到了为阿尔及利亚独立奠定法律框架的《埃维昂协定》条款的许可[27]。

到 1966 年，法国已将其核试验活动转移至法属波利尼西亚以及 Mururoa 和 Fangataufa 环礁，在此，直至 1974 年(包括 1974 年)，法国在其年度活动中(除 1969 年外)共进行了 46 次、总威力约 10.1Mt 的大气层试验。一般不会有风经过赤道，因此预计上述试验出现在北半球的放射性碎片很少。瑞典为了能够研究法国在太平洋进行的核试验，因此需要在南半球进行取样。一名瑞典国防研究机构的员工认识瑞典航运公司的主任 Hillerström，向其提出"在该公司太平洋航线的一艘船只上安装取样器、让船员在靠港时更换滤材并将取样滤材寄往斯德哥尔摩"的想法。该公司同意了上述要求，并选定了一艘定期航行于澳大利亚周边、驻地位于香港、名为"M/S Milos"的商船。于是，1971～1974 年，40cm×40cm 的玻璃纤维或 Microsorbane 滤材(通常)被暴露 2～5 天，随后被寄往瑞典国防研究机构进行分析(1971 年取样 24 例、1972 年取样 19 例、1973 年取样 23 例、1974 年取样 13 例、1975 取样 3 例)。采样率为 400m³/h，意味着上述样品对应于 20000～50000m³ 的取样空气。

1971～1974 年，法国在其太平洋试验场共进行了 20 次与武器相关的大气层核试验爆炸(表 8.1)[28]。其中，除两次爆炸外，其余试验装置均采用气球悬挂于 Mururoa 环礁 220～

---

27 Government Declarations of 19 Mar. 1962 on Algeria, *Journal Officiel de la République Francaise*, 20 Mar. 1962, Chapter III (in French)。

28 此外，还进行了四次接近零威力、与安全性相关的地上试验爆炸，但与当前的讨论无关。

480m 的高空，选定爆高旨在匹配 110～1100kt 的爆炸威力，以便使火球与地面或海面之间不产生任何接触。实际威力范围约为 0.05～955kt，且所有试验均采取了足够大的爆高，爆炸并未使地面或海水物质卷入烟云中。

表 8.1　法国大气层核试验(1971～1974 年)

核试验名称及年份	日期[a]	时间[a]	试验代号	试验装置[b]	爆高/m	威力/kt
第五次核试验活动，1971 年	6 月 5 日	10:15	Dione	AN51	275	34
	6 月 12 日	10:15	Encelade	MR41	450	440
	7 月 4 日	12:30	Japet	TN60	230	9
	8 月 8 日	09:30	Phoebe	TN60	230	4
	8 月 14 日	10:00	Rhea	TN60	480	955
第六次核试验活动，1972 年	6 月 25 日	10:00	Umbriel	TN60	230	0.5
	6 月 30 日	09:30	Titania	TN60	220	4
	7 月 27 日	09:40	Oberon	TN60	220	6
第七次核试验活动，1973 年	7 月 21 日	09:00	Euterpe	TN60	220	11
	7 月 28 日	14:00	Melpomene	(TN60)	270	0.05
	8 月 18 日	09:15	Pallas	(TN60)	270	4
	8 月 24 日	09:00	Parthenope	(TN60)	220	0.2
	8 月 28 日	09:30	Tamara	AN52		6
第八次核试验活动，1974 年	6 月 16 日	08:30	Capricorne	(TN70)	220	4
	7 月 7 日	14:15	Gemeaux	(TN70)	312	150
	7 月 17 日	08:00	Centaure	(TN80)	270	4
	7 月 25 日	08:30	Maquis	AN52	250	8
	8 月 14 日	15:30	Scorpion		312	96
	8 月 24 日	14:45	Taureau		270	14
	9 月 14 日	14:30	Versau	(TN60)	433	332
总威力						2 100

注：除两次试验外，其余试验均采用悬空气球在 Mururoa 环礁上空 220～480m 处试爆。"Tamara"试验是从距 Mururoa 环礁以西约 26km 处的飞机上进行空投，"Maquis"试验是从距 Mururoa 环礁西南约 17km 处的飞机上进行空投。四次零威力或小于 1t 的安全性试验并未包括在内。

　　a 时间和日期均采用当地时间(= UTC–9h)。

　　b AN51 是用于"冥王星"(Pluton)短程导弹的 10kt 或 25kt 战术核弹头；AN52 为同一装置的自由落体炸弹版本；MR41 是用于"可畏(Redoutable)"级弹道导弹潜艇的 500kt 助爆式裂变弹；TN60 是 1000kt 海上发射及空对地热核弹；TN70 是 150kt 海上发射及空对地热核导弹；TN80 是 300kt 海上发射及空对地热核导弹。括号表示不确定的内容。

　　资料来源：Bouchez J. and Lecomte, R., *The Atolls of Mururoa and Fangataufa* (*French Polynesia*), vol. 2, *Nuclear Testing: Mechanical, Lumino-thermal and Electromagnetic Effects* (Direction des centres d'experimentations nucleaíres/Commissariat à l'énergie atomique: Paris, 1996); IAEA, *The Radiological Situation at the Atolls of Mururoa and Fangataufa*, Main Report by an International Advisory Committee, IAEA-STI/PUB/1028 (IAEA: Vienna, 1998), p. 27.

1971 年 6 月 25 日至 10 月 30 日，当"M/S Milos"商船在东向信风中航行于赤道以南时，所采集的大多数滤材样品中都含有新鲜的裂变产物。正如预期的那样，商船穿行于中国香港、菲律宾和中国台湾港口之间时，在赤道以北并未发现任何东西。特别是露置于澳大利亚两侧的两张滤材显示出相当高浓度（数毫贝克勒尔每立方米）的常见裂变产物。其中，6 月 28 日至 7 月 1 日在巴布亚新几内亚东部与澳大利亚布里斯班之间采集的第一张滤材，根据 ^{95}Zr：^{95}Nb 比值可准确地进行时间回推，结果显示源自 6 月 5 日的法国核试验。

即便挑拣出了 40 个 1～2μm 粒径的热粒子，但分凝曲线呈现出略微的反向分凝（富含挥发性元素）特征。一个月后，在澳大利亚 Perth 与印度尼西亚 Java 岛之间采集到第二个高浓度的样品，其时间可回推至 6 月 12 日（±1.3 天），这与近 0.5Mt 的 Encelade 核试验相符。由于爆炸与测量间隔了较长时间（两个月），仅可测到极少数短寿命核素。不过，可注意到 ^{131}I 和 ^{103}Ru 已衰变殆尽，这与在滤材上发现的 11 个 1～3μm 粒径的热粒子相吻合。8 月底所采集的样品，时间可被相当精确地回推至两周前的 Rhea 热核试验。该样品中含有一个可明确显示 ^{237}U 信号的较大的淡黄色不规则颗粒物，证实此次试验的热核特性。通常，法国在太平洋进行的核试验所产生的颗粒物为无色至淡黄色。

1972 年核试验活动期间，仅采集到了 4 个含新鲜裂变产物的样品：其中，两个样品是 7 月 16 日至 24 日沿澳大利亚西海岸往北采集所得，另两个样品是 8 月 17～22 日沿印度尼西亚伊里安查亚西海岸（新几内亚）往南采集所得。1973 年的取样更是收获甚微，23 个样品中仅有 3 个样品含有痕量裂变产物。当然，各种气象学条件发挥了重要作用，但着实也是因为 1973 年核试验的威力太低。次年的最后一轮法国大气层核试验则涉及更高威力的爆炸。7 月中旬至 11 月中旬采集的 10 个样品中，有 8 个样品含新鲜裂变产物。有 4 个样品——据信是源自 Gemaux、Scorpion 和 Versau 核试验——显示曾使用了高能中子探测器，其中 Gemaux 试验使用了钇，另两次试验使用了铱。通过检测反应产物 ^{88}Y 和 ^{192}Ir，可证实上述元素的存在（见附录 B 中的"中国-16"核试验）。

1975 年 6 月，法国开始在 Mururoa 环礁和 Fangataufa 环礁的边缘和潟湖底下进行地下核试验。这些试验总计 137 次，总威力约 3.2Mt。此外，还进行了 10 次安全性试验，其中，7 次为零威力试验，其余 3 次总威力约 0.5kt[29]。

8.3　瑞典放射性核素核查系统的发展（1963 年之后）

1963 年的《部分禁止核试验条约》相当有效地阻止了放射性核素向大气中的排放，从而斩断了核试验对全球大众最严重的剂量释放途径。截至 1974 年 9 月，法国又进行了 46 次大气层核试验，而中国截至 1980 年 10 月共进行了 22 次大气层核试验。这些核试

---

29 International Atomic Energy Agency（IAEA），*The Radiological Situation at the Atolls of Mururoa and Fangataufa*，Technical Report, vol. 3, *Inventory of Radionuclides Underground at the Atolls: Report by an International Advisory Committee* (*Working Group 3*)，IAEA-MFTR-3（IAEA: Vienna, 1998）。

验使得早前因苏联、英国和美国核试验所导致的剂量负担又增加了约 10%[30]。《部分禁止核试验条约》并未阻止核武器的发展，1963 年之后进行的地下核试验的次数几乎是条约生效前大气层核试验次数的 4 倍[31]。

作为《部分禁止核试验条约》的序曲，1962 年 3 月 14 日，十八国裁军委员会在日内瓦召开了第一次会议。由后来的诺贝尔和平奖得主 Alva Myrdal 领导的瑞典代表团，作为十八国裁军委员会中 8 个不结盟国家之一，于 1962 年 4 月 16 日提交了一份关于核查全面禁止核试验的联合提案。该提案包括建设大量的地震控制站，成立一个分析和报告相关发现的国际委员会，以及进行质疑性视察和受邀视察的想法。一时间，全面禁止核试验的前景看似相当令人乐观，但是当美国寻求每年进行 7 次视察，而苏联主张每年少于 4 次视察时，美苏两国在 1963 年夏进入了双边谈判，结果仅仅只是很快达成了《部分禁止核试验条约》。这令很多国家感到失望，因此瑞典决定继续推动全面禁核试。在瑞典西部 Hagfors 建成的地震观测站及其大气放射性核素监测系统，旨在探测《部分禁止核试验条约》(该条约并未建立核查机制)的违约活动，并以此证明这类系统将如何成为未来《全面禁止核试验条约》核查系统的有效组成部分。

通过增加采样率，利用滤材收集气溶胶的颗粒物系统得到了改进，大部分台站的大气采样率可达 $1000m^3/h$，有一个台站更是高达 $5400m^3/h$。当时，将锗晶体冷却至液氮温度的半导体探测器业已发明并在进行研制，这大大提高了发现样品中微弱细节的能力。利用该系统可观测的浓度低至 $0.1\mu Bq/m^3$，从探测的观点看，对首要裂变产物的探测下限约为 0.1 个原子/m^3(相当于在一间标准起居室中可探测到 10 个原子)。

多年来，该套灵敏的颗粒物监测系统探测到了许多小型的放射性核素排放，例如，源自医院或偶尔源自污水处理厂的 ^{131}I，源自瑞典焚化炉的 ^{123m}Te(1975 年)，源自医院或农业示踪实验的 ^{75}Se(1976 年)，源自法国巴黎南部 Bourges 去污演习的 ^{140}La(1990 年)，主要源自俄罗斯托木斯克后处理厂意外事故的 ^{106}Ru(1993 年)，用于斯德哥尔摩气体台网气体流量计校准的 ^{82}Br(2002 年)，源自瑞典 Studsvik 放射源生产点的 ^{192}Ir(2004 年)[32]。此外，1976 年发生了一系列广为人知的探测事件，主要涉及 ^{239}Np 和 ^{99}Mo[33]。这些气团来自苏联，国际新闻界推测所观测到的放射性核素可能来源于为带电粒子束加速器供电而建造的核爆驱动的发电机。

---

30 关于"剂量负担(dose commitment)"的定义，详见术语表。

31 Fedchenko (note 7)。

32 Kolb, W. and Weiss, W., 'Occurrence of lanthanum-140 in ground-level air', *Journal of Environmental Radioactivity*, vol. 13, no. 1 (1991), pp. 79-83; Söderström, C. et al., *History of the Sampling Station at Grindsjön with Quarterly Report on Measurements of Radionuclides in Ground Level Air in Sweden: Fourth Quarter 2003*, Total Försvarets Forskningsinstitut (FOI) Report no. FOI-R-1262-SE (FOI: Stockholm, 2004); Söderström, C. et al., *Quarterly Report on Measurements of Radionuclides in Ground Level Air in Sweden: Fourth Quarter 2002*, FOI Report no. FOI-R-0801-SE (FOI: Stockholm, Feb. 2003); Söderström, C. et al., *Detection of ^{192}Ir in Ground Level Air in Ursvik 20 September 2004 with Quarterly Report on Measurements of Radionuclides in Ground Level Air in Sweden: Fourth Quarter 2004*, FOI Report no. FOI-R-1691-SE (FOI: Stockholm, Sep. 2005)。

33 De Geer, L.-E., 'Airborne short-lived radionuclides of unknown origin in Sweden in 1976', *Science*, vol. 198, no. 4320 (1977), pp. 925-927。

1975 年在瑞典的 Hagfors 还探测到了氚,这些氚被认为源自苏联在新地岛的核试验。瑞典国防研究机构于 1975 年开始大气氚监测,并持续了一年多时间[34]。在散布钯细粉的空腔中,大气中的氢被催化燃烧成水,并集留于沸石柱中。含 HTO 的水(即氚水 ^{3}HOH)随后被还原为氢气,注入低本底气体计数器中进行测量。

1978 年,当了解到中国将会很快停止大气层核试验后,瑞典国防研究机构启动了一项用于分析大气中放射性氙同位素的灵敏系统的研制计划。氙是一种惰性气体,这意味着想要在核试验后将氙完全封闭于地下是一件极其困难且成本高昂的事情。正因为此,加之氙同位素是裂变过程中生成量最多的放射性核素之一,因此,在全面禁止核试验条件下,放射性氙同位素可作为秘密核试验的良好指示剂和核查试剂。此外,氪同位素也是一种裂变产量较高的惰性气体产物,但所有的氪同位素均不具适合爆后探测的半衰期和辐射。氙存在四种半衰期介于 9h 至 12 天且具有可供进行灵敏分析的 γ 辐射、X 射线和转换电子辐射特性的同位素(^{133}Xe、^{135}Xe 和两种同质异能态 ^{131m}Xe、^{133m}Xe)。

1980～1982 年,在斯德哥尔摩仅运行着一套用于分析 ^{133}Xe 的氙监测系统,这一时期,大型的氙排放主要源自一座瑞典反应堆异乎寻常的大型燃料泄漏[35]。之后,由于财政原因,该套系统一度被封存,直到切尔诺贝利事故发生后,瑞典政府才自然而然地增加了对放射性核素检测的敏感性。为了及时探测苏联将于 10 月 24 日在新地岛进行的最后一次地下核试验所产生的 ^{133}Xe,该系统于 1990 年 10 月再次上线运行。之后该系统又经过改进和重建,可于室温下工作,取代了采用液氮或低温冷冻机冷却活性炭柱的传统工作方式。此外,瑞典国防研究机构在 1991 年还研制并建造了一套集装箱版的氙监测控制站,作为国际大气放射性核素监测(International Surveillance of Atmospheric Radionuclides,ISAR)台网的组成部分和《全面禁止核试验条约》的一个示范台站,被部署在靠近俄罗斯 Vladivostok 附近的 Ussuriysk。

自 1996 年《全面禁止核试验条约》对外开放供各国签署以来,瑞典一直在持续发展氙分析仪,其性能也在不断提升,取代了原来的低能锗探测器,配备了 β-γ 符合探测器,还设计了一个小型塑料圆柱体,既可作为取样气体容器,又可作为 β 探测器和用于记录 X 射线和 γ 射线的碘化钠探测器内转换电子探测器。对三种氙同位素的检出限约为 0.2mBq/m^3,由于 ^{135}Xe 的半衰期($T_{1/2}$=9.14h)较短,对 ^{135}Xe 的检出限略高一些,约为 0.9mBq/m^3。最近的研究通过基本消除所谓的记忆效应(有小部分氙气扩散进入 β 腔壁,抬高了下一个样品的本底),系统性能又得到显著改进[36]。另一个重大发展是找到了一个可生产该套系统——如今被称为瑞典自动化惰性气体取样单元(Swedish Automatic Unit

---

34 Bernström, B., Tritium in Atmospheric Hydrogen Gas at a Swedish Sampling Station at Hagfors, Försvarets Forskningsanstalt(FOA)Report no. C 40062-T2(FOA: Stockholm, 1977)。

35 Bernstrom, B. and De Geer, L.-E., *Mätning av små mängder xenon-133 i luft* [Measuring small amounts of xenon-133 in air], Försvarets Forskningsanstalt(FOA)Report no. C 20515-A1(FOA: Stockholm, 1983)。

36 Bläckberg, L. et al., 'Investigations of surface coatings to reduce memory effect in plastic scintillator detectors used for radioxenon detection', *Nuclear Instruments and Methods in Physics Research, Section A: Accelerators, Spectrometers, Detectors and Associated Equipment*, vol. 656, no. 1(Nov. 2011), pp. 84-91。

for Noble Gas Acquisition，SAUNA)、已经被全面禁止核试验条约组织(Comprehensive Nuclear-Test- Ban Treaty Organization，CTBTO)部署在其全球台网中的商业合作伙伴[37]。截至 2014 年 11 月，《全面禁止核试验条约》核查体系已经在全球安装了 15 套 SAUNA 系统、12 套法国在线空气取样和氙定量分析系统(Systéme de Prélèvements et d'Analyse en Ligne d'Air pour quantifier le Xénon，SPALAX)和 3 套俄罗斯放射性氙同位素分析 (Analyser of Radioactive Isotopes of Xenon，ARIX)系统。

8.4   瑞典对地下核爆炸放射性泄漏的探测

对《部分禁止核试验条约》的 126 个缔约国来说，尽管条约禁止所有能在试验国边界之外被探测到放射性核素泄漏的地下核爆炸，但此类探测并不罕见。位于试验场下风向的国家(如加拿大和日本)都曾探测到这类排放，苏联和美国等其他国家在外国试验场的下风向、通过寻找地下核爆炸残留物的飞行取样任务也都曾探测到泄漏。截至 2014 年，瑞典国防研究机构一直参与对 10 次地下爆炸的泄漏探测：6 次苏联核爆炸、2 次美国核爆炸和 2 次朝鲜核爆炸(表 8.2)。其中，有 5 次爆炸发生了氙泄漏，不过，毋庸置疑，氙也是其余 5 次爆炸的主要成分，尽管当时并没有部署氙取样器。

表 8.2   在瑞典曾探测和/或分析的发生放射性核素泄漏的地下核爆炸 [a]

地点	日期及当地时间(与协调世界时 UTC 的时差)	威力/kt	国家代号	埋深/m	探测到的放射性核素及备注
苏联塞米巴拉金斯克	1966 年 12 月 18 日 10:58(UTC+6)	20~150	#262 Shaft 101	427	^{140}Ba(约 40mBq/m^3)，^{137}Cs，^{89}Sr，^{90}Sr；和平核爆炸；均为短寿命氙和氪同位素的子体
美国内华达	1968 年 12 月 8 日 08:00(UTC-8)	30	#577 Schooner 107	107	^{181}W(约 20μBq/m^3)；低辐射和平核爆炸装置中钨助推器的(n, 2n)活化产物
美国内华达	1970 年 12 月 18 日 07:30(UTC-8)	10	#666 Baneberry 278	278	^{131}I(约 1mBq/m^3)；意外封闭失败
苏联彼尔姆以北	1971 年 3 月 23 日 12:00(UTC+5)	3×15	#335 Taiga	127	^{140}Ba(约 2mBq/m^3)，^{131}I；和平核爆炸；建造 Pechora-Kama 运河的成坑试验
苏联新地岛	1975 年 10 月 21 日 15:00(UTC+3)	1200	#432 adit A-12	—	氙气(约 200mBq/m^3)；5 装置齐爆
苏联塞米巴拉金斯克	1987 年 2 月 26 日 10:58(UTC+6)	10	#669 adit 130	—	^{131}I(约 50μBq/m^3)[b]
苏联新地岛	1987 年 8 月 2 日 06:00(UTC+4)	150	#682 adit A-37A	—	^{131}I(约 2mBq/m^3)，^{133}I，^{132}Te；5 装置齐爆
苏联新地岛	1990 年 10 月 24 日 17:58(UTC+3)	70	#715 adit A13-N	—	^{133}Xe(约 25mBq/m^3)；8 装置齐爆

37 Ringbom, A. et al., 'SAUNA—a system for automatic sampling, processing and analysis of radioactive xenon', *Nuclear Instruments and Methods in Physics Research, Section A: Accelerators, Spectrometers, Detectors and Associated Equipment*, vol. 508, no. 3（Aug. 2003），pp. 542-553; Gammadata Sauna Systems AB, Uppsala, Sweden.

续表

地点	日期及当地时间（与协调世界时 UTC 的时差）	威力/kt	国家代号	埋深/m	探测到的放射性核素及备注
朝鲜万塔山	2006 年 10 月 9 日 10:35(UTC+9)	<1	#1 adit	—	^{133}Xe(约 7mBq/m^3)，^{133m}Xe：在韩国取样
朝鲜万塔山	2013 年 2 月 12 日 11:58(UTC+9)	10	—	—	^{133}Xe(约 3mBq/m^3)，^{131m}Xe(约 0.5mBq/m^3)；由 CTBTO 在日本和俄罗斯取样

a 这 10 次事件中，有 8 次是在瑞典被探测到，有 1 次是瑞典与他国进行联合探测中检测到，有 1 次是由全面禁止核试验条约组织(CTBTO)探测发现并由瑞典国防研究机构(FOI)参与了事件分析。

b 位于德国 Freiburg 的大气放射性研究所(Institute for Atmospheric Radioactivity，IAR)测到了 1600mBq/m^3 的 ^{133}Xe。德国的这些调查结果曾有助于说服瑞典政府资助重新启动放射性氙监测。

资料来源：Persson, G., 'Fractionation phenomena in activity from an underground nuclear explosion', *Health Physics*, vol. 16, no. 4(1968), pp. 515-523; Persson, G., *Radioactive Tungsten in the Atmosphere following Project Schooner*, Försvarets Forskningsanstalt (FOA) 4 Report no. C 4460-28 (FOA: Stockholm, 1971); Eriksen, B., *Undersökningar av luftburet radioaktivt material härrörande från en underjordisk kärnladdnings explosion i USSR den 23 mars 1971* [Investigations of airborne radioactive material originating from an underground nuclear device explosion in the USSR on March 23 1971], Försvarets Forskningsanstalt (FOA) 4 Report no. C 4502-A1 (FOA: Stockholm, 1972); Bergström, B., *Tritium in Atmospheric Hydrogen Gas at a Swedish Sampling Station at Hagfors*, Försvarets Forskningsanstalt (FOA) Report no. C 40062-T2 (FOA: Stockholm, 1977); Bjurman, B. et al., 'The detection of radioactive material from a venting underground nuclear explosion', *Journal of Environmental Radioactivity*, vol. 11, no. 1 (1990), pp. 1-14; Ringbom, A. et al., 'Measurements of radioxenon in ground level air in South Korea following the claimed nuclear test in North Korea on October 9, 2006', *Journal of Radioanalytical and Nuclear Chemistry*, vol. 282, no. 3 (2009), pp. 773-779; Ringbom, A. et al., 'Radioxenon detections in the CTBT international monitoring system likely related to the announced nuclear test in North Korea on February 12, 2013', *Journal of Environmental Radioactivity*, vol. 128 (Feb. 2014), pp. 47-63。

前 8 次泄漏是由瑞典国家台网探测发现：6 次泄漏是利用颗粒物系统探测发现，1 次泄漏是氙台站探测发现，另 1 次泄漏是氙台网探测发现。其中，有 3 次试验是所谓的和平核爆炸(peaceful nuclear explosion，PNE)。例如，1968 年 12 月 8 日美国在内华达试验场进行的 Schooner 试验是一次旨在地面上开挖大型弹坑的装置试验，目的是研究如何通过单次或系列核爆炸经济有效地在阿拉斯加建造一个深水港或开凿一条穿越巴拿马的新运河[38]。为了尽量减小对公众的辐射剂量，Schooner 试验装置采用了产生最小残余辐射的钨助推器。即便如此，瑞典及其他欧洲国家还是探测到了此次试验钨助推器中的 ^{181}W 活化产物。

1966 年 12 月 18 日和 1971 年 3 月 23 日，苏联也进行了两次相同目的的和平核爆炸[39]。这两次爆炸的典型特征是裂变产物碎片中主要富含 ^{140}Ba。其原因在于装料的埋深较浅，爆后，质量链 140 很快以短寿命的 ^{140}Xe($T_{1/2}$ = 13.60s)占优势。与其他大多数裂变

---

38 Persson, G., *Radioactive Tungsten in the Atmosphere following Project Schooner*, Försvarets Forskningsanstalt (FOA) 4 Report no. C 4460-28 (FOA: Stockholm, 1971)。

39 Persson, G., 'Fractionation phenomena in activity from an underground nuclear explosion', *Health Physics*, vol. 16, no. 4 (1968), pp. 515-523; Eriksen, B., *Undersökningar av luftburet radioaktivt material härrörande från en underjordisk kärnladdningsexplosion i USSR den 23 mars 1971* [Investigations of airborne radioactive material originating from an underground nuclear device explosion in the USSR on March 23 1971], Försvarets Forskningsanstalt (FOA) 4 Report no. C 4502-A1 (FOA: Stockholm, 1972)。

产物的命运形成鲜明对比，作为一种惰性气体，氙在井喷回落的过程中并未发生再沉积。在这种情况下，检测滤材中作为 ^{140}Xe 级联衰变孙体的 ^{140}Ba，有时被看作是"穷人的惰性气体系统"。

1970 年 12 月 18 日、1987 年 2 月 26 日和 1987 年 8 月 2 日曾发生了意外释放，当时封闭裂隙意外地打通了核素释放路径，释放物以惰性气体和沸点低于约 1000°C 的挥发性放射性核素(碘、铯和碲同位素)为主。这几起事故发生时，为了避免辐射伤害，均对现场人员进行了撤离。例如，1987 年 8 月 2 日在新地岛发生的意外事故，类似于 1969 年 10 月 14 日发生在同一地点的早前的一起事故(当时，参试人员并未被撤离，因此受到了约 1Sv 的辐照剂量)[40]。由于各种不利的气象学条件，在瑞典并未探测到 1969 年的苏联核试验。如前所述，1975 年 10 月 21 日发生的泄漏，当时在 Hagfors 探测到了氙。最后 3 起案例均涉及氙同位素泄漏，且均被氙台站探测发现。第一起是 1990 年由瑞典国家氙系统探测发现。第二起是在 2006 年朝鲜首次核试验之后的一周，利用快速运往韩国东北角的一套瑞典 SAUNA 系统探测发现[41]。第三起案例是在 2013 年 2 月朝鲜第三次核试验后的 7.5～8.5 周，由全面禁止核试验条约组织位于日本 Takasaki 和俄罗斯 Ussurijsk 的台网探测发现，此次泄漏可能与爆后再入爆室有关[42]。瑞典专家曾主要参与了此次事件的分析。

此外，还有一起尚未得到国际专家一致认可的案例，与 2010 年 5 月 13 日至 22 日在日本、俄罗斯和韩国探测到的氙及其衰变产物有关，被解读为源自协调世界时(UTC) 2010 年 5 月 11 日至 12 日午夜过后在朝鲜万塔山试验场进行的一次极低威力(约 3t) 的核试验。基于以往经验，泄漏动力学显示此次试验为解耦试验，这意味着实际威力可能会大大高于 3t。进一步讲，这意味着此类试验可能是朝鲜迈向武器小型化以匹配朝鲜导弹的重要一步，正如朝鲜在 2013 年 2 月试验之后实际宣称已成功实现武器小型化[43]。

---

40 Bjurman, B. et al., 'The detection of radioactive material from a venting underground nuclear explosion', *Journal of Environmental Radioactivity*, vol. 11, no. 1 (1990), pp. 1-14。

41 Ringbom, A. et al., 'Measurements of radioxenon in ground level air in South Korea following the claimed nuclear test in North Korea on October 9, 2006', *Journal of Radioanalytical and Nuclear Chemistry*, vol. 282, no. 3 (2009), pp. 773-779. 也可参阅第 9 章。

42 Ringbom, A. et al., 'Radioxenon detections in the CTBT international monitoring system likely related to the announced nuclear test in North Korea on February 12, 2013', *Journal of Environmental Radioactivity*, vol. 128 (Feb. 2014), pp. 47-63。

43 De Geer, L.-E., 'Radionuclide evidence for low-yield nuclear testing in North Korea in April/May 2010', *Science & Global Security*, vol. 20, no. 1 (2012), pp. 1-29; De Geer, L.-E., 'Reinforced evidence of a low-yield nuclear test in North Korea on 11 May 2010', *Journal of Radioanalytical and Nuclear Chemistry*, vol. 298, no. 3 (2013), pp. 2075-2083; Schaff, D. P., Kim, W.-Y. and Richards, P. G., 'Seismological constraints on proposed low-yield nuclear testing in particular regions and time periods in the past, with comments on "Radionuclide evidence for low-yield nuclear testing in North Korea in April/May 2010" by Lars-Erik De Geer', *Science & Global Security*, vol. 20, no. 2-3 (2012), pp. 155-171; Miao Zhang, M. and Wen, L., 'Seismological evidence for a low-yield nuclear test on 12 May 2010 in North Korea', *Seismological Research Letters*, vol. 86, no. 1 (Jan./Feb. 2015); Wotawa, G., 'Meteorological analysis of the detection of xenon and barium/lanthanum isotopes in May 2010 in Eastern Asia', *Journal of Radioanalytical and Nuclear Chemistry*, vol. 296, no. 1 (2013), pp. 339-347; Wright, C. M., 'Low-yield nuclear testing by North Korea in May 2010: assessing the evidence with atmospheric transport models and xenon activity calculations', *Science & Global Security*, vol. 21, no. 1 (2013), pp. 3-52.

8.5　瑞典将核取证用于非核爆炸事件[44]

运行一个取样台网和旨在监测大气输运放射性核素的实验室，尤其是在一种不同程度上侧重于深入了解核武器、防御及其效应防护的制度环境中，即便会引发某些意想不到的问题，也证明是有效的。完成一项高科技的例行工作，有时需要对探测结果和事件进行特殊分析，从而导致了某种取证思想的发展和硬件获取，这也为应对各种意想不到的情形奠定了能力基础。下述相当惊人的事件链可说明这种相互关系。

第一起事件，1981 年 10 月，正值冷战巅峰时期，一艘苏联威士忌级潜艇——瑞典称其为"U-137"（如今，新闻媒体称其为"加冰威士忌"），在瑞典军事水域内搁浅[45]。瑞典决定用手持式仪器进行艇体扫描，以探测核装料可能产生的辐射，实际上也并不认为会存在辐射。然而，本书作者在进行扫描时，当靠近舱口鱼雷的顶部，探测到的 γ 辐射增加了 8 倍，致使事件情形大大升级，次夜，从大气监测实验室又取来一套更先进的 γ 探测器送抵现场。通过次生效应中子——几乎不可能由于钚弹以外的其他因素产生的组合信号，测量证明存在 ^{238}U。此外，还表明对于简单裂变装料，铀惰层可有效屏蔽源自 ^{235}U 或 ^{239}Pu 的低能 γ 射线。事故发生后，探测任务的成功使得瑞典国防研究机构实验室有机会获得了第一套首批商用便携式 γ 探测器系统。此外，该系统随后经过校准且被用于测量沉积在地面上的放射性核素的密度，该系统也被称为野外 γ 能谱仪。

第二起事件，1983 年 2 月 7 日，苏联雷达侦察卫星"宇宙 1402 号（Cosmos 1402）"上的核反应堆在南大西洋上空解体[46]。1982 年 12 月下旬发布警告，瑞典很可能会被击中（因为加拿大曾在 1978 年被类似反应堆击中）[47]。1983 年 1 月初，瑞典国防研究机构开始试着与一家私营公司——瑞典地质 AB 公司（Swedish Geological AB，SGAB）进行合作，以搜寻重度污染的碎片残骸。该公司通常会在一架小型固定翼飞机上搭载一套 16L 的碘化钠晶体探测器开展地质调查。在该情形中，探测器被安装在一架直升机上，而更小型的仪器则被搭载在一架缓慢飞行的军用飞机上进行测试，两架飞机在放置着受控 ^{137}Cs 源的外场和森林上空的不同高度飞行。尽管瑞典并没有被放射性碎片击中，但是在那个月时间大面积的飞行搜寻行动中，瑞典获得了大量经验并考察了不同探测器在不同飞行高度的灵敏度。

第三起事件，20 世纪 80 年代前半叶，瑞典取样台站不仅探测到了低浓度的 ^{95}Nb，还探测到了 ^{95}Zr。为了帮助定位释放点，通常会请求瑞典气象及水文研究所（Swedish

---

44 本节内容借鉴了原书作者的个人经历。

45 Leitenberg, M., 'The case of the stranded sub', *Bulletin of the Atomic Scientists*, vol. 38, no. 3, pp. 10-13; Sundström, O., 'U137 och U238-en fastställd kombination' [U137 and U238-a proven combination], *Foa tidningen*, vol. 19, no. 4 (1981), pp. 6-9; De Geer, L.-E., *Nonintrusive detection of nuclear weapons on ships*, Försvarets Forskningsanstalt（FOA）Report no. C20817-4.1（FOA: Stockholm, 1999）。

46 Broad, W. J., 'Satellite's fuel core falls "harmlessly"', *New York Times*, 8 Feb. 1983。

47 Jasani, B., 'The military use of outer space', *SIPRI Yearbook 1979: World Armaments and Disarmament*（Taylor & Francis: London, 1979）, pp. 270, 274-278; Lay, F., 'Nuclear technology in outer space', *Bulletin of the Atomic Scientists*, vol. 35, no. 7, pp. 27-31; Weiss, G. W., 'The life and death of Cosmos 954', *Studies in Intelligence*, spring 1978。

Meteorological and Hydrological Institute，SMHI）进行气象学后向轨迹计算。当"天气"数据仍保留在主动内存中时，上述计算不过是简单的服务项目，但如果必须从二次存储中读回数据时，则会较复杂一些。因此，台网中所有的取样台站每天都会启动例行程序、自动完成这些分析。针对质量数 95 探测的大多数轨迹都指向了苏联立陶宛的 Ignalina，那里当时曾建有世界上最大的反应堆。当这些信息被公开后，苏联新闻机构称瑞典国防研究机构放射性核素监测小组是美国中央情报局的代理。

1986 年 4 月 26 日，切尔诺贝利核电站发生事故。瑞典国防研究机构放射性核素监测小组因此开始了一段十分繁忙的工作，但是由于上述三起事件，瑞典国防研究机构已拥有足以应对事故情形的特别优良的装备。次日一大早，放射性烟云便穿越波罗的海的 Gotland 岛和 Öland 岛，进入了瑞典领空。由辐射防护研究所（Statens strålskyddsinstitut，SSI）运行的电离室网络由于通信问题未报告辐射水平的升高，反而是瑞典的一座核电站在第二天首先注意到了放射性烟云，核电站的科学家最初还以为是自己的场点发生了什么事情[48]。瑞典国防研究机构在接到警报后，立即从斯德哥尔摩的取样器上取下了滤材；10min 内，从瑞典气象及水文研究所计算机已自动发回的轨迹线可清楚地看出，顺着穿越苏联西部反应堆带的轨迹发现了释放点。强烈的 ^{134}Cs 信号表明发生了反应堆事故，^{133}I：^{131}I 活度比可用于确定事故的发生时间，从而精确指向了切尔诺贝利。然而，由于瑞典国防研究机构小型实验室被来自媒体和辐射防护研究所、瑞典核电监察机构（Statens kärnkraftinspektion，SKI）等部门的电话打扰，上述工作并未在当天完成。此外，下午又接到了 Gotland 发生过量辐射的警报。随后，瑞典国防研究机构乘坐军用飞机将便携式锗 γ 探测器系统运抵 Gotland，事实证明警报被过分夸大。直升机飞越波罗的海、穿过降雨云，当晚晚些时候，降雨云导致耶夫勒（Gävle）周边地区发生高水平放射性沉积（例如，^{137}Cs 浓度高达约 200kBq/m^2）。随后数天及数月内，SGAB 公司凭借三年前的经验，测绘了大量对行动规划和数据解释十分有用的放射性沉降图。通过与瑞典国防研究机构放射性核素监测小组利用便携式系统（该系统是迄今为止瑞典唯一一套曾多次搭乘直升机进行过全国性飞行的系统）完成的野外 γ 测量进行比对，对 SGAB 公司的探测器进行了校准。

8.6 对《全面禁止核试验条约》的影响

当冷战结束，终于有可能缔结一项全面禁止核试验条约，1997 年 3 月，在《全面禁止核试验条约》开放供各国签署半年后，在奥地利维也纳正式成立了临时技术秘书处。截至 2020 年 6 月，196 个联合国会员国中，共有 184 个国家已经签署《全面禁止核试验条约》，其中有 168 个国家已经批约。根据条约条款，条约生效需要 44 个指定国家批约，但至今仍有 8 个国家尚未签约或批约：美国、中国、印度、埃及、伊朗、以色列、朝鲜和巴基斯坦。

多年来，瑞典与国际社会一起，一直在推动《全面禁止核试验条约》谈判，并努力

---

48 事实上，辐射防护研究所正准备关停相当陈旧的电离室网络。

证明这样一个条约如何可以被可靠核查。1976 年，经瑞典提议，日内瓦裁军委员会（其前身为十八国裁军委员会，1979 年起更名为裁军谈判会议）成立了科学专家组（Group of Scientific Experts，GSE），即便在达成条约的政治前景渺茫的年代，科学专家组也在开展与核查机制相关的烦琐工作[49]。20 世纪 90 年代初，当各种政治障碍被打破，科学专家组便设法发展核查科学，这对条约谈判的成功至关重要。科学专家组的大部分工作主要集中于地震核查技术，为了测试负责收集数据和进行全球分析的国际数据中心，已开展了多次演练。

20 世纪 80 年代初，关注点开始转向监测放射性核素，1982 年，瑞典基于科学论证和研究，在裁军谈判会议上提出了一项涉及《全面禁止核试验条约》核查机制放射性核素部分的议案，提出应建立一个由 50～100 个放射性核素站点组成的、可进行颗粒物和氙取样与分析的全球性台网，并在每个大陆建立一个放射性核素实验室。日内瓦谈判的最终结果与瑞典的提案极为相似：拟建立 80 个颗粒状放射性核素台站，其中一半台站可进行氙分析。有些国家相信氙分析技术的效力，而有些国家则不相信，最终的协定基本上是一种折中局面。后来，例如朝鲜核试验发生氙泄漏，使人难以否认所有 80 个放射性核素台站（而不是一半台站）应配置氙分析能力的智慧。实际上，条约议定书指出"第一届年度常会上，缔约国大会应审议一项关于在全网络内配置惰性气体监测能力的计划并就此作出决定"[50]。

《全面禁止核试验条约》核查系统是一套由全世界 93%的国家共享的独特的全球性公共设施。其全球网络——国际监测系统（International Monitoring System，IMS），包括均匀分布于世界各地的 50 个基本地震台站和 120 个辅助地震台站、11 个水声台站、60 个次声台站、80 个放射性核素台站及 16 个放射性核素实验室。整个台网可通过卫星与位于维也纳的国际数据中心联系并发送报告，其中大部分为连续报告。尽管《全面禁止核试验条约》核查系统的设计和优化旨在探测全球任何地方的秘密核试验，但它显然也可用于许多其他用途，正如 2011 年日本发生福岛核反应堆灾难后的作用表现。福岛和 2004 年的印度洋海啸事件使《全面禁止核试验条约》签署国真正意识到，全面禁止核试验条约组织可以为灾害预警与减灾提供有用数据。如今，有 11 个国家的海啸预警中心以及负责航空与海上安全的国际和国家机构可收到来自全面禁止核试验条约组织的地震和水声台网的相关数据；同样地，他们还可从次声台站收到预警火山喷发和冰架碎裂的数据。此外，纯科学研究也能从全面禁止核试验条约组织的数据中获益。例如，2013 年 2 月乌拉尔山脉上空爆发流星雨，国际监测系统便记录到了有史以来最大的次声波。2000 年 8 月 12 日，水声子系统也探测到源自俄罗斯库尔斯克号潜艇爆炸的信号。总而言之，即便在条约生效之前，《全面禁止核试验条约》核查系统也已被证明是一种对人类十分有用的宝贵资产。

---

49 Dahlman, O., Mykkeltveit, S. and Haak, H., *Nuclear Test Ban: Converting Political Visions to Reality*（Springer: Dordrecht, 2009）; Dahlman, O. et al., *Detect and Deter: Can Countries Verify the Nuclear Test Ban?*（Springer: Dordrecht, 2011）。

50 《全面禁止核试验条约》（CTBT）于 1996 年 9 月 24 日对外开放供各国签署，至今仍未生效。https://treaties.un.org/pages/CTCTreaties.aspx?id=26&subid=A&lang=en, Protocol, Part I。

第9章
核取证分析的应用

Vitaly Fedchenko，Robert Kelley

本章重点介绍用于解决各种国际或国家安全问题的核材料分析个案。这些案例中的大多数，特别是在一些颇具历史意义的案例中，术语"核取证"或显得不合时宜，或对直接参与的分析人员来说似乎不大适当。然而，案例中所运用的核材料分析技术均归属核取证的定义范畴（见第1章）。下述案例证明核取证分析技术在实践中可被广泛应用于不同的制度框架，并说明这一广泛科学的当代及未来应用。

为了系统地说明这一点，本章所举案例将按照用于帮助核查的国际法律框架进行分类。9.1节介绍了在伊拉克和伊朗运用核取证技术进行1968年《不扩散核武器条约》（Non-Proliferation Treaty，NPT）核查的个案，以说明质量控制和测量结果解译的重要性。9.2节讨论了可用于核查有可能谈判达成的《裂变材料禁产条约》（fissile material cut-off treaty，FMCT）——一项拟议的禁止生产裂变材料的条约的技术。9.3节介绍了包括在1996年《全面禁止核试验条约》（Comprehensive Nuclear-Test-Ban Treaty，CTBT）框架内开展核爆炸爆后核取证分析的案例。9.4节介绍了对三起非法核材料交易的核取证调查。

9.1 《不扩散核武器条约》核查

除其他事项外，1968年《不扩散核武器条约》禁止任何无核武器国家（定义为在1967年1月1日前未试爆过核武器的国家）制造或获取核武器[1]。条约要求各个无核武器缔约国应与IAEA缔结一项《全面保障监督协定》（comprehensive safeguards agreement，CSA），该协定赋予IAEA视察该国核设施的权利。全面保障监督基于核材料衡算、封隔和监视组合技术，目的是防止将核能从和平利用转向核武器。在执行《全面保障监督协定》中，IAEA借鉴了许多核取证科学技术。

9.1.1 伊拉克人质衣物上的铀颗粒物

1991年的海湾战争始于1990年8月2日，当时，由总统萨达姆·侯赛因领导的伊

---

1 《不扩散核武器条约》，又称《核不扩散条约》，于1968年7月1日对外开放供各国签署，1970年3月5日生效。
IAEA Information Circular INFCIRC/140, 22 Apr. 1970, http://www.iaea.org/Publications/Documents/Treaties/npt.html。

拉克入侵石油资源丰富的邻国科威特[2]。伊拉克很快发现国际舆论强烈反对这次行动，并面临西方军队的大规模集结。为了保护其重要军事设施免遭空中轰炸，伊拉克将西方人质扣押其中。1990 年 8 月 17 日，伊拉克政府宣布将"扣留任何威胁伊拉克的国家的公民，直至威胁停止"[3]。

共有 661 名人质被分别扣押在伊拉克的多处关键军事设施中[4]。伊拉克的举动致使许多技术娴熟的石油工业及其他高科技人才突然被劫持在各种关键设施中——其中包括用于支持伊拉克当时未被发现的核武器计划的铀浓缩设施。当这些人质于 1990 年 12 月获释后，其母国迅速对其进行了盘问，包括询问他们曾被扣押在什么地方、经历了哪些事情等[5]。值得注意的是，他们在被扣押于秘密地点时随身携带的个人衣物和财物全部被收集了起来用于分析[6]。美国还能够监视某些人质在被扣押期间的活动，并确定出整个伊拉克约 55 个"最重要的"（但未必是核相关）设施[7]。

有些人质被扣押在巴格达郊外巨大的图瓦萨（Al Tuwaitha）核研究中心。按照 1973 年伊拉克与 IAEA 缔结的《全面保障监督协定》，伊拉克将图瓦萨向 IAEA 申报为一处核设施[8]。在伊拉克入侵科威特之前，IAEA 曾定期对这个巨大场点中的几座建筑物进行过保障监督视察[9]。但是，IAEA 却无法参观其他约 100 座建筑物，因此西方情报机构急于想知道那里都在干什么。

还有一些人质被扣押在巴格达北部的 Al Tarmiya 场点，按照伊拉克的《全面保障监督协定》，伊拉克并未向 IAEA 申报过此场点。该场点对西方情报机构来说是个谜。导弹分析家认为它是用于研究导弹，化学分析家认为它是用于研究化学武器，而核分析家认为它是一个用于浓缩武器级铀的气体离心浓缩工厂，因此情报分析家称其为"实物罗夏试验（concrete Rorschach test）"。

至少有两次机会，通过分析所获得的颗粒物，核取证学可有助于了解伊拉克的核计划。第一次，对 1990 年 8 月至 12 月被扣押于伊拉克核设施的人质的衣物样本进行分析，得出一些令人惊讶的结果，发现了富含 ^{235}U 且几乎不含 ^{234}U 和 ^{238}U 的颗粒物。第二次，

---

2 Posen, B. R., 'Military mobilization in the Persian Gulf conflict', *SIPRI Yearbook 1991: World Armaments and Disarmament* (Oxford University Press: Oxford, 1991)。

3 Wilson, J., *The Politics of Truth* (Carroll & Graf: New York, 2004), pp. 133-134。

4 *The Independent*, 9 Oct. 1990, cited in Hiro, D., *Desert Shield to Desert Storm: The Second Gulf War* (iUniverse: Bloomington, IN, 2003), pp. 157, 221。

5 另一则关于被扣押者供述扣押国核武器活动宝贵信息的历史事例，可参阅 Maddrell, P., *Spying on Science: Western Intelligence in Divided Germany 1945-1961* (Oxford University Press: Oxford, 2006), pp. 205-221。

6 Albright, D. and Hibbs, M., 'Iraq's nuclear hide-and-seek', *Bulletin of the Atomic Scientists*, vol. 47, no. 7 (Sep. 1991), pp. 15-16。

7 Wilson (note 3)。

8 《伊拉克共和国与国际原子能机构关于实施与不扩散核武器条约相关的保障监督协定》于 1972 年 2 月 29 日签署并生效。IAEA Information Circular INFCIRC/172, 22 Feb. 1973。

9 这些视察依据《保障监督协定》（脚注 8）第 80 条之规定。实际上，据报道，对图瓦萨的四处设施每年进行两次视察。1990 年 8 月前，共有 13 名视察员进行了 25 次视察。Kokoski, R., SIPRI, *Technology and the Proliferation of Nuclear Weapons* (Oxford University Press: Oxford, 1995), p. 101。

美国情报部门设法在战前从图瓦萨获得了一份 ^{235}U 含量仅 0.06%的含铀颗粒物样本[10]。检测分析显示，这些颗粒物中"基本不含其他同位素"[11]。这两次获得的铀颗粒物的同位素组成(尤其是能与颗粒物的化学组成相结合的话)可作为一种指纹特征，用以揭示产生含铀颗粒物的同位素分离技术。

首先，由于经济原因，商业规模的铀浓缩工厂通常不会排放 ^{235}U 的质量分数小于 0.2%的贫化铀尾料[12]，可排除这类工厂是 ^{235}U 的质量分数约为 0.06%的铀颗粒物的可能源头(如在战前获得的图瓦萨样品)[13]。其次，浓缩工艺可根据其分离同种化学元素不同同位素的方式进行分类。"选择性"工艺[如激光浓缩和电磁同位素分离(electromagnetic isotope separation, EMIS)]设计仅旨在浓缩目标同位素，同时会剔除其他所有同位素。"质量差异"工艺(如气体扩散、气体离心和气体动力学分离方法)并不会挑选任何特定的同位素，而是基于同位素之间的相对质量进行较为宽泛的同位素区分。因此，质量差异方案可浓缩所有重于或轻于目标同位素的同位素[14]。换句话说，对铀而言，某些浓缩技术(激光和电磁同位素分离)可区分 ^{234}U 与 ^{235}U，而在某些浓缩技术则无法区分二者[15]。

从人质衣物上提取的颗粒物富含 ^{235}U，但同时几乎不含较重(^{238}U)和较轻(^{234}U)的同位素。这清楚地表明该颗粒物是选择性浓缩工艺的产物。据说战前从图瓦萨获得的颗粒物的同位素组成与选择性浓缩工艺的尾矿相一致，因为 ^{234}U 和 ^{235}U 同位素的含量对任何质量差异工艺来说显得太低[16]。

从本质上讲，通过同位素组成分析，可排除激光浓缩和电磁同位素分离之外的其他所有技术。尽管各种公开资料并未明确指出这一点，但通过测定铀颗粒物的化学组成和元素组成，有可能会最终确定曾使用过的浓缩技术。电磁同位素分离使用的是四氯化铀形式的铀，而激光浓缩工艺使用的是铀金属(原子蒸气激光同位素分离，AVLIS)或六氟化铀(分子激光同位素分离，MLIS)[17]。

---

10 Nichols, J., 'Uncovering the secret program (I): the initial inspections', Transcript from the Institute for Science and International Security conference 'Understanding the Lessons of Nuclear Inspections and Monitoring in Iraq: A Ten Year Review', Washington, DC, 14-15 June 2001, http://isis-online.org/nichols。根据公开资料尚无法知道所述颗粒物确切的同位素组成。不过，1991 年 7 月，IAEA 在海湾战争后对伊拉克进行第三次视察期间，从 Al Tarmiya 场点获得了一个电磁同位素分离器部件并随后对其进行了测量。其中一个设备零件石墨收集器被含 0.06% ^{235}U 的贫化铀污染。Donohue, D. L. and Zeisler, R., 'Behind the scenes: scientific analysis of samples from nuclear inspections in Iraq', *IAEA Bulletin*, vol. 34, no. 1 (Jan.-Mar. 1992), p. 27。

11 Nichols (note 10). See also US Congress, Office of Technology Assessment, *Environmental Monitoring for Nuclear Safeguards*, OTA-BP-ISS-168 (Government Printing Office: Washington, DC, Sep. 1995), p. 26。

12 Neff, T., 'Dynamic relationships between uranium and SWU prices: a new equilibrium', *World Nuclear Association: Annual Symposium 2006*, London, 6-8 Sep. 2006 (World Nuclear Association: London, 2006). 任何一座浓缩设施，无论其采用何种工艺，进料流都将分成两股出料流：一股是产品流，其中，加工材料经浓缩、富含目标同位素；另一股是尾料流(有时被不恰当地称为废物流)，其中，目标同位素的含量已显著降低。Krass, A. S. et al., SIPRI, *Uranium Enrichment and Nuclear Weapons Proliferation* (Taylor & Francis: London, 1983), p.9。

13 See note 10。

14 关于这些同位素分离方法的详细描述，可参阅 Krass et al. (note 12), pp. 121-191。

15 US Congress, Office of Technology Assessment (note 11), p. 12。

16 Nichols (note 10)。

17 Krass et al. (note 12), pp. 188-189。

这些样品的分析结果并未在美国情报界进行广泛散播，且在一段时间内不为 IAEA 所知。结果，IAEA 只能通过卫星图像获得伊拉克真正发展铀同位素分离计划的第一条线索。卫星图像显示，一个个直径约 4m 的大型圆盘被从遭轰炸的伊拉克核设施中拆除的。美国橡树岭国家实验室一位曾亲身经历过曼哈顿计划的科学家 John Googin 解释说，这些圆盘是用于电磁同位素分离的磁盘[18]。

由核取证和卫星图像提供的关于伊拉克存在电磁同位素分离计划的迹象，在 IAEA 和美国情报界曾引发争议[19]。海湾战争之前的数年，美国洛斯·阿拉莫斯国家实验室国际技术部的一位团队负责人 Nerses Krikorian 曾提出，伊拉克政府可能已经决定采用电磁同位素分离技术进行铀浓缩[20]。他的想法在当时并未被接受，因为电磁同位素分离被认为耗能太高，就材料损失而言效率太低，因此已经过时。然而，20 世纪 90 年代计算机和粒子加速器技术的发展，使得电磁浓缩法的使用对各种武器计划目的颇具吸引力[21]。事实证明，伊拉克首席科学家 Jafar Dhia Jafar 曾在英国伯明翰大学攻读博士学位期间从事过高能物理研究，在英国卢瑟福高能实验室进行过质子同步加速器实验，在欧洲核子研究组织（CERN）进行过大型磁体研究，所有这些都有助于他运用现代标准的升级技术来实施电磁同位素分离技术[22]。后来在伊拉克进行现场视察发现了几十个圆盘，对人质衣物上的颗粒物分析结果得到了验证。

值得注意的是，产生所发现颗粒物的电磁同位素分离工艺尚处于研发阶段，并且在海湾战争时期被各种问题所困扰[23]。伊拉克想要将其扩大至工业规模并非易事，且当时生产有用数量的武器级铀尚未步入正轨。要不是战争的介入，电磁同位素分离技术很可能会被放弃，转而支持铀离心浓缩。

9.1.2 伊拉克的交叉污染问题

海湾战争后，对伊拉克施加的各种强制性条件中，包括 IAEA 的介入性视察机制[24]。在此之前，IAEA 只能利用高分辨 γ 能谱（high-resolution gamma spectrometry，HRGS）和 X 射线荧光分析（X-ray fluorescence analysis，XRF）等方法进行总体取样分析，从未进行

---

18 Thorne, L., 'IAEA nuclear inspections in Iraq', *IAEA Bulletin*, vol. 34, no. 1 (Jan.-Mar. 1992), pp. 19-20; Perricos, D., 'Uncovering the secret program-initial inspections', Transcript from the Institute for Science and International Security conference 'Understanding the Lessons of Nuclear Inspections and Monitoring in Iraq: A Ten Year Review', Washington, DC, 14-15 June 2001, http://isis-online.org/perricos。

19 Richelson, J. T., *Spying on the Bomb: American Nuclear Intelligence from Nazi Germany to Iran and North Korea* (W. W. Norton & Co.: New York, 2006), p. 451。

20 有关 Krikorian 的简短传记，可参阅'Side-by-side as equals: an unprecedented collaboration between the Russian and American nuclear weapons laboratories to reduce the nuclear danger', *Los Alamos Science*, no. 24 (1996), pp. 42-43。

21 Thorne (note 18), p. 21。

22 Stone, R., 'Profile: Jafar Dhia Jafar', *Science*, 30 Sep. 2005, pp. 2158-2159。

23 IAEA, General Conference, 'The implementation of United Nations Security Council resolutions relating to Iraq', Report by the Director General, GC(40)/13, 12 Aug. 1996, Annex, para. 6。

24 UN Security Council Resolution 687, 3 Apr. 1991。

过灵敏的颗粒物分析[25]。为了支持新的视察机制，美国政府提出拟拓展 IAEA 的颗粒物分析能力。因此，IAEA 第一次有机会使用裂变径迹热电离质谱 (fission-track thermal ionization mass spectrometry，FT-TIMS)，这是一种可用于微粒物的灵敏分析技术[26]。美国空军技术应用中心 (Air Force Technical Application Center，AFTAC) 代表 IAEA 完成了所有这类颗粒物分析。取样工作由 IAEA 完成，样品被收集在擦拭试纸或织物上，随后被送往美国空军技术应用中心位于加利福尼亚通用电气 Vallecitos 核中心的先进核应用实验室进行分析[27]。

1991 年 5 月，对伊拉克首次视察期间收集到的第一例样品给出了惊人结果。在图瓦萨场点发现了含 93% 浓缩铀的颗粒物。后来，在某些从未有过核材料的在建场点 (如拟建于 Ash Sharqat 的浓缩工厂) 所采集的样品也含有高浓缩铀。由于裂变径迹过程的缓慢以及对发现颗粒物的精细操作，整个样品分析和给出结果的过程需耗时数周甚至数月。因此，这些颗粒物应是在 1991 年夏天被发现，时值伊拉克秘密的大规模电磁同位素分离浓缩计划被揭秘[28]。伊拉克声称尚未成功进行铀浓缩。特别是，伊拉克申报的能达到的最高浓缩度"克量级为 17%，毫克量级为 45%"[29]。

颗粒物分析结果与伊拉克申报数据相矛盾，暗示伊拉克对其核计划撒了谎。随后的分析表明伊拉克是诚实的。在伊拉克采取擦拭取样和颗粒物分析是一项特别的措施。IAEA 当时所采用的取样程序并未经过全面测试或质量保证。1991 年从伊拉克核设施采集的大多数样品由美国视察人员经手，其中有许多人就职于美国的利弗莫尔、橡树岭和洛斯·阿拉莫斯国家实验室。后来证明，在伊拉克发现的许多颗粒物源于这些视察人员的交叉污染[30]。这起案例表明环境取样的极端敏感性和严谨取样程序的重要性。

1. 环境取样作为一种保障监督措施

伊拉克的经验表明，IAEA 必须改进保障监督机制，以确保已申明核计划申报的正确性、特别是完整性。1993 年 4 月，IAEA 总干事核保障监督执行常设咨询组 (Standing Advisory Group on Safeguards Implementation，SAGSI) 提出了许多改进保障监督体系的建议。基于这些建议，IAEA 启动了一项改进保障监督方法和程序的发展计划，即"93+2"

---

25 Zendel, M. et al., 'Nuclear safeguards verification measurement techniques', eds A. Vértes et al., *Handbook of Nuclear Chemistry*, 2nd edn, vol. 6 (Springer: Heidelberg, 2011), p. 2986。

26 详见第 3 章；US Congress, Office of Technology Assessment (note 11), p. 26。

27 US Congress, Office of Technology Assessment (note 11), p. 26。

28 根据联合国安理会第 687 号决议，在 IAEA 对伊拉克进行第二、第三和第四次视察期间 (1991 年 6 月至 8 月)，披露了大量与伊拉克电磁同位素分离计划相关的信息。IAEA, Consolidated report on the first two IAEA inspections under Security Council Resolution 687 (1991) of Iraqi nuclear capabilities, 12 July 1991, annex to UN document S/22788, 15 July 1991, pp. 11-12; IAEA, Report on the third IAEA on-site inspection in Iraq under Security Council Resolution 687 (1991), 7-18 July 1991, 25 July 1991, annex to UN document S/22837, 25 July 1991, pp. 6-9; and IAEA, Report on the fourth IAEA on-site inspection in Iraq under Security Council Resolution 687 (1991), 27 July-10 August 1991, 27 Aug, 1991, annex to UN document S/22986, pp. 5-9。

29 IAEA, Report on the fourth IAEA on-site inspection (note 28), para. 9。

30 关于"交叉污染 (cross-contamination)"的定义，详见术语表。

计划。在伊拉克发生的事件使 IAEA 确信，环境取样(其中，分析擦拭样品中的颗粒物是一个重要组成部分)可被视为一种获取以往和当前核活动明确信息的有力工具[31]。"93+2"计划还通过制定取样记录、数据存储、分析程序和规范并对其进行外场测试，以期解决与该项技术相关的交叉污染风险[32]。IAEA 理事会于 1995 年正式批准将环境取样作为一种保障监督措施，并从 1996 年 1 月开始使用[33]。

由于上述发展，样品采集程序得以极大改进。首先，新规范要求使用"取样包"——取样所需的一系列物品，为确保不受污染，应预先在洁净实验室中进行组装[34]。其次，由至少包括两名视察员的取样小组进行擦拭取样[35]。必须非常小心，以确保将无菌擦拭样品放入小型自封袋中。只有一名视察员，即"净视察员"可接触塑料袋并进行标记和记录。另一名，即"脏视察员"只触及擦拭工具和被擦拭表面。两名视察员在进入核场点之前应先对其自身进行本底取样，以排除将任何关切的细小颗粒物带入视察场点。

一旦完成取样，环境样品将被送往 IAEA 位于奥地利 Seibersdorf 的保障监督分析实验室(Safeguards Analytical Laboratories，SAL)。这些样品通常包括六个棉质擦拭样品，其中四个作为参考样品进行存档，两个用于分析[36]。样品在送进保障监督分析实验室进行筛查之前，将分配编号以隐匿其来源，用高纯锗 γ 能谱检测其中是否含有放射性同位素，用 X 射线荧光检测其中是否含有铀和钍。基于筛查结果，根据 IAEA 视察员的要求，IAEA 将确定分析方法并在其环境样品分析实验室网络中选定实验室做进一步样品分析[37]。

2. 紫色毛衣

正如 2003 年 3 月入侵伊拉克前夕，其他信息也可被用来记录样品收集。本书的一位作者直接参与了这起案例，并发现了一个可能饱含重大意义的阳性样品。

31 Hooper, R., '"Programme 93+2": IAEA development programme for strengthened and more cost-effective safeguards', Institute of Nuclear Materials Management (INMM), *36th Annual Meeting of the Institute of Nuclear Materials Management*, Palm Desert, CA, 9-12 July 1995 (INMM: Deerfield, IL, 1995)。

32 Kuhn, E., 'Environmental monitoring for safeguards applications', Institute of Nuclear Materials Management (note 31); and Zendel et al. (note 25), p. 2987。

33 Kuhn, E., Fischer, D. and Ryjinski, M., 'Environmental sampling for IAEA safeguards: a five year review', IAEA-SM-367/10/01, *Symposium on International Safeguards, Verification and Nuclear Material*, Vienna, 29 Oct.-2 Nov. 2001 (IAEA: Vienna, 2001)。

34 除热室和浓缩设施外，IAEA 用于其他任何场所的基础擦拭取样包包括：六块 10cm² 大小的棉布、两种不同规格的自封袋(以便在取样后对擦拭棉布进行独立包装和双层包装)、两副洁净室乳胶手套、一张样品数据表、钢笔和标签。取样包准备过程须遵守严格程序。Zendel et al. (note 25), pp. 2988-2989。

35 IAEA, *IAEA Safeguards Glossary: 2001 Edition*, International Nuclear Verification Series no. 3 (IAEA: Vienna, 2001), p. 73。

36 Bevaart, L., Donohue, D. and Fuhr, W., 'Future requirements for the analysis of environmental samples and the evaluation of the results', European Safeguards Research and Development Association (ESARDA), *29th Annual Meeting: Symposium on Safeguards and Nuclear Material Management*, Aix en Provence, 22-24 May 2007 (Office for Official Publications of the European Communities: Luxembourg, 2007)。

37 详见第 2 章。

一个之前曾用于伊拉克核计划的金属切割加工厂引起了 IAEA 的注意。该场点从未有过核材料进出，因此 IAEA 在擦拭样品中未发现浓缩铀颗粒物。然而，2003 年 1 月至 2 月，从该加工厂采集到的样品中发现了含 2.6% ^{235}U 的颗粒物。

1982 年，伊拉克从意大利进口了 1767kg 含 2.6% ^{235}U、二氧化铀粉末形式的铀。自 20 世纪 90 年代起，该材料一直处于 IAEA 管控之下，以从意大利接收到的相同形式存放于 C 地点（靠近图瓦萨的一个存贮综合体）[38]。IAEA 从未获悉伊拉克其他任何场点也存放有这种特定浓缩度的铀。如果在加工厂真的发现了此种铀浓缩度的颗粒物，这将意味着封存于 C 地点的材料可能已被转移或未向 IAEA 申报而转作他用。当时，IAEA 伊拉克行动小组在伊拉克进行了多次视察，但并未发现任何意外核活动的证据。不同的调查结论将强化受美国和其他一些国家威胁的战争的理由。因此，需要进行快速而仔细的重新取样，最重要的是应确保谨慎且保证其准确性。

取样过程通常会进行拍照，从照片可以看出，在视察图瓦萨附近的 C 地点时，有一名视察员身穿前一天就曾穿着的一件紫色毛衣。这件毛衣随后被没收并对其进行了取样，证明毛衣上存在许多有问题的颗粒物。此事强有力地证实，交叉污染是导致在加工厂发现铀的原因。这些结果再次说明，裂变颗粒物分析是一项极其敏感的工作，为了避免发生交叉污染，取样过程须极为谨慎和细心，包括应尽可能穿着干净的防护服。取样视察员穿着的防护服，往往会令被视察国大为吃惊。事实上，在此情形中，防护服并不是为了保护视察员免受环境沾污，而是保护环境样品免受视察员的意外污染。

9.1.3 对伊拉克水路的取样

截至 1993 年，IAEA 已经发现并记录了伊拉克武器计划几乎所有的秘密要素。下一步任务是确保伊拉克没有启动新的计划。然而，萨达姆·侯赛因在海湾战争后依然掌权，且被怀疑仍抱有核武器野心。例如，1992 年一直有传言称伊拉克已经建造或计划建造钚生产堆[39]。尽管这些报道最终被彻底推翻，但在 1992 年却是一个令人不安的猜疑。

自 20 世纪 40 年代起，人们便已知悉水文样品采集可作为探测反应堆运行、核燃料后处理等核活动的一种有效技术[40]。特别是，人们已经认识到钚分离会向下游水路排放可探测量的特殊放射性核素和化学物[41]。根据 1991 年在英国塞拉菲尔德核燃料后处理设施进行的一项研究，一座年产 8kg 钚的小型"受控排放"的后处理厂每年可能会向空气和水中排放 12mg ^{14}C 和 2mg ^{90}Sr，向外围水路排放 125g ^{129}I 和 15g ^{99}Tc[42]。

38 IAEA, Fourth consolidated report of the Director General of the International Atomic Energy Agency under paragraph 16 of Security Council resolution 1051 (1996), 6 Oct. 1997, annex to UN document S/1997/779, p. 25。

39 Albright, D., 'A proliferation primer', *Bulletin of the Atomic Scientists*, vol. 49, no. 5 (June 1993), p. 19。

40 Boni, A. L., 'High sensitivity measurements of ultra-low amounts of radioactivity in the environment', *50 Years of Excellence in Science and Engineering at the Savannah River Site: Proceedings of the Symposium*, Aiken, SC, 17 May 2000 (Westinghouse Savanah River Company: Aiken, SC, 2000); Alvarez, L. W., *Alvarez: Adventures of a Physicist* (Basic Books: New York, 1989), pp. 119-122。

41 Paternoster, R. R., *Nuclear Weapon Proliferation: Indicators and Observables*, LA-12430-MS (Los Alamos National Laboratory: Los Alamos, NM, Dec. 1992), pp. 7-9。

42 US Congress, Office of Technology Assessment (note 11), p. 17。

作为"93+2"计划的一部分，IAEA 请求美国能源部下属的萨凡纳河国家实验室制定一项针对伊拉克水路的取样计划，以探测可能因秘密活动而引发的任何放射性流出物[43]。该计划由四部分组成：①进行地理研究，确定相关河流的阻塞点和汇流点，确保建立一个有效的取样点网；②定期取样系统，而非实时监测；③水浓缩系统，减少待分析物的运输量；④沉积物淤泥、植被和水的取样。

1992 年 8 月和 9 月战后第十四次视察期间，IAEA 发起了一项旨在建立"伊拉克主要分水岭区放射性核素和稳定同位素组成基线，以探测核相关设施水相流出物所致变化"的调查[44]。该项调查有三个具体目标：①测量伊拉克现有核相关设施水相流出物对地表水系统的影响；②探测可能存在但不为外界所知的核设施；③为解读易探测到的组成变化提供水文和放射性条件基线。

IAEA 共采集了三种样品：①100mL 水样；②沉积柱；③用于从约 300L 水样中浓缩可溶物和颗粒物的过滤柱。样品分析包括高灵敏 γ 能谱、锕系元素(主要是 U 和 Pu)放化分离及 α 能谱、二次离子质谱(secondary ion mass spectrometry，SIMS)、用于氚分析的超低本底气体正比计数管及用于稳定同位素分析的电感耦合等离子体质谱(inductively coupled plasma mass spectrometry，ICP-MS)[45]。

1992 年底，IAEA 在第十四次和第十五次视察伊拉克期间，对曾到访过的 52 个场点开展了上述"基线测定"调查[46]。其中，有 7 个取样点位于库尔德控制区[47]。显然，出于人员安全考虑，在上述地点开展进一步取样会很困难，但这些地点均位于伊拉克水路的上游，因此并不被认为是个问题。此外，萨达姆·侯赛因也不可能在其控制区以外建造敏感的核设施。

对伊拉克水路的长期监测计划，设想对 45 个可接近取样点中的约 15 个取样点进行每年两次的重新视察。1993 年 4 月至 5 月，IAEA 在第十九次现场视察期间，进行了首次这类定期取样视察，且一直持续至 1998 年。此外，2002 年也进行了水路取样[48]。

据报道，各种测量的灵敏度很高。整套分析系统可探测发现极少量的 γ 或 β 放射性核素。例如，经常可探测到"伊拉克允许在各种医学应用中使用的放射性同位素"[49]。

43 Boni (note 40), p. 278; and Boni, A. L., 'Environmental sampling in water for verification purposes', IAEA Scientific Forum 'Nuclear Technology in Relation to Water Resources and the Aquatic Environment', Vienna, 22-24 Sep. 1998, http://www.iaea.org/About/Policy/GC/GC42/SciProg/gc42-scifor-ll.pdf.

44 IAEA, Report on the fourteenth IAEA on-site inspection in Iraq under Security Council Resolution 687 (1991), 31 August-7 September 1992, 24 Sep. 1992, annex to UN document S/24593, para. 11; and Kokoski (note 9), p. 135.

45 IAEA (note 44), pp.9-10.

46 IAEA, Report on the fifteenth IAEA on-site inspection in Iraq under Security Council Resolution 687 (1991), 8-18 November 1992,10 Dec. 1992, annex to UN document S/24981, pp. 6-7.

47 Kokoski (note 9), p. 135.

48 IAEA, Report on the nineteenth IAEA on-site inspection in Iraq under Security Council Resolution 687 (1991), 30 April-7 May 1993, 21 June 1993, annex to UN document S/25982, para. 5; IAEA, Update report of the International Atomic Energy Agency to the Security Council pursuant to resolution 1441 (2002), 27 Jan. 2003, annex to UN document S/2003/95, para. 41; IAEA, Fifteenth consolidated report of the Director General of the International Atomic Energy Agency under paragraph 16 of Security Council resolution 1051 (1996), 11 Apr. 2003, annex to UN document S/2003/422, p. 5.

49 IAEA, Fifteenth consolidated report (note 48), para. 10.

样品分析能够区分出因切尔诺贝利事故而引入的痕量放射性、源自全球核武器试验的放射性沉降和治疗甲状腺癌而产生的放射性[50]。该项调查强有力地证实，在取样时，伊拉克未曾运行反应堆或后处理厂。

水路取样并不仅仅是为了探测与处理天然铀有关的核设施。天然铀在环境中无处不在，除非浓缩度产生人为改变，或引入特征同位素或化学元素，否则很难探测到铀浓度的变化。总而言之，水取样计划被认为可有效探测与反应堆或后处理相关的裂变产物。它将有助于探测自然界中异常同位素组成的铀。它是协同环境中类似计划的一种典范，在某些情形下也可被用于秘密取样。

9.1.4 核查伊朗向 IAEA 申报的铀颗粒物分析

2002 年 8 月的媒体报道促使 IAEA 开始调查伊朗境内未申报的铀浓缩设施[51]。2003 年 2 月，IAEA 高级代表团访问伊朗期间，伊朗当局承认在 Natanz 有两座离心浓缩厂——燃料浓缩试验厂（pilot fuel enrichment plant，PFEP）和大型燃料浓缩厂（fuel enrichment plant，FEP），并且在位于德黑兰的 Kalaye 电力公司（Kalaye Electric Company，KEC）设有一个用于生产离心机部件的车间。伊朗表示，其浓缩计划为土生土长，且当时未在上述场点或其他场点进行涉及核材料的浓缩活动[52]。

这一声明相当重要，因为与《不扩散核武器条约》其他无核武器缔约国一样，伊朗与 IAEA 也签署了《全面保障监督协定》，这就要求缔约国在开始运行任何新的核设施之前，须向 IAEA 进行申报并提供相关具体设计信息[53]。为此，各国需要完成一份《设计信息调查表》（design information questionnaire，DIQ）。《全面保障监督协定》附加议定书规定了所需提交的《设计信息调查表》的具体细节。这类附加议定书由 IAEA 分别与各个国家通过谈判而达成。

自 1976 年起，所有国家均被要求须在新设施引入核材料之前的 180 天内完成与新设施相关的《设计信息调查表》。海湾战争后，IAEA 理事会决定在随后谈判的《全面保障监督协定》中改变附加议定书，从而使各国"在决定建造或授权建造任何核设施时（即在实际开始建造之前）向 IAEA 提供相关设计信息，以便建立对该设施用于和平目的的信心"[54]。然而，直到 2003 年 2 月 26 日已有浓缩设施被发现后，伊朗才开始接受这些新规定[55]。

---

50 Boni (note 43), p. 3。

51 关于伊朗谋求敏感核燃料循环技术的详细说明，可参阅 Kile, S. N., 'Nuclear arms control and non-proliferation', *SIPRI Yearbook 2004: Armaments, Disarmament and International Security* (Oxford University Press: Oxford, 2004), pp. 604-612。

52 IAEA, Board of Governors, 'Implementation of the NPT safeguards agreement in the Islamic Republic of Iran', Report by the Director General, GOV/2003/40, 6 June 2003, para. 8。

53 按照 IAEA 的定义，"设计信息"是指"接受保障监督的核材料的相关信息……以及为确保这类材料安全的相关设施的特征"。IAEA (note 35), p. 26。

54 IAEA, Board of Governors, 'Strengthening of agency safeguards: the provision and use of design information', GOV/2554/Attachment 2/Rev.2, 1 Apr. 1992, para. 2. See also Hibbs, M., 'Safeguards agreement required early completion of DIQ by Syria', *Nuclear Fuel*, vol. 32, no. 23 (5 Nov. 2007), p. 9; and Schriefer, D., 'The international level', eds R. Avenhaus et al., *Verifying Treaty Compliance: Limiting Weapons of Mass Destruction and Monitoring Kyoto Protocol Provisions* (Springer: Heidelberg, 2006), pp. 437, 452。

55 IAEA, GOV/2003/40 (note 52), 6 June 2003, para. 15。

因此，如果上述设施在被发现之前未曾引入核材料，伊朗便没有做出违反其《全面保障监督协定》的行为。如果曾已引入核材料，那么未申报这类设施则将违反伊朗的《全面保障监督协定》[56]。

为了确定上述设施是否曾已引入核材料，IAEA 分别于 2003 年 3 月和 8 月开始对 Natanz 工厂和 Kalaye 电力公司的车间进行环境取样[57]。IAEA 视察员指出，在其开展取样前，Kalaye 电力公司场点曾进行过"相当大的改造"，这将"有可能影响环境取样的准确性和 IAEA 对伊朗申报的核查能力"[58]。尽管存在干扰，但所获样品显示上述两个场点均存在铀颗粒物，且与伊朗向 IAEA 提交的申报清单中的材料不一致。

总而言之，IAEA 报道称发现了含天然铀、低浓缩铀和浓缩度高达 70%的高浓缩铀（大部分高浓缩铀被浓缩至 32%～38%和 50%～60%的 ^{235}U）颗粒物。这为伊朗未予申报的活动提供了确凿证据：伊朗或曾进口过浓缩铀，或进行过浓缩实验。许多低浓缩铀和高浓缩铀颗粒物中还含有较高含量的 ^{236}U，表明伊朗曾使用过从乏燃料中提取的铀。这再次表明，伊朗或进行过未知的后处理活动，或曾进口过浓缩材料[59]。

面对证据，伊朗承认曾进行过未申报的国内浓缩实验和一次秘密的国际核贸易。在 2003 年 10 月 21 日的信件中，伊朗承认，与其之前的声明相反，1999～2002 年曾进行过小规模浓缩实验。这些实验的浓缩水平不超过 1.2% ^{235}U [60]。更重要的是，2003 年 8 月，伊朗正式承认曾进口过一些离心机零件。结果表明，高浓缩铀污染物源于进口的零部件，且认定巴基斯坦为供应商[61]。巴基斯坦最终同意交出 IAEA 要求的离心机部件，以便对铀颗粒物进行比对[62]。IAEA 于 2005 年 5 月 21 日收到离心机部件，并在其保障监督分析实验室中进行了擦拭取样和样品分析。结果证实，正如伊朗所言，大部分污染物可能源自巴基斯坦[63]。

上述事件表明，尽管各种核取证技术可能会有助于保障监督的执行，但必须辅以其他数据源，如各种开源分析、卫星图像和来自 IAEA 成员国的信息。IAEA 只有从别处了解到 Natanz 工厂后，才有可能会在伊朗发现浓缩铀。

56 事实上，如果伊朗打算在其设施被发现之前的 180 天内引入核材料，那么，从技术上讲，伊朗则违反了其《全面保障监督协定》，但是无法证明这种假设。

57 IAEA, Board of Governors, 'Implementation of the NPT Safeguards Agreement in the Islamic Republic of Iran', Report by the Director General, GOV/2003/75, 10 Nov. 2003, annex 1, paras 37-46.

58 IAEA, Board of Governors, 'Implementation of the NPT Safeguards Agreement in the Islamic Republic of Iran', Report by the Director General, GOV/2003/63, 26 Aug. 2003, para. 32.

59 IAEA, Board of Governors, 'Implementation of the NPT Safeguards Agreement in the Islamic Republic of Iran', Report by the Director General, GOV/2004/83, 15 Nov. 2004, para. 38.

60 IAEA, GOV/2003/75 (note 57), annex 1, paras 30-35.

61 Kile, S. N., 'Nuclear arms control and non-proliferation', *SIPRI Yearbook 2005: Armaments, Disarmament and International Security* (Oxford University Press: Oxford, 2005), pp. 558-559.

62 Bokhari, F., 'Pakistan may hand over nuclear centrifuges', *Financial Times*, 25 Mar. 2005; 'Centrifuge parts sent to IAEA', *Dawn* (Karachi), 27 May 2005.

63 IAEA, Board of Governors, 'Implementation of the NPT Safeguards Agreement in the Islamic Republic of Iran', Report by the Director General, GOV/2005/67, 2 Sep. 2005, para. 12.

9.2 《裂变材料禁产条约》核查

1995 年，裁军谈判会议(conference on disarmament，CD)通过一项授权，就禁止核武器用裂变材料生产的多边《裂变材料禁产条约》进行谈判[64]。《裂变材料禁产条约》的有效性和可接受性都将取决于其是否可被核查。条约是否可被核查的问题，意味着裁谈会的进展缓慢。核取证领域和 IAEA 保障监督领域中许多已有的技术，或许可被用于核查将来的《裂变材料禁产条约》[65]。下述例子将描述如何利用核取证技术：确定钚分离于《裂变材料禁产条约》生效之前还是条约生效之后，测算反应堆全寿命过程中的钚产量(进而接受《裂变材料禁产条约》的衡算监督)，远程探测被禁止的裂变材料生产。

9.2.1 通过测定钚龄核查朝鲜的初始申报

朝鲜于 1985 年加入《不扩散核武器条约》，在迟迟拖延后，于 1992 年 1 月 30 日与 IAEA 签署了《全面保障监督协定》[66]。按照《全面保障监督协定》第 62 款的要求，朝鲜于 1992 年 5 月 4 日向 IAEA 提交了《关于所有受保障监督的核材料的初始报告》[67]。

该初始报告包括一项声明，称朝鲜于 1990 年 3 月在位于 Yongbyon 的放射化学实验室进行了一次实验，利用从附近 5MW 电功率(25MW 热功率)石墨气冷堆拆下的受损乏燃料棒分离出了约 90g 钚[68]。1992 年 5 月，为了"核查初始报告所含信息的正确性并评估其完整性"，IAEA 依据《全面保障监督协定》第 71(a) 款的要求开始对朝鲜进行特别视察[69]。1992 年 5 月至 1993 年 2 月，IAEA 对朝鲜共进行了 6 次特

64 Conference on Disarmament, Report of Ambassador Gerald E. Shannon of Canada on consultations on the most appropriate arrangement to negotiate a treaty banning the production of fissile material for nuclear weapons or other nuclear explosive devices, CD/1299, 24 Mar. 1995.

65 关于实施《裂变材料禁产条约》的某些具体建议，可参阅 Kile, S. N. and Kelley, R. E., *Verifying a Fissile Material Cut-off Treaty: Technical and Organizational Considerations*, SIPRI Policy Paper No. 33 (SIPRI: Stockholm, Aug. 2012); International Panel on Fissile Materials (IPFM), *Global Fissile Material Report 2008: Scope and Verification of a Fissile Material (Cut-off) Treaty* (IPFM: Princeton, NJ, Sep. 2008)。

66 《朝鲜民主主义人民共和国政府与国际原子能机构关于实施与不扩散核武器条约相关的保障监督协定》于 1992 年 1 月 30 日签署，1992 年 4 月 10 日生效。IAEA Information Circular INFCIRC/403, May 1992. 也可参阅 Lockwood, D. and Wolfsthal, J. B., 'Nuclear weapon developments and proliferation', *SIPRI Yearbook 1993: World Armaments and Disarmament* (Oxford University Press: Oxford, 1993), p. 244.

67 按照 IAEA 的定义，"初始报告(initial report)"是指《全面保障监督协定》要求的、含"(缔约国)所有接受保障监督核材料官方声明"的文件，IAEA 据此将"为该(缔约)国……建立一个统一的核材料库存"。IAEA (note 35), p. 94.

68 Smith, R. J., 'N. Korea and the bomb: high-tech hide-and-seek', *Washington Post*, 27 Apr. 1993, p. A1; Kokoski (note 9), p. 223; Reiss, M., *Bridled Ambition: Why Countries Constrain Their Nuclear Capabilities* (Woodrow Wilson Center Press: Washington, DC, 1995), pp. 242, 294.

69 IAEA, Report by the Director General of the International Atomic Energy Agency on Behalf of the Board of Governors to all Members of the Agency on the Non-compliance of the Democratic People's Republic of Korea with the Agreement Between the IAEA and the Democratic People's Republic of Korea for the Application of Safeguards in Connection with the Treaty on the Non-Proliferation of Nuclear Weapons (INFCIRC/403) and on the Agency's inability to verify the Non-diversion of Material Required to be Safeguarded', Information Circular INFCIRC/419, 8 Apr. 1993, para. 5.

别视察[70]。其中，为了分析上述视察期间所收集的材料、核查朝鲜的声明，曾两次使用了核取证分析。

第一次，朝鲜提交了核查材料，称其为"1990 年某次活动所产生的钚产品及相关废液，涉及对(朝鲜)5MW(电功率)实验动力堆辐照燃料元件的后处理"[71]。这些材料的样品被送到 IAEA 的保障监督分析实验室，将其分成子样品被送往其他国家的"选定实验室"进行分析[72]。

分析测定了废液中的钚和已分离钚中的 ^{239}Pu、^{240}Pu 和 ^{241}Pu 同位素比值[73]。测试结果显示，同位素比值与朝鲜申报的 ^{239}Pu：^{240}Pu 比值不符，相差 0.5%~1%[74]。此外，样品中材料的同位素组成与申报的燃料辐照历史不一致[75]。IAEA 将这些调查结果解释为，意味着已分离钚和废液中的钚并非源自同一燃料棒，且钚可能分离于其他时机。正如 IAEA 总干事 Hans Blix 所言，"我们发现了两只手套，一只废物手套和一只钚手套，且二者互不匹配……因此我们得出结论，必定还有其他手套"，朝鲜并未申报[76]。

第二次，为了确定朝鲜何时曾进行过其他钚分离，IAEA 对位于 Yongbyon 后处理线末端(新分离的钚在这里从液态被转化为氧化物)的手套箱进行了内、外擦拭取样[77]。样品被送至保障监督分析实验室，然后被送往各个指定实验室，其中包括美国空军技术应用中心的 McClellan 中心实验室，以测定其元素和同位素组成[78]。这些数据随后被用于计算核材料的年龄[79]。据报道，利用 ^{241}Pu：^{241}Am 比值，确定出 Yongbyon 颗粒物中的钚分离于 1989 年、1990 年、1991 年和 1992 年初[80]。

通过揭示这两起不一致情况——已分离钚和废物有着不同的来源、曾进行过多次的钚分离——由 IAEA 及相关实验室进行的核取证分析提供了更多证据，证明朝鲜向 IAEA 的申报并非完全正确。

9.2.2　测定反应堆的钚生产及运行历史

军用钚生产堆大都采用石墨慢化剂。最值得注意的是，俄罗斯和美国的反应堆以及

70 IAEA, Board of Governors and General Conference, 'Application of safeguards in the Democratic People's Republic of Korea', Report of the Director General, GOV/2011/53-GC(55)/24, 2 Sep. 2011, p. 2。

71 IAEA, INFCIRC/419 (note 69)。

72 Smith (note 68)。

73 Kokoski (note 9)。

74 Hileman, B., 'North Korea suspected of hiding plutonium', *Chemical & Engineering News*, 11 Apr. 1994, p. 5。

75 IAEA, INFCIRC/419 (note 69)。

76 Smith (note 68)。

77 Fischer, D., *History of the International Atomic Energy Agency: The First Forty Years* (IAEA: Vienna, 1997), pp. 289, 320; Albright, D., 'North Korean plutonium production', *Science & Global Security*, vol. 5, no. 1 (Dec. 1994), pp. 66-67, 86-87。

78 Smith (note 68); and Welch, M., 'AFTAC celebrates 50 years of long range detection', *AFTAC Monitor*, Oct. 1997, pp. 22, 28。

79 关于"年龄(age)"的定义，详见术语表。也可参阅第 2 章。

80 Hibbs, M., 'Isotopics show three North Korean reprocessing campaigns since 1975', *Nuclear Fuel*, 1 Mar. 1993, p. 9. 有消息称，钚也可能分离于 1992 年初。Smith (note 68)。

朝鲜的钚生产堆均是如此。这类反应堆一旦退役，则可以运用一种特殊的核取证分析技术——石墨同位素比值法(graphite isotope ratio method，GIRM)确定反应堆全寿命过程中的钚产量，帮助开展"核考古"[81]。在俄-美双边裁军倡议的背景下，俄罗斯和美国科学家发展了石墨同位素比值法。石墨同位素比值法的主要优点在于有助于了解石墨反应堆的累积钚产量，即便所有的堆燃料已进行后处理或无可供分析的燃料[82]。

反应堆石墨一旦被装入反应堆，通常会伴随反应堆全寿命过程。即使是高纯度的反应堆级石墨，其杂质含量也约占百万分之几。中子辐照可改变石墨杂质的同位素组成。反应堆关闭后，从堆芯各个位置点可取到足够数量的石墨样品。然后，可运用质谱技术测量受辐照石墨中杂质的同位素组成。将该同位素组成与未经辐照石墨样品中杂质的同位素组成进行比较，或是与文献数据进行比较(如果找不到未经辐照的石墨样品)。杂质中的变化一旦被确定，则可计算出引发这种变化所需的中子总量(即注量)。而钚的总产量与中子注量成正比[83]。

表 9.1 给出了几种适合用作中子注量指示器的具体的同位素比。根据大多数研究，运用石墨同位素比值法估算反应堆总钚产量的误差约在百分之几以内[84]。采用多种同位素比、相当数量的受辐照石墨样品和未经辐照的石墨，可减小石墨同位素比值法估算钚产量的相关不确定性。

表 9.1　石墨同位素比值法(GIRM)中子注量指示器同位素比

元素	主要测量同位素比	注量范围
硼(B)	$^{10}B : ^{11}B$	低
锂(Li)	$^{6}Li : ^{7}Li$	低—中
钛(Ti)	$^{48}Ti : ^{49}Ti$	中—高
铀(U)	$^{235}U : ^{238}U$，$^{236}U : ^{238}U$	低—高
钚(Pu)	$^{240}Pu : ^{239}Pu$，$^{241}Pu : ^{239}Pu$，$^{242}Pu : ^{239}Pu$	低—高

注："注量范围"(fluence range)表示利用特定同位素比值可确定的注量水平。例如，$^{10}B : ^{11}B$ 同位素比更适用于采用低注量的反应堆，而不大适用于中等注量或高注量的反应堆。

资料来源: Gesh, C. J., A Graphite Isotope Ratio Method Primer: A Method for Estimating Plutonium Production in Graphite Moderated Reactors', PNNL-14568 (Pacific Northwest National Laboratory: Richland, WA, Feb. 2004), table 2.1。

石墨同位素比值法已被用于许多场合。有文章提出并详细描述了如何运用石墨同位

---

81 术语"核考古学(nuclear archaeology)"于 1993 年被提出，用以涵盖"追溯记录所有核武器活动，特别是裂变材料生产与处置"的所有手段。这类活动必将会用到本书所定义的核取证分析方法。Fetter, S., 'Nuclear archaeology: verifying declarations of fissile-material production', *Science & Global Security*, vol. 3, nos. 3-4 (1993), pp. 237-259。

82 Wood, T. et al., 'Establishing confident accounting for Russian weapons plutonium', *Nonproliferation Review*, vol. 9, no. 2 (summer 2002), pp. 126-137。

83 Gesh, C. J., *A Graphite Isotope Ratio Method Primer: A Method for Estimating Plutonium Production in Graphite Moderated Reactors'*, PNNL-14568 (Pacific Northwest National Laboratory: Richland, WA, Feb. 2004), p. 1。关于"注量(fluence)"的定义，详见术语表。

84 Heasler, P. G. et al., 'Estimation procedures and error analysis for inferring the total plutonium(Pu)produced by a graphite-moderated reactor', *Reliability Engineering & System Safety*, vol. 91, nos 10-11, (Oct.-Nov. 2006), pp. 1406-1413。

素比值法估算 Yongbyon 石墨反应堆的钚总产量[85]。最近，已经有大量研究试图将石墨同位素比值法扩展为适用于其他反应堆类型的通用同位素比值法(isotope ratio method，IRM)。例如，运用同位素比值法曾验证了美国密歇根大学 Ford 核反应堆的运行历史，这是一座水冷式研究堆[86]。位于格鲁吉亚第比利斯 Androni-kashvili 物理研究所的 IRT 反应堆，也开展了类似研究[87]。运用同位素比值法估算沸水堆(boiling water reactor，BWR)燃料束累积能量产量的可能性也已被证明[88]。许多研究已经将同位素比值法扩展至印度(CIRUS)和巴基斯坦(Khushab-I)用于军用钚生产的重水慢化堆，以及民用 CANDU 重水慢化堆[89]。最后，已经有人提议采用相同的思路来验证气体扩散浓缩厂的运行历史[90]。

9.2.3 通过环境取样进行远程核查

许多技术可用于远程核查各种核燃料循环活动。在 IAEA 保障监督架构下，这类技术的效用尚未得到充分证明。就《裂变材料禁产条约》而言，许多颇具前景的技术有望用于探测未申报的钚生产和未申报的铀浓缩活动。

^{235}U、^{238}U 和 ^{239}Pu 在裂变过程中可生成 ^{85}Kr，这意味着任何反应堆都可产生大量的 ^{85}Kr。由于氪是一种惰性气体，逃逸出钚分离设施的氪达可探测量，且反应堆运行人员难以将其过滤除尽。^{85}Kr 的半衰期为 11 年，这意味着大气中存在一定的 ^{85}Kr 本底。尽管如此，也已证明，在几十千米之内可辨识出单个设施的氪排放[91]。尽管运用这种技术

85 Kang, J., 'Nuclear archeology on the 5MWe graphite reactor at Yongbyon', Institute of Nuclear Materials Management (INMM), *51st Annual Meeting of the Institute of Nuclear Materials Management 2010 (INMM 51)*, vol. 2 (INMM: Deerfield, IL, 2011); and Kang, J., 'Using the graphite isotope ratio method to verify the DPRK's plutonium production declaration', *Science and Global Security*, vol. 19, no. 2 (May-Aug. 2011), pp. 121-129。

86 Cliff, J. B. et al., 'Isotope ratio method analysis of the Ford Nuclear Reactor', Presentation at the Joint Meeting of the National Organization of Test, Research, and Training Reactors and the International Group on Research Reactors, Gaithersburg, MD, 12-16 Sep. 2007, http://ncnr.nist.gov/trtr2005/Proceedings/papers.htm。

87 Cliff, J. B. et al., 'Independent verification of research reactor operation', Institute of Nuclear Materials Management (note 85), vol. 4。

88 Gesh, C. J. et al., 'Application of the isotope ratio method to a boiling water reactor', Institute of Nuclear Materials Management (note 85), vol. 1。

89 Gasner, A. and Glaser, A., 'Beyond GIRM: nuclear archaeology for heavy-water-moderated plutonium production reactors', Institute of Nuclear Materials Management (note 85), vol. 5; Broadhead, B. L., 'Nuclear archaeology for CANDU power reactors', Institute of Nuclear Materials Management (INMM), *52nd Annual Meeting of the Institute of Nuclear Materials Management 2011 (INMM 52)*, vol. 5 (INMM: Deerfield, IL, 2012)。

90 Philippe, S. and Glaser, A., 'Nuclear archaeology for gaseous diffusion enrichment plants', Institute of Nuclear Materials Management (INMM), *54th Annual Meeting of the Institute of Nuclear Materials Management 2013 (INMM 54)*, vol. 5 (INMM: Deerfield, IL, 2013)。

91 Saey, P. R. J., 'Ultra-low-level measurements of argon, krypton and radioxenon for treaty verifycation purposes', *ESARDA Bulletin*, no. 36 (July 2007), p. 44; Kalinowski, M. B. et al., 'Environmental sample analysis', eds Avenhaus et al. (note 54), pp. 376-377; International Panel on Fissile Materials (IPFM), *Global Fissile Material Report 2007* (IPFM: Princeton, NJ, Oct. 2008), p. 107; Heim, M., et.al., 'Discovery of the krypton isotopes', *Atomic Data and Nuclear Data Tables*, vol. 96, no. 4 (July 2010), <http://arxiv.org/pdf/0904.2362>, pp. 333-340; Born, H. J. and Seelmann-Eggebert, W., 'Über die Identifizierung einiger Uranspaltprodukte mit entsprechenden durch (nα)- und (np)-Prozesse erhaltenen Isotopen', [On the identification of some uranium fission products with the related isotopes received through (nα)- und (np)-processes], *Naturwissenschaften*, vol. 31, nos 7-8 (Feb. 1943)。

可能难以合理地确保能够探测到某国境内先前未知的钚分离设施，但是《裂变材料禁产条约》执行机构(如果且当其成立时)或许可在已申报且拒绝进入的后处理厂的附近部署^{85}Kr探测器，以便核查该后处理厂未再从事后处理活动。

远程探测铀浓缩设施，特别是那些采用离心机的铀浓缩设施，由于其环境排放较低，被认为是一件困难的事情。有人提出，应将注意力放在六氟化铀(UF_6)上，UF_6是当今乃至可预见的未来任何浓缩厂运行都需用到的一种中间产物。如果所有铀转化工厂中的UF_6产品和库存均已核实，所有入口均已被监控，那么不进行秘密的UF_6生产，则不可能开展未申报的浓缩活动。公开研究表明，通过探测UF_6在大气中的降解产物——UO_2F_2气溶胶，理论上有可能对UF_6生产设施进行远程探测，但如果探测距离太远、秘密设施装有高效的颗粒物空气过滤器，则可能会存在问题[92]。

9.3 核爆炸爆后分析

9.3.1 2006年、2009年和2013年朝鲜核试验[93]

迄今为止，朝鲜共进行了6次核试验：2006年10月9日、2009年5月25日、2013年2月12日、2016年1月6日、2016年9月9日和2017年9月3日(译者注：原著写于2015年，仅讨论了前三次试验)。每次试验，朝鲜官方新闻机构朝鲜中央通讯社(Korean Central News Agency，KCNA)都会发表声明，宣布试验并给出试验规模和某些技术细节。这些声明必须借助已有技术进行核实。每次核试验后，朝鲜以外的国际、政府和独立专家都会运用核取证技术进行大量的测量和研究，以确定朝鲜是否进行了爆炸，如果爆炸属实，其性质、地点和实际威力如何(表9.2)。

表9.2 2006年、2009年和2013年朝鲜核爆炸相关数据

时间	数据来源	爆炸零时(UTC)	纬度	经度	误差范围 [a]	体波震级 [b]
2006年10月9日	IDC[c]	01:35:27.6	41.3119°N	129.0189°E	±20.6km[d]	4.1
	CEME(俄罗斯)	01:35:26.0	41.31°N	128.96°E	—	4.0
	KIGAM(韩国)	01:35	40.81°N	129.10°E	—	3.9
	NEIC(美国)	01:35:28	41.29°N	129.09°E	±8.1km[e]	4.3

92 Kemp, R. S., 'Initial analysis of the detectability of UO_2F_2 aerosols produced by UF_6 released from uranium conversion plants', *Science and Global Security*, vol. 16, no. 3 (2008); Kemp, R. S., 'Source terms for routine UF_6 emissions', *Science and Global Security*, vol. 18, no. 2 (2010); Kemp, R. S., 'The non-proliferation emperor has no clothes', *International Security*, vol. 38, no. 4 (2014), p. 49。

93 These accounts of the 3 North Korean tests are based on Fedchenko, V. and Ferm Hellgren, R., 'Nuclear explosions, 1945-2006', *SIPRI Yearbook 2007: Armaments, Disarmament and International Security* (Oxford University Press: Oxford, 2007); Fedchenko, V., 'Nuclear explosions, 1945-2009', *SIPRI Yearbook 2010: Armaments, Disarmament and International Security* (Oxford University Press: Oxford, 2010); and Fedchenko, V., Nuclear explosions, 1945-2013', *SIPRI Yearbook 2014: Armaments, Disarmament and International Security* (Oxford University Press: Oxford, 2014)。

续表

时间	数据来源	爆炸零时(UTC)	纬度	经度	误差范围[a]	体波震级[b]
	IDC[c]	00:54:42.8	41.3110°N	129.0464°E	±9.6km[d]	4.52
	BJI(中国)	00:54:43.10	41.3000°N	129.0000°E	—	4.6
2009 年 5 月 25 日	CEME(俄罗斯)	00:54:40.9	41.29°N	129.07°E	—	5.0
	NEIC(美国)	00:54:43	41.306°N	129.029°E	±3.8km[e]	4.7
	NORSAR(挪威)	00:54:43	41.28°N	129.07°E	—	4.7
	IDC[c]	02:57:51	41.3005°N	129.0652°E	±8.1km[d]	4.9
	CEME(俄罗斯)	02:57:49.4	41.31°N	129.1°E	—	5.3
2013 年 2 月 12 日	IGGCAS(中国)	02:57:51.3	41.2927°N	129.0730°E	—	4.93±0.21
	NEIC(美国)	02:57:51	41.308°N	129.076°E	±11.2km[e]	5.1
	NORSAR(挪威)	02:57:51	41.28°N	129.07°E	—	5.0

注: "一"表示数据暂缺。由于估值之间的差异,特别是关于爆炸的精确位置,每组数据均给出了多个不同来源的数据,其中包括源自国际公认机构——全面禁止核试验条约组织(CTBTO)和各个国家机构: BJI 为中国地震局地球物理研究所,北京;CEME 为俄罗斯科学院地球物理勘测局遥测地震台网,奥布宁斯克,卡卢加州;IDC 为 CTBTO 国际数据中心,维也纳,奥地利;IGGCAS 为中国科学院地质与地球物理研究所,北京;KIGAM 为韩国地球科学与矿产资源研究所;NEIC 为美国地质调查局国家地震信息中心,丹佛,科罗拉多州;NORSAR 为挪威地震台阵,卡拉绍克。

a 表示"误差范围"援引自各个数据来源。

b 表示体波震级用于指示事件的规模。为了合理、正确地估算地下爆炸的威力,需要用到一些详细信息,如爆炸发生区域的地质条件。因此,体波震级是一种给出爆炸大小的明确方式。

c 表示 2006 年,国际数据中心仍处于"测试和临时运行模式",CTBTO 国际监测系统(IMS)仅 60%的监测台站在事发时提供了数据。到 2009 年,国际监测系统中 75%的监测台站已开始提供数据。

d 表示该数值为置信椭圆半长轴的长度。

e 表示该数值是水平位置误差,定义为"水平面上三个主要误差中最大投影的长度"。

资料来源: Fedchenko, V. and Ferm Hellgren, R., 'Nuclear explosions, 1945-2006', *SIPRI Yearbook 2007: Armaments, Disarmament and International Security* (Oxford University Press: Oxford, 2007), table 12B.1; Fedchenko, V., 'Nuclear explosions, 1945-2009', *SIPRI Yearbook 2010: Armaments, Disarmament and International Security* Oxford University Press: Oxford, 2010), table 8B.1; Fedchenko, V., 'Nuclear explosions, 1945-2013', *SIPRI Yearbook 2014: Armaments, Disarmament and International Security* (Oxford University Press: Oxford, 2014), table 6.15.

用于地下核试验的核查技术包括地震学、放射性核素监测和卫星图像分析[94]。

地震事件记录通常是地下核爆炸的第一指征。地震监测台网可记录到震源通过地球深部和表面传播的各种地震波。分析这些记录,往往可计算出事件的方位角(方向)和距离。为了区分天然地震信号与爆炸地震信号,通常需要研究与事件相关的位置、深度和波形。如果地震信号源于以往较少发生或从未发生过地震的地区,则该事件自然会备受关注。如果能够可信度较高地估算出事件的深度且震源深度超过 10km,由于这样的震源深度相对于人为爆炸而言过深,通常可排除人为爆炸的可能[95]。

此外,通过分析地震波形,也可确认所讨论的地震事件到底是人为爆炸还是天然地

---

94 US National Academy of Sciences, *Technical Issues Related to the Comprehensive Nuclear Test Ban Treaty* (National Academy Press: Washington, DC, 2002), pp. 39-41; Dahlman, O. et al., *Detect and Deter: Can Countries Verify the Nuclear Test Ban?* (Springer: Dordrecht, 2011), pp. 29-76。

95 US National Academy of Sciences (note 94), p. 43。

震。地震波通过地球深部的传播可分为压缩波(纵波)和剪切波(横波)两种。爆炸会形成一种在各个方向上均匀向外扩张的紧凑的对称波源，可特别有效地激发压缩波。与之相反，地震是由于部分地壳沿断层线相互错动而引发，可产生较强的剪切波。因此，与事件相关的两种地震波传播中，如果压缩波(传播速度快于剪切波且率先到达地震监测台站)较强，则表明该地震事件可能是一次爆炸。此外，其他的波特征也可有助于区分天然地震与爆炸[96]。

事件的地震震级数据通常可用于估算爆炸的威力，尽管这种估算的准确性受试验场可用地质信息量的影响[97]。

仅仅凭借地震数据并不足以确认某次地下爆炸是不是核爆炸，还需要收集其他证据。大气取样旨在收集和识别事件附近区域中的颗粒物、气态流出物和碎片等放射性物质——可在核爆炸后提供最有用的证据。大气取样可有助于测量：①中子注量和能谱(即爆炸产生的中子的数量和能量)；②装置的威力；③核武器的设计(利用①和②信息)；④所用钚装料的年龄(如果爆炸为钚弹爆炸)；⑤爆炸的发生时间；⑥爆炸的大致位置；⑦爆炸是大气层爆炸还是地下爆炸；⑧所用核材料的来源[98]。

为使大气取样获得成功，必须有可触及的放射性烟羽；气象学条件必须有利；本底放射性核素浓度必须低于烟羽中的核素浓度[99]。有了这些限制，便不能用某种阴性的大气取样结果来推断未曾发生过核试验：如果未能探测到任何放射性核素，结论一定是未曾发生核爆炸或上述某种限制因素影响了探测过程。

1996 年的《全面禁止核试验条约》是一项禁止进行任何核爆炸的多边条约[100]。为给《全面禁止核试验条约》生效做好准备，已经设立了全面禁止核试验条约组织(Comprehensive Nuclear-Test-Ban Treaty Organization，CTBTO)筹备委员会，包括通过建立国际监测系统(International Monitoring System，IMS)来探测核爆炸。国际监测系统是一个由 50 个基本地震台站和 120 个辅助地震台站、60 个次声台站、11 个水声台站、80 个放射性核素台站(其中有 40 个台站配有惰性气体系统)和 16 个放射性核素实验室组成的全球性网络。这些台站会向位于奥地利维也纳 CTBTO 总部的国际数据中心(International Data Centre，IDC)传输信息。

截至 2020 年 9 月，尽管已有 168 个国家已经批准《全面禁止核试验条约》、另有 16 个国家已经签约，但是条约只有在 44 个拥有特定核设施的国家全部批约之后才能生效。作为 44 个指定国家之一，朝鲜至今仍未签署条约，因此也就没有加入国际监测系统。

1. 2006 年朝鲜试验

2006 年 10 月 9 日，朝鲜中央通讯社报道称，朝鲜当天在"安全条件下"成功进

---

96 US National Academy of Sciences (note 94)，p. 39。

97 US National Academy of Sciences (note 94)，pp. 41-42。

98 Williams, D. L., 'Characterizing nuclear weapons explosions based upon collected radionuclide effluents', Memorandum, Massachusetts Institute of Technology, Department of Nuclear Science and Engineering, 21 Oct 2006. 也可参阅第 6 章。

99 Williams (note 98)。

100 《全面禁止核试验条约》(CTBT)于 1996 年 9 月 24 日对外开放供各国签署，但至今仍未生效。http://treaties.un.org/Pages/CTCTreaties.aspx?id=26。

行了一次地下核试验爆炸[101]。中国政府在事发 20min 前接到通报，被告知爆炸威力将达 4kt[102]。

2006 年 10 月 9 日 01:35（世界协调时），多个监测台网记录到朝鲜咸镜北道金策市以北约 70km 处发生了一起地震事件。监测台站记录到的波形和事件的深度（小于 1km）表明这是一次爆炸，而不是天然地震。尽管缺少试验场的相关地质信息，可能会影响估算的准确性，但事件的震级数据仍被用于估算爆炸的威力[103]。基于地震数据，法国、韩国和美国政府及一些独立研究人员十分自信地断定朝鲜曾进行了爆炸，其威力远低于 1kt[104]。

朝鲜于 10 月 3 日宣布了其准备进行核试验的意图[105]。消息一经宣布，美国便快速部署了 WC-135W "不死凤凰（Constant Phoenix）" 大气取样飞机，该飞机通常被用于收集颗粒物、气态流出物和碎片，以支持 1963 年的《部分禁止核试验条约》[106]。根据该飞机所收集大气放射性碎片的分析结果，美国政府于 10 月 16 日宣布此次朝鲜事件为核爆炸[107]。这一点得到了韩国和瑞典以及随后的 CTBTO 调查结果的证实[108]。碎片分析还显示，此次朝鲜试验使用了钚，这一点也得到了朝鲜官员的证实[109]。

尚不确定 2006 年朝鲜核试验的成功程度。事先预告的 4kt 威力与不到 1kt 的实际估算威力之间的差异，使某些专家推测此次试验以 "失败" 告终，也就是说，这是一次爆炸放能低于预期的低效率爆炸。正如韩国媒体所报道，朝鲜外交官员承认此次试验 "规

101　Korean Central News Agency, 'DPRK successfully conducts underground nuclear test', 9 Oct. 2006. http://www.kcna.co.jp/。

102　CNN, 'North Korea claims nuclear test', 9 Oct. 2006; and Linzer, D., 'Low yield of blast surprises analysts', *Washington Post*, 10 Oct. 2006。

103　US National Academy of Sciences（note 94），pp. 41-42。

104　Garwin, R. L. and von Hippel, F. N., 'A technical analysis: deconstructing North Korean October 9 nuclear test', *Arms Control Today*, vol. 36, no. 9 (Nov. 2006)。早些时候，俄罗斯官方给出的威力估值为 5～15kt，但美国政府官员认为不准确、予以驳斥。据报道，该估值与朝鲜在试验前提供给俄罗斯的估值相一致。Chanlett-Avery, E. and Squassoni, S., *North Korea's Nuclear Test: Motivations, Implications, and U.S. Options*, US Library of Congress, Congressional Research Service (CRS) Report for Congress RL33709 (CRS: Washington, DC, 4 Oct. 2006)；Linzer（note 102）。

105　Korean Central News Agency, 'DPRK foreign ministry clarifies stand on new measure to bolster war deterrent', 3 Oct. 2006。

106　Chin, T., 'Seoul's intelligence capabilities "a total failure"', *Korea Herald*, 18 Oct. 2006; US Department of the Air Force, 'WC-135 Constant Phoenix', *Fact sheet*, Oct. 2005, https://web.archive.org/web/20051021200300/http://www.af.mil/factsheets/factsheet.asp?fsID=192; Treaty Banning Nuclear Weapon Tests in the Atmosphere, in Outer Space and Under Water (Partial Test-Ban Treaty), opened for signature 5 Aug. 1963, entered into force 10 Oct. 1963, *United Nations Treaty Series*, vol. 480 (1963)。

107　Office of the Director of National Intelligence (ODNI), 'Statement by the Office of the Director of National Intelligence on the North Korea nuclear test', ODNI News Release no. 19-06, 16 Oct. 2006, https://web.archive.Org/web/20061104015730/http://www.dni.gov/announcements/20061016_release.pdf。

108　'S. Korean gov't officially confirms N. Korea's nuclear test', Yonhap News, 25 Oct. 2006; 'ROK confirms radiation level normal following Pyongyang's nuke test', Yonhap News, 25 Oct. 2006; and US Defense Treaty Readiness Inspection Program, 'CTBTO observatory detects radioactive materials from DPRK nuclear test', *Weekly Treaty Review,* 5-11 Jan. 2007, p. 19。

109　Shanker, T. and Sanger, D. E., 'North Korean fuel identified as plutonium', *New York Times*, 17 Oct. 2006; and Hecker, S. S., *Report on North Korean Nuclear Program* (Stanford University, Center for International Security and Cooperation: Stanford, CA, 15 Nov. 2006)。

模小于预期"[110]。

2. 2009 年朝鲜试验

2009 年 4 月 29 日，朝鲜中央通讯社发布声明，警告朝鲜将准备进行核试验爆炸[111]。据报道，2009 年 5 月 25 日，中国和美国政府事先不到 1h 接到通知，称朝鲜将进行核试验[112]。爆炸本身发生于 00:54（世界协调时）。02:24（世界协调时），CTBTO 国际监测系统向 CTBTO 成员国发布了关于此次事件时间、地点和震级的第一份报告[113]。几小时后，朝鲜中央通讯社宣布，朝鲜进行了"一次更加成功的地下核试验"，"其爆炸力和技术达到新的更高水平"[114]。

2009 年 5 月 25 日 00:54（世界协调时），多个地震监测台网记录到一起地震事件，经计算，震源距 2006 年核试验的地点不超过几千米（表 9.2）[115]。监测台站记录到的波形、事件的深度（小于 1km）及震源如此靠近 2006 年核试验的地点，表明这是一次爆炸，而不是天然地震[116]。

根据地震数据，大多数研究估算 2009 年 5 月爆炸的威力介于 2~7kt，比 2006 年试验强约 5 倍[117]。2009 年 6 月，美国政府估计此次试验的威力"约为数千吨"[118]。许多非政府科学家倾向同意这一评估结果[119]。俄罗斯国防部估计"核装置的威力为 10kt 到 20kt 之间"——该估值在所有公布结果中最高，且未得到证实[120]。韩国地球科学与矿产资源研究所估计此次试验的威力为 5.2kt[121]。哥伦比亚大学的 Won-Young Kim 和 Paul Richards 假设爆炸发生在硬岩介质中，并估算威力约为 2.2kt。该估值与斯坦福大学 Jungmin Kang 的结果相一致，其估算这是一次在硬岩中进行的威力为 2.2~2.8kt 的地下核试验[122]。

---

110 MacAskill, E., 'Diplomat says test was smaller than expected', *The Guardian*, 11 Oct. 2006。

111 Korean Central News Agency (KCNA), 'UNSC urged to retract anti-DPRK steps', 29 Apr. 2009。

112 Agence France-Presse, 'NKorea informed US of nuclear test: official', 25 May 2009。

113 CTBTO, 'CTBTO's initial findings on the DPRK's 2009 announced nuclear test', Press release, 25 May 2009, http://www.ctbto.org/press-centre/press-releases/2009/ctbtos-initial-findings-on-the-dprks-2009-announced-nuclear-test/。

114 Korean Central News Agency (KCNA), 'KCNA report on one more successful underground nuclear test', 25 May 2009, http://www.kcna.co.jp/item/2009/200905/news25/20090525-12ee.html。

115 Pearce, R. G. et al., 'The announced nuclear test in the DPRK on 25 May 2009', *CTBTO Spectrum*, no. 13 (Sep. 2009), p. 27。

116 Pearce et al. (note 115), p. 27。

117 MacKenzie, D., 'North Korea's nuke test could have positive outcome', *New Scientist*, 26 May 2009。

118 US Office of the Director of National Intelligence (ODNI), 'Statement by the Office of the Director of National Intelligence on North Korea's declared nuclear test on May 25, 2009', ODNI News Release no. 23-09, 15 June 2009, http://www.dni.gov/index.php/newsroom/press-releases/170-press-releases-2009。

119 Kalinowski, M. B., 'Second nuclear test conducted by North Korea on 25 May 2009', Fact sheet, University of Hamburg, Carl Friedrich von Weizsäcker Centre for Science and Peace Research (ZNF), 27 May 2009。

120 'Russia confirms N.Korea nuclear test, voices concern-2', 25 May 2009, RIA Novosti, http://en.rian.ru/russia/20090525/155081541.html。

121 Yoo, J., 'Test threatens regional stability', *JoongAng Daily* (Seoul), 26 May 2009。

122 Kang, J., 'The North Korean nuclear test: Seoul goes on the defensive', *Bulletin of the Atomic Scientists*, 12 June 2009。

与 2006 年不同，2009 年事件后，未有发现痕量放射性氙或其他碎片的报道[123]。2009 年未发现放射性流出物或许可归因于两个原因：试验的埋深较 2006 年事件更深；或大范围的高气压区抑制了氙同位素的喷发扩散，致使氙同位素在衰变至本底水平之前未能被探测到[124]。

尽管如此，科学家和全面禁止核试验组织官员一致认为此次爆炸很可能是核爆炸。此外，作为核爆炸的替代选项，有可能是动用数千吨炸药进行高度同步的齐爆。如此规模的化学爆炸并非闻所未闻。例如，据报道，苏联曾在 1956 年下半年使用 1640～9200t 炸药进行过"几次巨型爆炸"[125]。然而，朝鲜想要准备这样的爆炸将是一项艰巨的任务，因为很容易被卫星图像探测发现[126]。

为了可靠确定事件的核性质，将需要进行现场视察。正如全面禁止核试验条约组织指出的那样，如果《全面禁止核试验条约》生效，可对爆炸地点进行"足够精确的定位，使其限于现场视察所许可的 1000km^2 范围内"，因此便有可能进行这类视察[127]。事实上，全面禁止核试验条约组织确定的误差椭圆的大小比条约许可的 1000km^2 现场视察面积约小 4 倍(表 9.2)。

由于未能探测到此次爆炸的放射性流出物，无法确定 2009 年朝鲜试验使用了铀还是钚。人们普遍认为使用了钚[128]。尚无法确定此次朝鲜核试验的成功程度，因为与 2006 年不同，朝鲜事先并未预报爆炸的预期威力。一些专家对此次试验的成功表示质疑，因为朝鲜装置几千吨的威力比历史上核武器国家早期核试验的威力还要低数倍[129]。

3. 2013 年朝鲜试验

2013 年 1 月 24 日，朝鲜中央通讯社发布声明，宣布朝鲜将进行"一次更高水平的核试验"[130]。2 月 12 日 02:57(世界协调时)发生爆炸。几小时后，朝鲜中央通讯社宣布，此次爆炸是朝鲜成功进行的第三次地下核试验，试验"采取了高水平的安全、完美方式，使用了一枚不同于之前的、小型化但更高威力的轻型原子弹"[131]。声明还说，"试验未对周围生态环境造成任何不良影响"。

---

123 Pearce et al. (note 115), pp. 28-29。

124 Pearce et al. (note 115), p. 29。

125 Kramish, A., *Atomic Energy in the Soviet Union* (Stanford University Press: Palo Alto, CA, 1960), p. 137。

126 CTBTO, 'Experts sure about nature of the DPRK event', Press release, 12 June 2009, http://www.ctbto.org/press-centre/highlights/2009/experts-sure-about-nature-of-the-dprk-event/; Clery, D., 'Verification experts puzzled over North Korea's nuclear test', *Science*, 19 June 2009。

127 CTBTO, 'Homing in on the event', Press release, 29 May 2009, http://www.ctbto.org/press-centre/highlights/2009/homing-in-on-the-event/。

128 Kile, S. N., 'Nuclear arms control and non-proliferation', *SIPRI Yearbook 2010* (note 93)。

129 Park, J., 'The North Korean nuclear test: what the seismic data says', *Bulletin of the Atomic Scientists*, 26 May 2009。

130 Korean Central News Agency (KCNA), 'DPRK NDC vows to launch all-out action to defend sovereignty of country', 24 Jan. 2013。

131 Korean Central News Agency (KCNA), 'KCNA report on successful 3rd underground nuclear test', 12 Feb. 2013。

爆后不到 2h，国际监测系统向全面禁止核试验条约组织成员国发布了第一份报告[132]。所记录到的地震波形、事件的深度（小于 1km）及震源如此靠近 2006 年和 2009 年核试验位置的事实，均表明 2013 年的事件是一次爆炸而非天然地震（表 9.2）[133]。

基于地震数据、卫星图像和前两次试验的信息，大多数的爆炸威力估值为 5~16kt，威力比 2009 年试验"高 2.5~3 倍"（比 2006 年试验高 12.5~15 倍）[134]。

2013 年 4 月 23 日，全面禁止核试验条约组织宣布其位于日本 Takasaki 和俄罗斯 Ussurriisk 的两个台站在月初探测到了两种放射性氙同位素 ^{131m}Xe 和 ^{133}Xe，可以作为"计时器"确定产生这两种同位素的事件的时间[135]。这两种同位素在大气样品中的浓度比与 50 多天前发生的核裂变事件相一致。在日本探测到氙的时间是爆后的第五十五天。由全面禁止核试验条约组织进行的大气输运建模，确定前两次核试验的地点是氙排放的可能源头。由于事后如此之久才探测到放射性氙，无法确定氙到底源自铀裂变还是钚裂变[136]，进而意味着无法评估朝鲜是否可能在爆炸装置中使用了高浓缩铀。

9.3.2 分析美国 1954 年"喝彩城堡（Castle Bravo）"热核试验的碎片

1954 年 3 月 1 日，作为"城堡行动（Operation Castle）"系列试验的一部分，美国在太平洋进行了"喝彩（Bravo）"核武器试验，此次试验被证明为更多人员和组织提供了更多层面的超预期信息。对美国而言，它证明了热核燃料具有未曾料想的爆炸特性。对日本和英国科学家而言，它证实了之前的某些研究，并显示出热核武器设计某种可能的特征。对苏联而言，这是第一次运用核取证方法系统研究国外核爆炸，借机对相关方法进行了测试与校准。

1. 背景："喝彩城堡"试验之前的热核武器发展

1951 年，经过数年鲜见成果的设计研究，美国开始致力于最终导致热核武器成功部署的研究。1951 年 3 月和 4 月，Edward Teller 和 Stanislaw Ulam 提出一套后来被称为 Teller-Ulam 设计的热核武器设计思想[137]。该设计包括以下特征。第一，它采用了"分(离)级"思想，初级裂变爆炸装置发生爆炸，为压缩与之相邻的、分离式次级中的热核材料提供所需能量。第二，Teller 和 Ulam 提出并引入了利用辐射实现次级内爆压缩的思想。

---

132 CTBTO, 'On the CTBTO's detection in North Korea', Press release, 12 Feb. 2013, http://www.ctbto.org/press-centre/press-releases/2013/on-the-ctbtos-detection-in-north-korea/。

133 Richards, P., 'Seismic detective work: CTBTO monitoring system "very effective" in detecting North Korea's third nuclear test', *CTBTO Spectrum*, no. 20 (July 2013), p. 22。

134 Richards (note 133); Zhang, M. and Wen, L., 'High-precision location and yield of North Korean 2013 nuclear test', *Geophysical Research Letters*, vol. 40, no. 12 (28 June 2013)。

135 CTBTO, 'CTBTO detects radioactivity consistent with 12 February announced North Korean nuclear test', Press release, 23 Apr. 2013, http://www.ctbto.org/press-centre/press-releases/2013/ctbto-detects-radioactivity-consistent-with-12-february-announced-north-korean-nuclear-test/。

136 'Detection of radioactive gases consistent with North Korean test underlines strength of CTBTO monitoring system', *CTBTO Spectrum*, no. 20 (July 2013), p. 26。

137 Rhodes, R., *Dark Sun: The Making of the Hydrogen Bomb* (Simon & Schuster: New York, 1995), pp. 466-475。

第三，热核燃烧区的外围是一层天然铀或贫化铀，受高能中子辐照后可发生裂变。因此，热核武器共分三级：裂变、聚变、再次裂变。Teller-Ulam 设计的主要优点在于，通过它可能会制造出几乎无限威力的武器。

这些想法于"温室行动(Operation Greenhouse)"武器试验系列——在 Marshall 群岛美国领土中的 Eniwetok 环礁进行——之前的数周被提出[138]。1951 年 5 月 9 日，美国成功进行了"温室行动"系列的第一次试验——"乔治(George)"。按照计划，这是一次旨在发展之前"经典超级(Classical Super)"概念的"物理实验"。试验所用爆炸装置"圆筒(Cylinder)"的设计，于 1950 年 10 月、Teller-Ulam 设计提出的几个月前被敲定[139]。该"圆筒"最初的目的是紧靠 200kt 的裂变爆炸放置不到 1oz(1oz=29.57mL)的氘氚材料，以测试氘氚聚变的可能性，但事实证明这种意外设计也提供了辐射内爆的数据。该装置中包括一个使氢同位素保持液态形式的复杂的低温装置。装置威力为 225kt，其中 25kt 源自聚变反应[140]。

1952 年 11 月 1 日，"常春藤行动(Operation Ivy)"系列试验中，在 Eniwetok 环礁进行的著名的"迈克(Mike)"试验，对 Teller-Ulam 设计进行了全尺度试验。试验所用爆炸装置的代号为"香肠(Sausage)"，是一个高约 6.2m、直径约 2m、重 82t 的圆筒。这是当时建造过的最大的低温实验装置，其中装有"几十升"液态氘[141]。美国当时已经意识到，通过使用稳定的氘化锂-6(^{6}LiD)粉末，不仅可提供氘，通过武器中的 ^{6}Li 中子活化还可直接进行氚"增殖"，从而可避免与液化气相关的技术极端。然而，"迈克"试验并没有使用 ^{6}LiD，部分因为难以计算其在热核"燃烧"中的行为，并且当时也尚未获得足够数量的 ^{6}LiD[142]。常春藤行动中"迈克"试验的裂变与聚变威力约为 10.4Mt[143]。后来，1953 年 3 月和 4 月"结果-节孔行动(Operation Upshot-Knothole)"中的"南希(Nancy)"和"西蒙(Simon)"试验又测试了热核武器设计的其他具体问题[144]。

2. "喝彩城堡"试验

首个采用 Teller-Ulam 设计、使用氘化锂燃料的美国热核装置取名"虾(Shrimp)"，计划于 1954 年 3 月 1 日在 Marshall 群岛的 Bikini 环礁进行试验。此次试验代号"喝彩(Bravo)"，是"城堡行动(Operation Castle)"系列试验中的首次试验[145]。美国武器设计人员打算用 ^{6}Li 同位素作为氚的一种相对廉价且方便的室温前体。自然界中的锂仅含约

138 Rhodes (note 137), pp. 467, 472。

139 Hansen, C., *Swords of Armageddon*, vol. 2, *Thermonuclear Weapons Development, 1942-1952* (Chukelea Publications: Sunnyvale, CA, 2007), p. 157。

140 Hansen, C., *US Nuclear Weapons: The Secret History* (Orion Books: New York, 1988), p. 93; Rhodes (note 137), p. 474。

141 Hansen, C., *Swords of Armageddon*, vol. 3, *Thermonuclear Weapons Development, 1952-1954* (Chukelea Publications: Sunnyvale, CA, 2007), pp. 38, 42, 43。

142 Hansen (note 139), p. 271。

143 Hansen (note 140), p. 60。

144 Hansen, C., *Swords of Armageddon*, vol. 7, *Arming fit Fuzing: Technologies & Equipment* (Chukelea Publications: Sunnyvale, CA, 2007), pp. 96-99。

145 Rhodes (note 137), p. 541。

7.6%的 ^{6}Li，其余为 ^{7}Li[146]。Shrimp 装置中使用的锂为丰度 40%的浓缩 ^{6}Li [147]。

美国原子能委员会估计"喝彩城堡"试验威力"最可能的数值"约为 6Mt[148]。然而，15Mt 的实际威力完全出乎意料[149]。美国武器设计人员忽视了 ^{7}Li 与快中子发生(n, 2n)反应(即 1 个中子"进入"原子核"撞出" 2 个中子)的事实。该反应不仅可在本质上实现中子增殖，同时可在爆炸中生成更多供氚生产的 ^{6}Li，从而大大提高试验的威力[150]。

出乎意料的高威力，因不充分的气象预报而加剧，使得放射性沉降的总量和分布区域高于预期。导致试验场参试人员、Marshall 群岛的居民及至少三艘日本渔船受到放射性污染[151]。

3. 样品采集

其中一艘名为第五福龙丸(Fukuryu Maru No. 5)的日本渔船恰好位于美国政府划定的"危险区"以外数千米处。全体船员目睹了爆炸事件。他们猜测这是一起核爆炸，通过粗略测算看到闪光与听见爆炸声的时间间隔，可计算出爆炸的距离约为 140km。几小时后，沉淀白色尘埃的烟云笼罩了整个渔船[152]。

船员曾多次收集这些尘埃。1954 年 3 月 1 日，一名船员收集到少量尘埃样品，并于 3 月 16 日将其交给了静冈大学的 Takanobu Shiokawa 博士[153]。3 月 3 日，"捕鱼大师"Yoshio Misaki 用乙烯袋收集了大量灰样，随后将其交给东京大学的 Kenjiro Kimura 博士[154]。3 月 17 日，大阪市立大学的 Yasushi Nishiwaki 博士从"福龙丸"号上收集了一些放射性粉尘，随后又从其他船只上收集了雨水、海水、鱼和污染物样品[155]。

尚不清楚苏联人是否曾直接登上了"福龙丸"号渔船或获得了该渔船上的灰样。不过，1954 年，苏联曾在其领土内部署了 120 个"纱盘"，并开始利用往返列宁格勒至敖德萨及飞往中国的配有专用颗粒物取样设备的飞机进行了定期飞行取样[156]。1954 年 4 月或

146 De Laeter, J. R. et al., International Union of Pure and Applied Chemistry (IUPAC), 'Atomic weights of the elements: review 2000 (IUPAC Technical Report)', *Pure and Applied Chemistry*, vol. 75, no.6 (June 2003), p. 735。

147 Hansen (note 144), p. 100。

148 Hewlett, R. G. and Holl, J. M., *A History of the United States Atomic Energy Commission*, vol. 3, *1952-1960*, DOE/NBM-7010972 (Department of Energy: Washington, DC, 1987), p. VI-23。

149 Hansen (note 144), p. 101。

150 Barth, K-H., Interview with Dr Marshall Rosenbluth, Oral History Transcript, American Institute of Physics, Niels Bohr Library and Archives, 11 Aug. 2003, http://www.aip.org/history/ohilist/28636_1.html; Rhodes (note 137), p. 541。

151 Hansen (note 141), pp. 292-303。

152 Lapp, R., *The Voyage of the Lucky Dragon* (Frederick Mueller Ltd: London, 1958), pp. 31-33. Fukuryu maru translates as 'lucky dragon'。

153 Lapp (note 152), pp. 34, 81。

154 Lapp (note 152), pp. 44, 99。

155 Lapp (note 152), p. 89; Nishiwaki, Y., 'Bikini ash', *Atomic Scientists Journal*, vol. 4, no. 2 (Nov. 1954), p. 98。

156 Vasil'ev, A. P., *Rozhdennaya Atomnym Vekom* [Created by the nuclear age], vol. 1 (Self published, Moscow, 2002), p. 8 (in Russian); Lobikov, et al., [Development in the USSR of physical methods of long-range detection of nuclear explosions], Vasil'ev, A. P., [The initial stage of development of the nuclear explosions detection system in the USSR], Proceedings of the Second International Symposium on the History of Atomic Projects (HISAP'99), International Institute for Applied Systems Analysis (IIASA), Laxenburg, 4-8 Oct. 1999, p. 2。HISAP'99 会议文集曾已印刷，但从未公开发行。参考资料由莫斯科 Kurchatov 研究所提供。研讨会相关信息可访问 http://webarchive.iiasa.ac.at/Admin/INF/PR/PR-99-10-08.html。

5 月，通过上述措施，苏联对"喝彩城堡"试验进行了放射性碎片取样。据报道，这是苏联首次专门针对外国核武器试验进行碎片收集[157]。

美国向英国政府提前通报了即将进行的"城堡"系列试验。此外，美国还向英国提供了 Marshall 群岛最大的 Kwajalein 环礁上的"设施"，使英国有机会进行试验监测[158]。英国开展的"城堡"系列试验监测活动包括旨在收集放射性碎片的"乌头行动(Operation Aconite)"。

4. 样品表征

根据日本科学家对沉降物分析的描述，光学显微镜检查显示，大部分尘埃颗粒物的直径约为 0.2～0.3mm，具有多孔结构且类似于火山灰[159]。进一步的"电子微衍射和 X 射线衍射"物理表征表明尘埃颗粒物为方解石，可能是由 Bikini 环礁上的文石在核爆后重结晶而成[160]。京都大学的一组科学家运用电子显微镜确认尘埃样品中含直径约 0.1～0.5mm(平均直径为 0.3mm)的颗粒物，而这些颗粒物又是由"0.1～3μm 大小、立方形或纺锤形的细小单元粒子组成"[161]。

化学表征显示，沉降颗粒物中含有 55.2%的氧化钙、7.0%的氧化镁、11.8%的二氧化碳和 26.0%的水[162]。京都大学、大阪市立大学、静冈大学和东京大学均采用放射化学方法("运用加入载体的常规化学分析法和离子交换法")进行了同位素组成表征[163]。同位素表征均给出相同结果：样品中含有各种裂变产物(^{89}Sr、^{90}Sr、^{90}Y、^{91}Y、^{95}Zr、^{95m}Nb、^{95}Nb、^{103}Ru、^{106}Ru、^{106}Rh、^{111}Ag、^{125}Sb、^{127}Sb、^{127}Te、^{129m}Te、^{129}Te、^{132}Te、^{131}I、^{132}I、^{140}Ba、^{140}La、^{141}Ce、^{143}Ce、^{144}Ce、^{143}Pr、^{144}Pr、^{147}Nd)、环境钙和氯的活化产物(分别为 ^{45}Ca 和 ^{35}S)、一些来自武器的 ^{239}Pu 和出乎意料的稀有同位素 ^{237}U。

苏联人对"喝彩城堡"试验的放射化学表征更为注重计算特定同位素的比值，而非样品检测本身(表 9.3)。这些同位素比值可有助于辨识爆炸装置的设计，这也正是苏联人的目的[164]。相比之下，日本科学家则侧重于从辐射防护和公众利益的角度开展该项研究。

表 9.3　苏联对"喝彩城堡"爆炸碎片的放射化学分析结果

同位素	与 ^{140}Ba 的浓度比
^{237}U	0.94 ± 0.2
^{111}Ag	0.073 ± 0.010

157 Lobikov et al. (note 156), p. 1。

158 Goodman, M. S., *Spying on the Nuclear Bear: Anglo-American Intelligence and the Soviet Bomb* (Stanford University Press: Stanford, CA, 2007), pp. 99-100, 111。

159 Lapp (note 152), pp. 144, 148。

160 Nishiwaki, Y., 'Effects of H-bomb tests in 1954', *Atomic Scientists Journal*, vol. 4, no. 5 (May 1955), p. 282。

161 Nishiwaki (note 160), p. 282。

162 Lapp (note 152), pp. 144, 148。

163 Nishiwaki (note 160), p. 283。

164 关于苏联早期的碎片分析方法，详见第 7 章。

续表

同位素	与 ^{140}Ba 的浓度比
^{89}Sr	0.58 ± 0.06
^{103}Ru	1.15

资料来源: Lobikov, E. A. et al., [Development in the USSR of physical methods of long-range detection of nuclear explosions], Proceedings of the Second International Symposium on the History of Atomic Projects (HISAP'99), International Institute for Applied Systems Analysis (IIASA), Laxenburg, 4-8 Oct. 1999。

5. 核取证解译

Kimura 等五位杰出的日本科学家在 1940 年发现了同位素 ^{237}U [165]。Kimura 知道 ^{237}U 是 ^{238}U 与快中子的(n, 2n)反应产物。这种反应只有当中子能量大于 6.6MeV 时才能发生[166]。他也知道裂变弹并不会产生能量大于 6.6MeV 的快中子，除非是助爆型裂变弹或带有热核级。实际上，即使是最常见的双原子氘聚变热核反应(D-D 反应)，也只能生成 2.45MeV 能量的中子。因此，^{237}U 的存在表明曾发生了氘氚聚变(D-T 反应)，生成了 14MeV 能量的中子。

因此，Kimura 可将表征结果解释为，爆炸中包含部分热核爆炸，爆炸装置中含有大量 ^{238}U。他请教了东京圣保罗大学(立教大学)的 Mituo Taketani 博士，二人一致认为：1954 年 3 月 1 日的爆炸为热核装置，如上所述，共分三级。Taketani 估计，爆炸装置的第三级中共有约"几百千克"天然铀发生了裂变，并清楚这种技术可使爆炸产生"无限的威力"[167]。英国科学家 Joseph Rotblat 基于 Nishiwaki 提供的测量结果，也得出类似结论[168]。

据报道，英国政府的热核武器研发活动得益于"城堡"系列试验的碎片样品，作为"乌头行动"的一部分，很可能收集了"喝彩"试验的碎片样品[169]。有报道称，借助上述核试验样品的放射化学分析信息，英国核武器研究机构"证实"了某些已有的"想法"[170]。

"福龙丸"事件的新闻报道，试验的日期众所周知，因此苏联科学家可得以测试和校准其理论模型(根据裂变产物的衰变率计算爆炸的时间)[171]。1952～1954 年，苏联初步发展了从空气过滤器、滤材托盘和土壤样品中提取核爆炸碎片并对其开展进一步放射化学分析的方法[172]。这些方法从理论上讲可确定武器的类型(如核武器或热核武器)、

---

165 Nishina, Y. et al., 'Induced β-activity of uranium by fast neutrons', *Physical Review*, vol. 57, no. 12 (June 1940), p. 1182。

166 Lapp, R. E., 'Local fallout radioactivity', *Bulletin of the Atomic Scientists*, vol. 15, no. 5 (May 1959), p. 182; Knight, J. D., Smith, R. K. and Warren, B., 'U^{238} (n,2n) U^{237} cross section from 6 to 10 MeV', *Physical Review*, vol. 112, no. 1 (Oct. 1958), p. 261。

167 Lapp (note 152), pp. 148, 149。

168 Rotblat, J., 'The hydrogen-uranium bomb', *Bulletin of the Atomic Scientists*, vol. 11, no. 5 (May 1955)。

169 Goodman (note 158), p. 111。

170 Arnold, L., *Britain and the H-Bomb* (Palgrave: Basingstoke, 2001), p. 91。

171 Lobikov et al. (note 156), p. 1。

172 Vasil'ev, HISAP'99 (note 156), p. 2。

核装料的种类(如高浓缩铀或钚)及是否存在 ^{238}U [173]。在 1952 年 8 月 23 日的一份备忘录中，苏联武器设计人员首次讨论了将外国武器碎片中存在的 ^{237}U 作为热核爆炸的指征[174]。

在上述探讨的案例中，通过沉降物分析，确定爆炸的热核性质及是否存在快中子诱发的 ^{238}U 裂变，可推断出装置的裂变—聚变—裂变特性。正如"喝彩城堡"试验几十年之后发表的一篇文章所述，从理论上讲，根据武器碎片可得出 Teller-Ulam 设计另一个关键特征的相关信息，即采用了在物理上相互分离的初级和次级[175]。然而，已有资料并无任何迹象表明有哪一位涉事科学家能够在当时推断出裂变级与聚变级在空间上是相分离的，或热核次级的内爆是由于辐射所致。

9.4 打击非法核交易

上述例子主要涉及的是其他国家或国际组织调查某一国家的行为。而对于非法核材料或放射性材料交易，重点针对个人行为，且往往需要由国内执法机构进行国内犯罪调查(即便已签署各种国际协定或与其他国家建立合作)。除了对核材料进行取证分析外，非法交易调查还可利用所有与样品有关的周边信息源，例如，交易者的活动和动机。与上述例子的另一个不同之处在于，尚没有针对打击非法核交易的总体性的多边法律框架。相反，核安全主要是各个国家的责任，这一领域的国际合作属于自愿，且易受到相互诚意的影响。

个人核走私是一种相对较新的现象，在 20 世纪 90 年代初之前曾鲜为人知[176]。正因如此，许多相关信息尚未公开，尽管自 1995 年起 IAEA 一直在维护事故与非法交易数据库(incident and trafficking database，ITDB)，其中记录了各种非法核交易事件及其他涉及脱离管控的放射性材料事件[177]。

20 世纪 90 年代，在欧洲，核燃料芯块及其他燃料元件是已截获核材料的重要组成部分[178]。下面讲述的是在匈牙利三起不同时机截获的燃料芯块调查。

173 Lobikov et al. (note 156), p. 2. 也可参阅第 6 章。

174 Vasil'ev, A. P., *Rozhdennaya Atomnym Vekom* [Created by the nuclear age], vol. 3 (Self published, Moscow, 2002), p. 224.

175 De Geer, L.-E., 'The radioactive signature of the hydrogen bomb', *Science & Global Security*, vol. 2, no. 4 (1991)。

176 据说 20 世纪 90 年代前，曾发生过裂变材料被盗事件。例如，有报道称，20 世纪 60 年代初，以色列曾从美国的一座工厂偷走约 100kg 武器级铀。Gilinsky, V. and Mattson, R. J., 'Did Israel steal bomb-grade uranium from the United States?', *Bulletin of the Atomic Scientists*, 17 Apr. 2014, http://thebulletin.org/did-israel-steal-bomb-grade-uranium-united-states7056. 不过，在苏联解体之前，尚未出现由非国家行为体主导的裂变材料非法交易。

177 关于事故与非法交易数据库(ITDB)，详见第 2 章。

178 Koch, L. et al., 'International cooperation in combating illicit trafficking of nuclear materials by technical means', European Safeguards Research and Development Association (ESARDA), *21st ESARDA Annual Meeting*, Seville, 4-6 May 1999 (ESARDA: Ispra, 1999), p. 809。

9.4.1 在匈牙利截获的燃料芯块：背景

20 世纪 90 年代，匈牙利官员共侦查到十起非法核交易事件[179]。其中至少有三起截获了核材料并被鉴定为氧化铀燃料芯块：1992 年一起，1995 年两起。匈牙利当局当时研究了所截获的材料。此外，2006 年，匈牙利科学院同位素研究所（Izotópkutató Intézet，IKI）和欧盟委员会联合研究中心位于德国 Karlsruhe 的超铀元素研究所（Institute for Transuranium Elements，ITU）开始对截获的燃料芯块进行联合分析，以期验证已有的分析方法，训练协同分析程序，为组建国家核取证图书馆提供更多信息。

针对所截获三个批次的燃料芯块（编号分别为 590、642 和 643），同位素研究所从每个批次中各选取了五个燃料芯块用于测量（编号分别为 590-1、590-2、590-3 等）。同位素研究所自身在进行完一些测量后，还从每组样品（共五个燃料芯块）中选取了三个燃料芯块送往超铀元素研究所进行联合分析[180]。

9.4.2 燃料芯块的表征

所有分析均按照既定程序进行（表 9.4）。

表 9.4 用于表征被匈牙利罚没的铀燃料芯块的分析方法

参数	可获得的信息	分析技术或仪器
外形尺寸	反应堆类型，预期用途	测微计、尺寸测量
铀含量	化学成分	滴定法、混合式 K 边界分析方法、同位素稀释质谱
同位素组成	反应堆类型，预期用途	高分辨 γ 能谱、热电离质谱（TIMS）
杂质	生产工艺或设施	电感耦合等离子体质谱（ICP-MS）
年龄	生产日期	α 能谱、TIMS 及多接收 ICP-MS
微观结构	生产工艺	扫描电子显微镜、透射电子显微镜

资料来源：Stefanka, Z. et al., 'Hungarian joint analysis: report on investigation of uranium pellets', Technical Note JRC-ITU-TN-2007/44, Institute for Transuranium Elements, 11 Sep. 2007, p. 5。

第一，对燃料芯块进行了目视检查，描述其外观形状，测定其大小尺寸和重量（表 9.5）。值得注意的是，燃料芯块出现一定的损坏迹象，这或许表明"储存和运输条件不当"，以及"该燃料芯块曾在生产过程中被挑出并被视为废料（拟进行回收）"[181]。

第二，超铀元素研究所从每组样品（包括三个燃料芯块）中选出一个燃料芯块进行存档，一个用于电子显微镜检测，一个做进一步的破坏性测量（燃料芯块编号分别为 590-2、642-1 和 643-2）。结果显示，这三种燃料芯块的铀含量十分接近于最常见核燃料材料 UO_2 的理论值（约为 88%）。

---

179 Hungarian Atomic Energy Authority (Országos Atomenergia Hivatal, OAH), *Nuclear Non-Proliferation Activities in Hungary 1999-2009* (OAH: Budapest, [2010]), p. 30。

180 Stefanka, Z. et al., 'Hungarian joint analysis: report on investigation of uranium pellets', Technical Note JRC-ITU-TN-2007/44, Institute for Transuranium Elements, 11 Sep. 2007, pp. 5, 13; Mayer, K. et al., 'Recent advances in nuclear forensic science', European Safeguards Research and Development Association (note 36); Koch et al. (note 178), p. 809。

181 Mayer et al. (note 180), p. 4。

表 9.5 被匈牙利罚没的燃料芯块的尺寸和重量

燃料芯块编号	重量/g	直径/mm	高/mm
590-1	16.0061	12.33	13.11
590-2	15.6353	12.35	12.69
590-5	17.1390	12.31	14.01
642-1	15.3515	11.43	14.30
642-2	15.9104	11.42	14.88
642-5	15.5325	11.42	14.70
643-1	2.7391	5.81	10.12
643-2	2.7110	5.82	10.08
643-5	2.1489	5.81	8.3(短切)

资料来源: Stefanka, Z. et al., 'Hungarian joint analysis: report on investigation of uranium pellets', Technical Note JRC-ITU-TN-2007/44, Institute for Transuranium Elements, 11 Sep. 2007, p. 7。

第三，为了比较和验证测量方法，同位素研究所与超铀元素研究所均运用高分辨 γ 能谱和大量质谱技术测量了 590-2、642-1 和 643-2 三种燃料芯块中的铀同位素组成（表 9.6）[182]。对于大多数常规的核取证调查，仅采用一种或两种测量方法或许便已足够。

表 9.6 运用热电离质谱测定的被匈牙利罚没的燃料芯块中的铀同位素组成

同位素	燃料芯块 590-2	燃料芯块 642-1	燃料芯块 643-2
^{232}U	—	0.000000032(9)[a]	1
^{234}U	0.00494(31)	0.0347(21)	0.00128(80)
^{235}U	0.71121(41)	2.5121(14)	0.25501(15)
^{236}U	—	0.47(44)	0.0061(57)
^{238}U	99.2839(20)	96.9823(20)	99.7376(20)

注：数值以质量分数表示，括号中为置信区间(2μ)。
a 表示该数值为同位素研究所选用同一批次(642)中的另一个燃料芯块、运用低本底 γ 能谱测得。
资料来源: Stefanka, Z. et al., 'Hungarian joint analysis: report on investigation of uranium pellets', Technical Note JRC-ITU-TN-2007/44, Institute for Transuranium Elements, 11 Sep. 2007, p. 8。

第四，采用 $^{234}U:^{230}Th$ 比值可测定燃料芯块中的铀龄（即自前一次化学纯化后经过的时间），其中，^{230}Th 含量采用 α 能谱测量，^{234}U 含量从之前的测量可知（表 9.7）[183]。

表 9.7 被匈牙利罚没的燃料芯块中的铀龄测定结果

结果	燃料芯块 590-2	燃料芯块 642-1	燃料芯块 643-2
铀龄(年)[a]	16.85 ± 0.3	13.6 ± 0.2	16.8 ± 0.3
生产年份	1989	1993	1990

a 表示铀龄测定时间为 2007 年 3 月。
资料来源: Stefanka, Z. et al., 'Hungarian joint analysis: report on investigation of uranium pellets', Technical Note JRC-ITU-TN-2007/44, Institute for Transuranium Elements, 11 Sep. 2007, p. 10。

---

182 Stefanka et al. (note 180), p. 8。

183 关于核材料年龄的确定，详见第 5 章。

第五，采用扫描电子显微镜(SEM)研究了燃料芯块的微观结构。燃料芯块表面的扫描电镜图像显示，590 和 642 两批次燃料芯块具有相似的微观结构，由类似大小和形状的单晶组成。表明这两个批次的燃料芯块采用了类似的生产技术。643 批次的燃料芯块具有极为不同的表面微观结构，晶体或晶粒要小得多，说明该批次燃料芯块采用了不同的生产技术[184]。最后，运用扇形场 ICP-MS 测定了样品中的杂质(27 种化学元素)[185]。

9.4.3 表征结果的解译

汇总后的表征结果如表 9.8 所示。

表 9.8 由匈牙利罚没的燃料芯块的表征结果汇总

结果	燃料芯块 590-2	燃料芯块 642-1	燃料芯块 643-2	燃料芯块 "Fund 21"
截获年份	1992	1995	1995	1994
生产年份	1989	1993	1990	—
质量/g	16.54(68)	16.03(22)	3.18(9)	14.964
直径/mm	12.40(5)	11.50(5)	6.0(1)	12.17
高/mm	13.2(5)	14.8(3)	10.5(2)	13.01
^{235}U 含量/%	0.71121(41)	2.5121(14)	0.25501(15)	0.7113

资料来源: Stefanka, Z. et al., 'Hungarian joint analysis: report on investigation of uranium pellets', Technical Note JRC-ITU-TN-2007/44, Institute for Transuranium Elements, 11 Sep. 2007, p. 13; European Commission, Institute for Transuranium Elements, 'Fund 21', BE/VBM/021/9, 20 Dec. 1994。

1. 590 批次

590-2 燃料芯块(乃至推及整个 590 批次)被证明是由天然铀生产所得。通过文献检索由铀制备的、几乎天然 ^{235}U 含量的、直径和高度接近于 590-2 燃料芯块的核燃料芯块，可发现两种可能的选项：用于 CANDU 型反应堆的燃料；或来自苏联时代两座快堆增殖包层的燃料芯块(位于哈萨克斯坦 Aktau 的 BN-350，以及位于俄罗斯斯维尔德洛夫斯克州 Zarechny 的 BN-600)[186]。如第 2 章所述，超铀元素研究所和莫斯科无机材料高技术科学研究所(High-Technology Scientific Research Institute for Inorganic Materials，VNIINM)运行着一个用于识别非法交易核燃料的数据库。借助无机材料高技术科学研究所提供的详细数据库信息，超铀元素研究所和同位素研究所的研究人员排除了对 BN-350 和 BN-600 燃料芯块做进一步分析，唯一匹配的只剩下 CANDU 型反应堆燃料[187]。

欧洲只有两座 CANDU 型反应堆，均位于罗马尼亚的 Cernavodă，靠近匈牙利。这两座反应堆分别于 1996 年和 2007 年开始运行[188]。Cernavodă 所用的燃料产自罗马尼亚

---

184 Stefanka et al. (note 180), p. 12。

185 Stefanka et al. (note 180), p. 9。

186 CANDU 是 "Canadian deuterium-uranium" 的首字母缩略。也可参阅第 5 章表 5.1。

187 Mayer et al. (note 180), p. 5。

188 IAEA, Power Reactor Information System, 'Romania', 23 Dec. 2014, http://www.iaea.org/PRIS/CountryStatistics/Country Details.aspx?current=RO。

的 Pitesti,自 20 世纪 80 年代起,Pitesti 就一直在生产 CANDU 型反应堆燃料。因此,1989年生产的 590 批次中的燃料芯块可能产自 Pitesti。借助相关文献信息,超铀元素研究所和同位素研究所的研究人员得出结论,产自 Pitesti 的燃料芯块与 590 批次燃料芯块可能相匹配,即使二者的高度并不完全一致[189]。超铀元素研究所的研究人员注意到,超铀元素研究所曾调查过 1992 年(温茨巴赫)、1993 年(慕尼黑)和 1994 年(普福尔茨海姆)在德国缉获的具有类似特征、可能也用于 CANDU 堆的燃料芯块[190]。例如,1994 年曾调查的燃料芯块(超铀元素研究所称其为 "Fund 21")具有与 590-2 燃料芯块十分相似的特征(表 9.8)。

2. 642 批次

642-1 燃料芯块与在俄罗斯库尔斯克和斯摩棱斯克以及乌克兰切尔诺贝利(当时均属于苏联)建造的 RBMK-1000 反应堆燃料芯块具有相似的直径和高度[191]。这种芯块的燃料制造商只有两家,分别是位于俄罗斯莫斯科州 Elektrostal 的 Elemash(Mashinostroitel'niy Zavod,MSZ)和位于哈萨克斯坦 Ust-Kamenogorsk 的 Ulba 冶金厂(Ulba Metallurgical Plant,UMP)。

后处理回收铀是从反应堆经辐照核燃料中回收的铀。回收铀中含有一些天然铀中所没有的铀同位素,特别是含有 ^{236}U、^{232}U 及较高含量的 ^{234}U。642 批次燃料芯块的同位素组成(表 9.6)显示,其的确是由回收铀生产所得。在两家可能的燃料芯块生产商中,只有 Ulba 冶金厂在制造 RBMK-1000 燃料芯块时使用了回收铀。此外,根据所截获燃料芯块的生产时间,MSZ 在 1993 年尚未开始生产这种燃料芯块[192]。

3. 643 批次

643-2 燃料芯块由之前未经辐照的贫化铀制成,其直径小于常见的以水作为冷却剂的动力堆(几乎占据了全球所有的动力堆)的燃料芯块。

一旦核裂变加热核燃料,冷却剂便会将热量传递至涡轮机或蒸汽发生器。水的冷却能力相对有限,这实际上意味着冷却水每秒钟仅可从燃料的既定表面移除有限数量的能量。换句话说,水冷燃料存在一个最大许可表面热通量(因为较高的热通量将会烧坏燃料元件包壳)。由于表面热通量与燃料直径成反比,水冷堆燃料芯块在实践中存在一个最小直径。

采用液钠冷却的快堆并不存在这个问题,液钠可更有效地移除热量[193]。由于这个原

189 Stefanka et al. (note 180), p. 13; Mayer, K., et.al. (note 180), p. 5。

190 Mayer et al. (note 180), p. 5; Mayer, K., Institute for Transuranium Elements, Personal communication with the author; European Commission, Institute for Transuranium Elements, 'Fund 21', BE/VBM/021/9, 20 Dec. 1994, p. 3; Nuclear Threat Initiative, 'Information from the Federal Ministry for Environment, Nature Protection and Reactor Safety, Germany', 19 Aug. 1996, http://www.nti.org/analysis/articles/information-federal-ministry-enviromnent-nature-protection- and-reactor-safety-germany/。

191 可参阅第 5 章表 5.1。

192 Bibilashvili, Yu. K. and Reshetnikov, F. G., 'Russia's nuclear fuel cycle: an industrial perspective', *IAEA Bulletin*, vol. 35, no. 3 (July/Sep. 1993), pp. 28-31; Stefanka et al. (note 180), p. 13。

193 Waltar, A. E. and Reynolds, A. B., *Fast Breeder Reactors* (Pergamon Press: NY, 1981), pp. 47-48。

因，直径小于约 7mm 的燃料芯块更具快堆特征。20 世纪 90 年代初，在 643 批次燃料芯块制成之时，全球已运行的快堆可能还不到 12 座[194]。

超铀元素研究所和同位素研究所的研究人员得出结论，643 批次燃料芯块具备快中子增殖反应堆 BN-350 和 BN-600 的特征，且认为"该材料可能拟用作增殖堆的增殖材料"（即燃料芯块将作为堆芯设计的组成部分，以期用燃料芯块中的 ^{238}U 生产钚)[195]。BN-350 和 BN-600 反应堆所用的燃料芯块均由 MSZ 生产提供[196]。

尽管上述材料在被截获后均已进行了研究，但并未导致对非法核交易作出任何定罪，且当时也未揭秘材料的完整历史。同位素研究所和超铀研究所的后续研究，能够确定铀芯块的可能来源和可能的预期用途。本案例所得的详细结论说明，在非法交易案件中，仅利用材料本身固有的信息对所截获的放射性材料进行核取证分析可得出哪些结论。

194 World Nuclear Association, 'Fast neutron reactors', Dec. 2014, http://www.world-nuclear.org/info/Current-and-Future-Generation/Fast-Neutron-Reactors/。

195 Stefanka et al. (note 180), p. 13.

196 Bibilashvili and Reshetnikov (note 192), p. 31.

附录 A

与测量相关的基本事实和定义

Sophie Grape

测量在核取证中是一个基本且必不可少的工具。第 2 章所描述的核取证分析过程，其中有两个阶段需依赖于测量：分类和表征。的确，在反复迭代的核取证过程中的任何节点，分析师或许不得不回过头来进行新的测量，可能会用到第 3 章和第 4 章介绍的两种谱分析方法中的一种。在测量中用到的词汇，例如，术语"精确（precise）"与"准确（accurate）"二者的区别也将影响待解译核事件的重建方法。

本附录评述了对核取证分析至关重要的、与测量有关的一些基本事实和定义。A.1 节介绍了在测量中经常会用到的术语和定义。A.2 节解释了如何运用探测与测定来评价被测对象（即被调查的主体，如某一待测样品）。A.3 节描述了其在计数测量中的应用。

本附录并未全然覆盖测量科学研究计量学（研究测量的科学）的各个方面。更为详细的信息，可参阅引用文献或与统计学和测量技术相关的专用教材[1]。

A.1　术语及定义

Lloyd A. Currie 于 1968 年发表的一篇文章逐渐被认为是关于探测和测量的一份指导性文献[2]。该文献发表时，为了确定放射化学中的检出限，使用了过多的表达式，由于大多数术语含义几乎相同，致使该文章术语极易被混淆且晦涩难懂。如今，相关国际标准可被用作指南[3]。国际标准化组织（International Organization for Standardization，ISO）已提供一系列专门性文件，例如，《量和单位》（ISO 80000 1:2009）、《原子及核物理》（ISO 80000-10:2009）、

---

1 E.g. Bhattacharyya, G. K. and Johnson, R. A., *Statistical Concept and Methods* (Wiley: Chichester, 1977); Gilmore, G., *Practical Gamma-ray Spectrometry*, 2nd edn (Wiley: Chichester, 2008); Bevington, P. R. and Robinson, D. K., *Data Reduction and Error Analysis for the Physical Sciences*, 3rd edn (McGraw Hill: New York, 2003)。

2 Currie, L. A., 'Limits for qualitative detection and quantitative determination: application to radiochemistry', *Analytical Chemistry*, vol. 40, no. 3 (Mar.1968)。

3 International Organization for Standardization (ISO), *Determination of the Characteristic Limits (Decision Threshold, Detection Limit and Limits of the Confidence Interval) for Measurements of Ionizing Radiation: Fundamentals and Application*, International Standard 11929:2010 (ISO: Geneva, 2010); Currie, L. A., International Union of Pure and Applied Chemistry (IUPAC), 'Nomenclature in evaluation of analytical methods including detection and quantification capabilities', (IUPAC Recommendations 1995), *Pure and Applied Chemistry*, vol. 67, no 10 (1995)。

《统计学：词汇和符号》(ISO 3534-1)、《电离辐射测量探测线和判断阈的确定》(ISO 11929，这或许是受到了 Currie 工作的极大激发，见 A.2 节)[4]。其中，有些是通用性标准(如关于通用国际词汇)，而有些是较为专业的标准(如 ISO 11929，主要针对电离辐射测量)[5]。

对所有实验而言，不能低估既定测量程序的重要性。这类程序应该是对某种特定测量和给定方法所需的所有操作和步骤的描述，包括测量设备、测量原理、样品性质和分析方法。

A.1.1 准确度与精确度[6]

测量是为了获得被测事物的可靠描述。一个物理量或可以直接测量，或需要间接测量。例如，燃料芯块的质量可通过称重直接测量，而样品的同位素组成则可通过测量 γ 辐射间接测定。

一种好的测量方法既要具有高准确度又要具有高精确度。准确度旨在描述获得接近于真实值的数值的能力；精确度旨在描述对于给定的相同"输入"、重现几乎相同"输出"的能力(图 A.1)。"灵敏度(sensitivity)"在测量中似乎并没有专门的定义，若未加具体说明则应避免使用。一般而言，灵敏度似乎表示对某种信号或其他某些"输入"的响应程度，但或许还可反映"稳定性(stability)"，即信号是否易于失真。

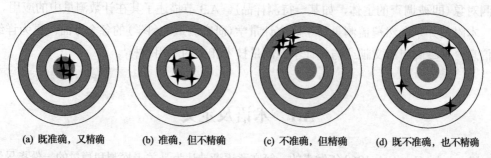

(a) 既准确，又精确　　(b) 准确，但不精确　　(c) 不准确，但精确　　(d) 既不准确，也不精确

图 A.1　利用镖靶对术语"准确度"和"精确度"的图示说明

A.1.2 被测量的基本方面

本节中的术语不仅对核取证学很重要，而且对一般的实验数据表达也很重要。在评价测量数据时，明白其所要表达的信息含义对正确地解释数据非常重要。以下解释的术语"平均值"、"方差"和"标准偏差"是一些非常基础的术语，对数据的理解和解释也

4 International Organization for Standardization (ISO) and International Electrotechnical Commission (IEC), *Quantities and Units, part 1, General*, ISO/IEC 80000-1:2009, and part 10, *Atomic and Nuclear Physics*, ISO/IEC 80000-10:2009 (ISO: Geneva, 2009); International Organization for Standardization (ISO), *Statistics: Vocabulary and Symbols*, part 1, *General Statistical Terms and Terms Used in Probability*, ISO 3534-1:2006 (ISO: Geneva, 2006)。

5 International Organization for Standardization (ISO) and International Electrotechnical Commission (IEC), *International Vocabulary of Metrology: Basic and General Concepts and Associated Terms (VIM)*, ISO/IEC Guide 99:2007 (ISO: Geneva, 2007); ISO 11929:2010 (note 3)。

6 Joint Committee for Guides in Metrology (JCGM), *International Vocabulary of Metrology: Basic and General Concepts and Associated Terms (VIM)*, JCGM 200:2008 (Bureau International des Poids et Mesures: Sèvres, 2008)。

至关重要。

测量同一个变量 x，多次测量可得到大量的观测值，分别用 x_i 表示(其中，$i = 1, 2, 3, \cdots, n$)。n 次独立测量的平均值 $\bar{x}$ 可计算如下：

$$\bar{x} = \frac{\sum\limits_{i=1}^{n} x_i}{n} \tag{A.1}$$

式中，$\bar{x}$ 为平均值，即为极限平均值 μ 的一个估计量；n 为测量次数。极限平均值通常也称真平均值，当测量次数 n 趋近于无穷大时，$\bar{x}$ 和 μ 趋于相同。

即使平均值测得非常准确，也不可能得到其精确值，这是因为始终存在与被测量相关的不确定度。这种不确定度代表了对同一被测量进行重复测量所得结果之间的差异。例如，不确定度可能源自理论描述的限制、测量设备或测量中单纯的涨落。不确定度可以通过不同方法表示，其中最常用的是标准偏差 σ，它是方差 σ^2 的平方根。而 σ^2 可计算如下：

$$\sigma^2 = \lim_{n \to \infty} \left[\frac{1}{n} \sum_{i=1}^{n} (x_i - \mu)^2 \right] \tag{A.2}$$

标准偏差的概念可理解为，呈正态分布的数据，其中约 68% 的数据值将介于极限平均值 μ 的 $\pm \sigma$ 范围内。

计算标准偏差的困难在于上述 σ^2 的定义中包含极限平均值 μ。μ 值并不总是已知，因此似乎无法计算 σ。一种解决办法是用样本的平均值来估算极限平均值，样本代表完整总体的一个子集。然后，将估算所得的总体的标准偏差表示为 s：

$$s^2 = \frac{1}{n-1} \sum_{i=1}^{n} (x_i - \bar{x})^2 \tag{A.3}$$

式中，分母中之所以使用因子 $n-1$，是因为平均值 $\bar{x}$ 的计算使独立测量的次数减少了 1。

A.1.3 统计分布

随机变量或事件的集合可以用概率分布进行描述。这些分布是描述随机变量或事件的可能范围的函数，包括最可几值及其预期分布。

概率分布有很多种，这里仅介绍其中的三种。最著名的分布可能是对称高斯分布或正态分布。它具有典型的钟形分布，以平均值为中心的样本数多，远离中心的样本数较少(图 A.2)。这种分布具有许多吸引人且方便的特性，因此通常将各种未知分布假定为正态分布，并且将已知分布有时也近似为正态分布。正态分布由于中心极限定理而特别有用，该定理指出，每一个具有有限均值和方差、足够多的随机变量(数据点)集合，将会有一个近似正态分布的平均值。

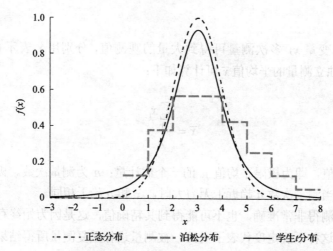

图 A.2　具有三个独立参数的正态分布、泊松分布和学生 t 分布

在这种情况下，所有分布的期望值均为 3，且所有分布具有相同的积分。泊松分布仅对 x 的正值有效，
并且清楚地显示出其非对称形状

对于小样本量的正态分布数据，最好采用学生 t 分布(图 A.2)。在这种情况下，学生 t 分布可更好地估计平均值和标准误差，因为它还考虑了自由度的数量。该数量是数据集中存在的独立数据点数量的一种度量。与正态分布相比，学生 t 分布左右两侧的尾部较大(图 A.2)。随着样本量的增加，学生 t 分布将趋近于正态分布。

物理测量中常见的另一种分布是非对称泊松分布，它仅针对正整数值进行定义。这种非对称性表现为平均值的上侧较下侧有更大的尾部(图 A.2)。平均值以下的随机变量的可几值比平均值以上的要少，因此平均值越大，非对称性越小；平均值越小，非对称性越大。泊松分布通常用于描述在特定时间间隔内以恒定概率发生的事件。

A.1.4　测量误差

一般来说，为了确定测定结果的精度，除真实值外，通常还会用到不确定度或误差。这是两个不同的术语："误差(error)"意味着观测值或计算值与真实值之间存在差异，而"不确定度(uncertainties)"则反映结果之间的差异。因此，只有在真实值已知的情况下才能计算误差；如果真实值未知，则应使用术语"不确定度"。

误差通常可分为系统误差和统计误差。

系统误差是由于测量设备、系统偏差或错误刻度等因素而引入的可再现的不准确性。其大小取决于理解、控制、减少和补偿所出现的不准确性的能力。通过分析测量所用的设备和技术，可估算系统误差的大小。

缺乏精度的不同组件并不会引发统计误差，统计误差是由于在有限时间间隔内所收集到的计数的数量波动而产生。通过不同测量结果间的差异，可看出统计误差的可重现性。可分析估计每一次观测的统计不确定性的标准偏差，并不一定需要进行实验测定。观测中(数据可以按直方图分组或按某种标准显示在频率图中的任何其他实验中)计数的数量呈泊松分布。这种分布的标准偏差为 $\sigma = \sqrt{\mu}$，这使得单位时间间隔内计数的数量越多，相对不确定度 $\sigma/\mu = 1/\sqrt{\mu}$ 就越小。很少已知极限平均值 μ，因此通常采用多次测量

得到的平均值 $\bar{x}$ 进行近似。

尽管我们总是希望这两类误差尽可能地小，但实践中往往不可能将实验结果提升至任何期望的准确度。常见的限制包括运行或重复某一测量所需的时间和精力，减少系统和测量部件中的系统误差所需的知识和理解程度，或结果中的非统计性波动。后者可能来自不可预见的误差来源，例如，罕见的本底效应、未知的样本污染、突然的故障或简单的粗心导致的错误。

在核保障监督衡算方法和核保障监督应用中，相关的误差主要分为三大类：随机误差、偏差和短期系统误差[7]。这三类误差分别对应统计误差、系统误差、测量条件，以及设置不可预测且长期变化但短时间内保持恒定的误差。不确定度类似地表示为随机不确定度分量和系统不确定度分量，即分别作为随机误差和短期系统误差的标准偏差。

A.2　被测量评定

根据公认的标准，对某一被测量的定性评定应通过统计检验和指定的概率，用判断阈（或检测阈）、探测限和置信区间来表示[8]。Currie 提出的测量评定对所有类型的测量都是通用的，因此已经被用于许多领域。ISO 标准中的评定采用了与 Currie 评定相类似的构建方式，但适用于电离辐射计量的专门领域，并规定了详细的计算和测量程序[9]。然而，因为判断阈和探测限等概念也适用于其他类型的测量，所以它们也出现在其他 ISO 文件中[10]。

Currie 评定与 ISO 11929 评定之间的根本区别在于，前者是基于所谓的经典统计或频率统计，而后者是基于贝叶斯统计。在这两种方法中，评定被测量的概念是相同的，但是看待概率概念和处理不确定性的方式不同。经典统计采用概率分布来说明未知但真实的被测量数值，而贝叶斯分析却反其道而行，采用被测量的测量值来计算由于某种概率分布而得到它的可能性。这是一种将来自理论或早期测量的先验知识结合到方程中的方法[11]。这里给出的关于判断阈、探测限和定量限的方程简单明了，并且其形式适用于两种类型的统计解释。

7　这种分类方法沿用了计量学联合导则委员会（Joint Committee for Guides in Metrology，JCGM）采用的惯例。该联合委员会由国际标准化组织（ISO）、国际计量局（BIPM）、国际电工委员会（IEC）、国际临床化学和实验室医学联盟（IFCC）、国际纯粹与应用化学联合会（IUPAC）、国际纯粹与应用物理联合会（IUPAP）和国际法定计量组织（OIML）组成。ISO 3534-1:2006（note 4）；ISO/IEC Guide 99:2007（note 5）。

8　Currie（note 2）；ISO 11929:2010（note 3）。

9　ISO 11929:2010（note 3）。

10　一个这样的文件描述了如何从实验数据来评估判断限和探测限。International Organization for Standardization (ISO), *Capability of Detection*, part 2, *Methodology in the Linear Calibration Case*, ISO 11843-2:2000 (ISO: Geneva, 2000)。

11　关于贝叶斯统计的简要介绍及详细教材，可参阅 Weise, K. et al., 'Bayesian decision threshold, detection limit and confidence limits in ionising-radiation measurement', *Radiation Protection Dosimetry*, vol. 121, no. 1 (Dec. 2006); Bolstad, W. M., *Introduction to Bayesian Statistics*, 2nd edn (Wiley: Chichester, 2007); Hoff, P. D., *A First Course in Bayesian Statistical Methods* (Springer: Dordrecht, 2009)。

下面重点讨论一下 Currie 分类方案与数据解释。想要解读任何测量数据，重要的是要了解测量的具体过程及结果。Currie 提出了一种分类方案，旨在为分析师提供唯一定义的测量限制，以便能够正确地解释数据和结果[12]。Currie 定义了三个限值：①判断限或临界水平 L_C，在此之上，观测到的净信号(即扣除背景的信号)可被可靠地识别；②探测限 L_D，超过它的真实净信号肯定会被探测到；③定量限 L_Q，超过它的信号的定量精度满足给定的不确定度要求。

判断限 L_C 被认为是后验极限，因为它只在信号被检测后才起作用。探测限 L_D 被认为是一个先验极限，因为它在测量前表征了测量过程的特征。假设遵守了测量过程，满足特定概率被探测到的测量量的最小值就是探测限。

A.2.1 假设检验

后验问题涉及对检测信号的解释，为此可使用一种被称为假设检验的决策工具。应用假设检验的目的是研究理论和数据的一致性，帮助分析者正确地解释数据和结果。

假设检验的一般思想是研究一个信号或一组数据是否具有某种特征，所谓的零假设或起点是数据中没有特有的特征，而替代假设是它存在[13]。

在假设检验中，可产生两类错误：第一类错误(用 α 表示)表示某一特征或物理效应实际并不存在却错误地认为它存在；第二类错误(用 β 表示)表示某物理效应真实存在却错误地认为它不存在。当犯这两类错误的可接受的风险值确定后，则可以计算判断限和探测限。常用的风险概率值(特别是在 ISO 文档中)是 $\alpha = \beta = 0.05$，尽管这些值有时过于常规地被确定而没有经过充分考虑。然而，在一般的 γ 谱分析中，应用这样的风险概率可能会在实际上是空谱的情况下产生数百个假峰[14]。为此构造了拒绝概率函数 γ，它描述了随机参数在一个选定值下零假设被拒绝的可能性。根据零假设的构造方式，γ 等于 α 或 $1-\beta$。

应同时引用测量量的指导值 y_r 及犯两种错误的概率[15]。这提供了对某一测量过程是否符合科学、法律或其他要求的额外评估。

A.2.2 确定判断限和探测限

判断限 L_C 可被认为是在后验问题中检测到的净信号，它可以用两个项来确定。第一项需要知道犯第一类错误的接受水平 α，第二项是真实信号 μ_S 为零时测量净信号的标准偏差 σ_0，然后判断限可写为

$$L_C = k_{1-\alpha}\sigma_0$$

假定正态分布是标准化的(即正态分布集中在 0 值附近，标准偏差为 1)，则参数 $k_{1-\alpha}$

---

12 Currie (note 2)。

13 An example of how the Currie hypothesis testing procedure can be applied in practice to spectral data from gamma spectroscopy is presented in De Geer, L.-E., *A Decent Currie at the PTS: Detection Limit Concepts in the PTS Radionuclide Software*, Technical Paper CTBT/PTS/TP/2005-1 (Comprehensive Nuclear-Test-Ban Treaty Organization: Vienna, Aug. 2005); De Geer, L.-E., 'Currie detection limits in gamma-ray spectroscopy', *Applied Radiation and Isotopes*, vol. 61, nos 2-3 (Sep./Oct. 2004)。

14 Bolstad (note 11); Hoff (note 11)。

15 ISO 11929:2010 (note 3)。

表示积分(即曲线下方的面积)等于 α 的极限(图 A.3)。

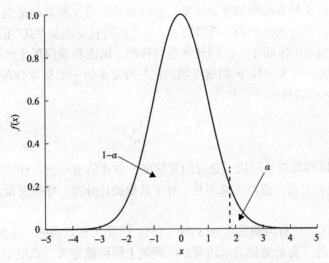

图 A.3 犯第一类错误最大可接受水平的标准正态分布
竖线表示参数 $k_{1-\alpha}$ 的值。竖线与分布曲线下的积分面积等于 $1-\alpha$

如果被测信号超过 L_C,则被标记为"检测"。如果信号低于判断限,则不能在给定的犯错概率下得出它实际上存在的结论,但也不可能得出它不存在的结论。在 L_C 确定后,先验的探测限可被确定为

$$L_D = L_C + k_{1-\beta}\sigma_D$$

式中,σ_D 为标准差,表征 $\mu_S = L_D$ 时净信号的概率分布;$k_{1-\beta}$ 为正态分布的积分面积小于 β 的值。探测限表示确定物理效应不存在的风险不超过指定概率的最小值,是测量方法本身的特性,更长的测量时间和更多的计数可减小探测限。

分析师在不了解这些限值的产生之前应该警惕信任它的风险。例如,使用低本底探测器可能会低估或过高估计判断限和探测限[16]。这可能是使用某种统计方法或不恰当近似的结果。

还应指出,对判断限和探测限的计算,标准不确定度作为被测量信号的函数是必要的,它既可以明确指定,也可以从数次测量数据的解释中得到。对于后一种替代方案,必须要有以前同类的测量,只是样品活度不同但其他条件相同[17]。

A.2.3 测量的置信区间

通过比较实验值和判断限,从而做出定性决策似乎是件容易的事。但是,结果与预

---

16 Hurtgen, C., Jerome, S. and Woods, M., 'Revisiting Currie: how low can you go?', *Applied Radiation and Isotopes*, vol. 53, nos 1-2(July 2000);Bernasconi, G., Greaves, E. D. and Sajo-Bohus, L., 'New approach in assessing the lower detection limit in low level radiation counting', *Nuclear Instruments and Methods in Physics Research, Section A: Accelerators, Spectrometers, Detectors and Associated Equipment*, vol. 307, nos 2-3(Oct. 1991)。

17 ISO 11929:2010(note 3)。

期值一致的可信度是多少呢？

如果信号真值 S 和其标准偏差 σ 未知，估计的净信号 $\overline{S}$ 和其标准偏差 s 就可用来构建一定置信度 $1-\gamma$ 下 μ_S 的区间值。通常而言，置信区间包括测量"真"值的概率是 $1-\gamma$。概率大区间大，概率小区间小。区间通常是对称的，因而测量值低于区间下限和大于区间上限的概率相等，均为 $\gamma/2$。区间端点的确定与特定事例中的概率分布有关。例如，采用 t 分布，置信区间对称的端点值为

$$\overline{S} \pm t_{1-\gamma/2} \frac{s}{\sqrt{n}}$$

这个例子的区间端点值取决于选择的置信度、估计的信号值、标准差和所谓的标准变量 $t_{1-\gamma/2}$，可查表得到。值得注意的是，对于其他统计分布，标准变量及其数值的表示与 t 分布不同。

对称的置信区间只有当测量信号 S（或其估计 $\overline{S}$）是可被探测的，也就是说大于 L_C。若测量信号小于 L_C，实验结果的单边置信区间的上限可被定义。该例子中上限为 $L_C + S$（或 $L_C + \overline{S}$）。上限的最大值是 $2L_C = L_D$。

A.2.4 定量分析和定量限

Currie 建议的第三个限值，即定量限，标志着由于测量精度高，可以对检测到的信号进行有意义的定性分析。定量限定义为

$$L_Q = k_Q \sigma_Q \tag{A.4}$$

式中，L_Q 为净信号的真值；σ_Q 为其标准偏差；k_Q 为定义的相对标准偏差的倒数，来自对信号的估计，通常 k_Q 值取 10。

A.3 在计数测量中的应用

在进行计数统计测量（如能谱测量）时，通常在本底上检测到信号。本底是能谱中由与特定感兴趣对象不相关的事件形成，在进一步分析之前需要扣除本底。

构造本底函数的方法很多。如果没有理由怀疑另一个依赖项，最简单的方法是选择一个恒定的本底水平。其他选择是线性本底，这通常是 γ 辐射探测的情况。轻微弯曲的本底（用二阶至四阶多项式描述）或强弯曲抛物线，这可能是 α 辐射探测的情况[18]。

为了衡量选定的本底（或信号）函数与能谱的匹配程度，可以计算出测试量 χ^2。它可以用理论值或期望值 $\mathrm{Exp}(x_i)$ 和观测值或测量值 $\mathrm{Obs}(x_i)$ 表示：

$$\chi^2 = \sum_{i=1}^{M} \frac{(\mathrm{Obs}(x_i) - \mathrm{Exp}(x_i))^2}{\mathrm{Obs}(x_i)} \tag{A.5}$$

---

18 关于本底测量、区间及其他参数的详细信息，可参阅 ISO 11929:2010（note 3）。

式中，M 为本底区域的道数。

测试量越小，拟合程度越好，可取

$$\left| \chi^2 - M + m \right| \leqslant k_{1-\delta/2} \sqrt{2(M-m)} \tag{A.6}$$

式中，m 为模型中输入的随机变量的个数。若该式不成立，则表示数据拟合不好，需要看是否可通过调整本底区间来改善拟合。显著水平通常取 $\delta = 0.05$。

最后，简单讨论一下如何判断数据拟合的好坏。分析人员通常希望获得一个所谓的拟合函数对数据分布进行数学描述，以精确地再现测量数据。为了使拟合函数和实测数据之间具有良好的一致性，物理学家或分析人员使用"谱展开"方法，即对估计的参数进行拟合，直到与数据的一致性很好为止。估计值可能不仅取决于测量量，还取决于某些常量的值。

一种推荐的拟合方法是最小二乘拟合，它考虑了每个数据点的不确定性。该方法基于将高斯分布产生的观测值与期望值之间的偏差最小化。被最小化的变量是"拟合优度"参数 χ^2：

$$\chi^2 = \sum_{i=1}^{M} \left(\frac{y_i - y(x_i)}{\sigma_i} \right)^2 \tag{A.7}$$

式中，y_i 为实测值；$y(x_i)$ 为期望值；σ_i 为观测值的标准差，若满足条件式 (A.6)，拟合函数与数据可以说在一定程度上一致。

附录 B

瑞典对中国大气层核试验的探测

Lars-Erik De Geer

1964～1980 年，中国共进行了 26 次核试验。瑞典国防研究机构(Försvarets forskningsanstalt, FOA)将这 26 次试验依次编号为"中国-1"至"中国-26"[1]。除 4 次试验("中国-9""中国-17""中国-20""中国-24")外，其他试验均为大气层核试验(试验细节见表 B.1)。这 22 次大气层核试验为跟踪中国核武器计划的整体发展提供了独特机会。接下来的章节，将简要介绍瑞典当时对每一次中国核试验所作的结论。

表 B.1　中国核试验(1964～1980 年)

FOA 试验编号	日期	时间[a]	威力	装置描述
中国-1	1964.10.16	13:00	22kt	置于 102m 高的铁塔上，裂变装置，基于 ^{235}U 内爆
中国-2	1965.05.14	08:00	35kt	采用"轰-6"轰炸机空投，于约 500m 高空爆炸，基于 ^{235}U 内爆的裂变装置
中国-3	1966.05.09	14:00	200～300kt	采用"轰-6"轰炸机空投，^{235}U 裂变，添加了一些热核材料(^{6}Li)
中国-4	1966.10.27	07:10	12kt	采用"东风-2"弹道导弹从双城子导弹试验靶场(位于试验场以东约 850km 处)发射，^{235}U 裂变，于 569m 空爆
中国-5	1966.12.28	10:00	122kt	置于 102m 高的铁塔上，首次试验了一种部分威力的二级氢弹，使用了 ^{235}U、^{238}U 和氘化锂-6，太过笨重、难以用作武器
中国-6	1967.06.17	06:19	3.3Mt	采用"轰-6A"轰炸机空投，利用降落伞延时、于 2960m 空爆，首次全尺度"三相(裂变-聚变-裂变)"氢弹试验，使用了 ^{235}U、^{238}U 和氘化锂-6 材料
中国-7	1967.12.24	10:00	10～20kt	采用"轰-6"轰炸机空投，使用了 ^{235}U、^{238}U 和氘化锂-6 材料，显然是一次失败的热核试验
中国-8	1968.12.27	13:30	3Mt	采用"轰-5"轰炸机空投，首次使用钚材料(中国首座反应堆于 1966 年 10 月实现临界)的新型热核装置，使用了 ^{239}Pu、^{235}U、^{238}U 和氘化锂-6 材料
中国-9	1969.09.23	22:15	19.2kt	平峒试验，中国首次地下核试验
中国-10	1969.09.29	14:40	3Mt	采用"轰-6"轰炸机空投，热核装置
中国-11	1970.10.14	13:30	3Mt	采用"轰-6"轰炸机空投，热核装置
中国-12	1971.11.18	12:00	10～15kt	部分埋深，^{239}Pu 和 ^{235}U 裂变装置
中国-13	1972.01.07	13:00	5～10kt	采用"歼-5"攻击机空投，裂变装置，^{239}Pu 材料
中国-14	1972.03.18	12:00	150～200kt	采用"轰-6"轰炸机空投，热核装置，显然失败
中国-15	1973.06.27	10:00	2.5Mt	采用"轰-6"轰炸机空投，高空爆炸，热核装置

---

1 有些统计数据也将 1979 年 9 月 13 日失败的大气层试验统计在内，故而给出 27 次试验。

续表

FOA 试验编号	日期	时间[a]	威力	装置描述
中国-16	1974.06.17	12:00	0.2～1Mt	空爆，热核装置(威力可能接近 1Mt)
中国-17	1975.06.27	07:00	15kt	平峒试验，裂变装置
中国-18	1976.01.23	12:00	2～20kt	近地爆炸，裂变装置
中国-19	1976.09.26	12:00	(20～)200kt	空爆，裂变装置，聚变装置可能失败
中国-20	1976.10.17	11:00	10kt	平峒试验，裂变装置
中国-21	1976.11.17	12:00	4Mt	采用"轰-6"轰炸机空投，新型热核设计试验
中国-22	1977.09.17	13:00	20kt	空爆，裂变装置
中国-23	1978.03.15	11:00	6～20kt	地面爆炸，裂变装置
中国-24	1978.03.15	16:00	5kt	竖井试验，裂变装置
中国-25	1978.12.14	—	10kt	地面爆炸，裂变装置
中国-X	1979.09.13	—	0kt	地面爆炸，降落伞未打开，完全失败，当时未予统计
中国-26	1980.10.16	10:40	700kt	空爆，全球最后一次大气层核试验

a 表示所给时间为当地时间(UTC+8)。

资料来源: 信息引自当时的美国政府机构，以及 Danny Stillman(后来曾任洛斯·阿拉莫斯国家实验室国际技术部主任)根据 1990 年两次到访中国核武器机构期间与中国科学家交谈所绘制的表格。Reed, T. S., 'The Chinese nuclear tests, 1964-1996', *Physics Today*, vol. 69, no. 9 (Sep. 2008), pp. 47-53. 时间数据引自 Norris, R. S., Burrows, A. S. and Fieldhouse, R. W., *Nuclear Weapons Databook: British, French and Chinese Nuclear Weapons*, vol. 5 (Westview Press: Boulder, CO, 1994)。

1. "中国-1"（1964 年 10 月 16 日）

此次试验是瑞典能够针对单次近地核爆炸进行单个颗粒物研究的核试验。爆后第十一天，地面样品中出现了首批核爆炸碎片，且表现出明显的反向(或逆向)分凝(即富含挥发性核素)[2]。运用反转放射自显影研究了 43 个直径介于 1～5μm 的颗粒物。这些颗粒物中的大多数呈完整的球形，颜色从无色到黄色-红色-棕褐色不等。比活度明显低于(低100 倍)实验室之前研究过的大多数苏联和美国大型核试验。这可以被解释为是源于近地爆炸的结果，爆炸估计将约 1000t 的地面物质卷入火球。

2. "中国-2"（1965 年 5 月 14 日）

1964 年进行的"中国-2"可能试爆了一个武器化版本的装置。5 月 24 日，在对流层顶附近首次观测到了核爆炸碎片，且爆炸碎片在高空样品中持续出现近一个月[3]。这些样品的分凝曲线从早期的"正常"分凝逐渐变为后期的高度"逆向"分凝，呈现出很好的连续变化——这与较大颗粒物随时间率先下沉、较小颗粒物随后下沉的景象相一致。对早期样品中约 130 个颗粒物进行了逐个研究。颗粒物颜色非常均匀，从无色到黄色，再

---

2 Sisefsky, J., 'Debris particles resulting from the Chinese nuclear bomb test', *Nature*, 12 June 1965, pp. 1140-1141。

3 Persson, G., 'Fractionation phenomena in debris from the Chinese nuclear explosion in May 1965', *Nature*, 19 Mar. 1966, pp. 1193-1195; Sisefsky, J., 'Debris particles from the second Chinese nuclear bomb', *Nature*, 11 June 1966, pp. 1143-1144。

到略带红色的黄色。所有颗粒物均透明，大部分呈球形，且趋于伸长。比活度远高于中国首次核试验之后的碎片颗粒物，更像是苏联和美国大型试验系列中曾进行过的试验。比活度数值表明装置中含有约 10t 块材。

3. "中国-3"（1966 年 5 月 9 日）

"中国-3"试验之后的第八天，在高空取样中首次发现了爆炸碎片[4]。三周后，高空云团发生第二次环球绕行。尽管此次试验使用的是一个尚未完全成熟的氢弹装置，但清晰的 ^{237}U 信号表明试验涉及热核反应。美国洛斯·阿拉莫斯国家实验室国际技术部前任负责人 Danny Stillman 博士指出，这是一个基于高浓缩铀的助爆式装置，可能是中国热核初级（热核武器的第一级）的首次试验[5]，^{6}Li 的使用得到证实。不过，这与基于氘–氚（DT）气体的"传统"助爆器并不相符。这次试验让人回想起 1953 年苏联第四次核试验曾试爆过的早期设计的所谓的"Sloika（多层蛋糕）"炸弹，其威力释放约为 400kt，与"中国-3"极为相似[6]。经研究，"中国-3"的颗粒物性质与"中国-2"十分相似，但比活度稍高一些。

4. "中国-4"（1966 年 10 月 27 日）

"中国-4"核试验之后的第十三天，在瑞典首次发现了"中国-4"试验的爆炸碎片[7]。碎片颗粒物类似于"中国-2"，主要为黄色或淡黄色，有的呈淡褐色，透明且不具任何光学活性。此外还发现碎片的比活度与"中国-2"爆炸碎片大致相同，"中国-2"如今被看作是在较低对流层进行的、非触地核爆炸的标准。

5. "中国-5"（1966 年 12 月 28 日）

"中国-5"仅在试验后的第八天便被探测到[8]。尽管可识别出大量颗粒物，但样品通常相当弱。与早期核试验相比，高空及地面空气取样中均出现了较大颗粒物。地面上，粒径大于 6μm 的颗粒物十分常见，甚至发现了粒径高达 11μm 的颗粒物（图 B.1）。颗粒物的比活度极低，证实这是一次塔爆试验。在如此长的距离能观测到相当大的颗粒物，表明基体的密度较低。对颗粒物进行了某些耐化学腐蚀性试验，发现样品易耐受化学侵蚀。所有这些表明，颗粒物主要由源自地面的二氧化硅（密度约为 2.3g/cm^3）组成。大多数颗粒物呈完美的球形，无褶皱或类似的表面不规则性迹象。在某些情形中，粒径介于 0.2~0.5μm 的较小颗粒物附着于较大颗粒物的表面。颜色从完全无色透明到黄色、橙色、棕色至几乎黑色。一小部分颗粒物则表现为透明的樱桃红，并非十分完美的球形，且比

---

4 Persson, G., Sisefsky, J. and Lindblom, G., *Detektion av kinesiskt kärnladdningsstoft över Sverige maj-juni 1966* [Detection of Chinese nuclear debris in Sweden May-June 1966], Försvarets Forskningsanstalt（FOA）4 Report no. C 4260-23（FOA: Stockholm, 1966）；Sisefsky, J., *Study of Debris Particles from the Third Chinese Nuclear Test*, FOA 4 Report no. C 4271-23（FOA: Stockholm, 1966）。

5 Reed, T. S., 'The Chinese nuclear tests, 1964-1996', *Physics Today*, vol. 69, no. 9 (Sep. 2008), p. 52。

6 详见第 7 章。

7 Sisefsky, J., Studies of Debris Particles from the Fourth and Fifth Chinese Nuclear Tests, Försvarets Forskningsanstalt（FOA）4 Report no. C 4327-28（FOA: Stockholm, 1967）。

8 Sisefsky (note 7)。

活度高 100 倍。可以合理地假设，这些颗粒物主要是源自铁塔及装置其他零件的铁质残留物在云层中的部分凝结所致。

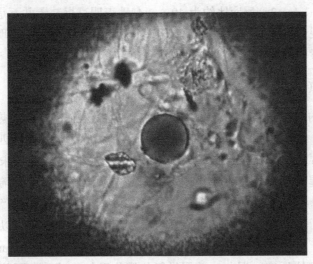

图 B.1　在瑞典采集到的"中国-5"核试验产生的直径 11μm 热粒子的反转放射自显影图像
资料来源: Sisefsky, J., Försvarets Forskningsanstalt（FOA）

6. "中国-6"（1967 年 6 月 17 日）

瑞典监测系统并未探测到此次试验的放射性，直至 1967 年 8 月 12 日，在事件发生近两个月后，地面上发现了一个直径 2.3μm 的热粒子[9]。在随后的数天及数月中，高空和地面取样中逐渐出现了更多相同粒径大小的单个颗粒物。后来，又收集到越来越多的较小颗粒物，但每 100kg 空气中的颗粒物数量仍不超过几十个。

对试验的延时探测及碎片主要为热粒子的事实，与蘑菇云升入平流层中的高威力试验相符。试验如果生成热粒子，热粒子随后则会发生重力沉降，最大的热粒子率先沉降。简单计算表明，一个直径 2μm、密度 5g/cm^3（氧化铁）的球形颗粒物从 18km 高空沉降至地面，需耗时约两个月。位于瑞典境内的微气压计观测清晰显示，试验装置在对流层中爆炸，这与热粒子的形成相一致。颗粒物的比活度不仅高于任何早前的中国核试验，且高于苏联和美国的大多数热核试验。颗粒物的外观类似于早期苏联热核试验形成的颗粒物，为无结构、无色球形，且呈更加不规则的深色，有的还带有表面褶皱和其他表面斑点。

7. "中国-7"（1967 年 12 月 24 日）

这是中国首次未对外宣布的核试验，很快被解读为试验出现了某种失败。爆后第九天，在 10km 高空，含有碎片的相当浓密的烟云抵达瑞典[10]。通过取样，可识别出数百个

9　Persson, G. and Sisefsky, J., 'Debris from the sixth Chinese nuclear test', *Nature*, 12 July 1969, pp. 173-175。

10　Sisefsky, J. and Persson, G., *Investigations on Nuclear Debris from the 7th Chinese Test*, Försvarets Forskningsanstalt（FOA）4 Report no. C 4386-28（FOA: Stockholm, 1969）; Sisefsky, J. and Persson, G., 'Fractionation properties of nuclear debris from the Chinese test of 24 December 1967', *Health Physics*, vol. 18, no. 4 (1970), pp. 347-356。

主要呈椭圆形或扁桃仁形、均匀红色的热粒子。此外，可多见具有或多或少正方或斜方截面的晶粒。颗粒物的活度与体积成正比，比活度类似于之前在罗布泊进行的低威力空投核试验。$(n, \gamma):(n, 2n)$ 反应比约为 40，清楚地表明试爆装置并不是一个十分奏效的"裂变—聚变—裂变"三相弹[11]。粒径为 0.4~4.5μm 的较大热粒子表现出正常分凝，而较小的热粒子则表明出反向分凝。

8. "中国-8"（1968 年 12 月 27 日）

此次试验中的 $(n, \gamma):(n, 2n)$ 反应比小于 2.2，可确信证实试验的热核特性[12]。与"中国-6"爆后一样，发现首批碎片迹象的时间也相当晚（在爆后第二十四天）。"中国-8"是中国系列热核试验中的第一次试验，试验（至少在总体样品中）并未显现出任何的分凝效应。这无疑是由于爆炸发生在合理爆高的高空所致，那里空气稀薄，火球可更好地膨胀，碎片等离子体和气体占据了较大体积，以至于严重妨碍了"经典的"颗粒物冷凝过程。相反，在预期过程中，除惰性气体和氚外，所有原子将以相同的效率附着在天然气溶胶上。可辨别的颗粒物不超过 29 个，粒径介于 0.2~2.3μm，呈无色球形，且具有创纪录的高比活度。据此，并假设氧化铝为颗粒物基体，可估算出装置中含有约 300kg 铝。

9. "中国-9"（1969 年 9 月 23 日）

"中国-9"是中国第一次地下核试验。

10. "中国-10"（1969 年 9 月 29 日）

"中国-10"与"中国-8"极为相似，"热核"$(n, \gamma):(n, 2n)$ 反应比为 1.4[13]。在"中国-10"之后，仅发现了 16 个粒径小于 0.5μm 的热粒子，与源自"中国-8"的热粒子具有相同的表观粒径和比活度。与"中国-8"不同的是，"中国-10"碎片的发现时间较早，试验后第八天、在 14km 高空处便发现了"中国-10"的爆炸碎片。

11. "中国-11"（1970 年 10 月 14 日）

"中国-11"与"中国-8"也极为相似，首次探测到碎片的时间也相当晚，$(n, \gamma):(n, 2n)$ 反应比为 1.4，仅发现了极少量的热粒子。总体样品未发生分凝。为此，对"中国-8"、"中国-10"和"中国-11"的未分凝样品进行了专门研究[14]。借助化学分离，分析了源自"准"对称裂变的产物核素的辐射。这些核素不仅产额通常较低，还对中子能量十分敏

---

11 关于该比值重要性的描述，详见 8.1 节。

12 Persson, G. and Sisefsky, J., 'Radioactive particles from the eighth Chinese nuclear test', *Health Physics*, vol. 21, no. 3 (1971), pp. 421-428。

13 Sisefsky, J. and Persson, G., 'Debris over Sweden from the Chinese nuclear weapon test in September 1969', *Health Physics*, vol. 21, no. 3 (1971), p. 463。

14 Bernström, B., *Analyses of Fresh Radioactive Debris from the Chinese Nuclear Tests of December 27th, 1968, September 29th, 1969, and October 14th 1970*, Försvarets Forskningsanstalt (FOA) 4 Report no. C 4549-A1 (FOA: Stockholm, 1973)。

感。如 ^{111}Ag，三次试验观测到的 ^{95}Zr ： ^{111}Ag 原子比均介于 15～30。利用 14MeV、7MeV、4MeV 和裂变谱中子进行的 ^{238}U 辐照实验显示， ^{95}Zr ： ^{111}Ag 原子比分别为 7、25、51 和 82。因此，所有三次爆炸中，通过惰层推进器铀的平均（介于约 1MeV 和 14MeV 裂变阈值之间）中子能量似乎约为 7MeV。

12. "中国-12"（1971 年 11 月 18 日）

此次试验被证明是一次非常有意思的试验，尽管爆炸威力较低，但爆炸的 (n, γ) ： $(n, 2n)$ 反应比为 1.8±0.3，清晰表明试爆的是一个热核装置[15]。试验或许旨在测试一个并非准备作为氢弹初级的铀惰层助爆器。试验两周后，地面空气中首次探测到了碎片。试验后并未发现任何单个的热粒子，所有样品均显示出相当高的易挥发性组分。可能的解释是，试验致使大量的地面物质卷进爆炸烟云，且下沉的土壤清除了大多数较大的颗粒物，留下更多的镜像颗粒物进行全球散播。

13. "中国-13"（1972 年 1 月 7 日）

"中国-13"爆后第十天，在一架 10km 飞行高度的航班上首次探测到了试验碎片。此次试验呈现出一副相当常见的景象：共探测到 82 个粒径介于 0.6～4μm 的热粒子，颜色从黄色、红色、淡红色到橙褐色[16]。三个几乎无色的颗粒物表现出最高的分凝，这在早期试验中也曾发现过。假设这些无色颗粒物的主要成分为氧化铝，而有色颗粒物的主要成分为氧化铁，则这一假设符合分凝冷凝理论。

14. "中国-14"（1972 年 3 月 18 日）

此次试验产生了异常高数量的热粒子，这些热粒子一直随空气传播抵达瑞典[17]。不过，与之前曾产生许多热粒子的核试验不同，"中国-14"碎片中所含颗粒物的比活度相当高，表明其中的物质并非源自土壤。共研究了 630 个粒径介于 0.7～3.5μm 的颗粒物，并将其按颜色分为棕色或不透明、橙色、黄色或无色，比活度也依次略微增加。特别是，研究发现从有色至无色颗粒物，质量链 95 的浓度大幅变化、含量最高。 (n, γ) ： $(n, 2n)$ 反应比为 6.5±1，表明裂变装置中存在一定的热核反应贡献，试爆装置为助爆式或非完整功能的二级武器（见"中国-3"）。

15. "中国-15"（1973 年 6 月 27 日）

此次试验的 (n, γ) ： $(n, 2n)$ 反应比为 1.4，探测到的热粒子很少且很小，粒径小于

15　De Geer, L.-E., Forslund, K. and Sisefsky, J., *Debris in Sweden from the Low-yield Nuclear Tests Performed by the Peopled Republic of China on November 18, 1971 and January 7, 1972*, Försvarets Forskningsanstalt（FOA）Report no. C40068-T2（A1）（FOA: Stockholm, 1977）。

16　De Geer, Forslund and Sisefsky（note 15）。

17　Sisefsky, J. and Arntsing, R., *Particle Properties of Debris Appearing in Sweden from the Chinese Nuclear Test of March 18, 1972*, Försvarets Forskningsanstalt（FOA）Report no. C 40113-T2（A1）（FOA: Stockholm, 1980）。

0.7μm，似乎是"中国-8""中国-10""中国-11"系列试验中的又一次试验[18]。1972 年，瑞典国防研究机构开始常规化运用新研发的、分辨率大幅提升的 Ge(Li) 探测器技术，从而有可能观测到样品中更多的放射性核素。其中之一是 ^{54}Mn，这是一种高能中子撞击钢铁中的 ^{54}Fe、发生(n, p)反应的产物。裂变截面曲线的形状与 ^{238}U 裂变截面曲线并无太大差异，因此并未发生分凝且裂变–聚变比为 2(美国估值)，数据表明产生了约 7g 的 ^{54}Mn。

16. "中国-16"（1974 年 6 月 17 日）

爆后第十七天，通过高空取样探测到了"中国-16"试验。此次试验看起来与先前的试验相类似，(n, γ)∶(n, 2n)反应比为 1.4 且未探测到热粒子。^{88}Y 探测是这次试验的一个新特点——^{88}Y 半衰期为 106.6 天，在核爆炸过程中被注入平流层中，在地面上的可探测时间可超过一年。这是瑞典注意到的首次在核武器试验中使用高能中子注量探测器的试验。如果在装置内感兴趣的特定位置布放一定量的天然钇(^{89}Y)，与核爆炸过程中极高注量的高能中子通过单(n, 2n)反应和双(n, 2n)反应，则会生成 ^{88}Y 和 ^{87}Y($T_{1/2}$ = 79.8h)。随后，根据两种同位素的比值及其(n, 2n)截面，则可计算出感兴趣位置点的中子注量。

不过，只有试验方可有效地获得详细的注量值，原因有二：第一，只有试验方知道稳定钇 ^{89}Y 在装置中的初始布放位置；第二，只有试验方可获取到足以探测 $(n, 2n)^2$ 反应产物 ^{87}Y 的足够强的样品。如果将问题进行简化：^{88}Y 和 ^{87}Y 具有相同的(n, 2n)截面 σ、中子能量恒定且远高于(n, 2n)阈值，不考虑燃耗，若中子通量密度(即注量率)为 φ，则 $t(s)$ 时间内 ^{88}Y 核素的生成量为 $N_{^{88}Y} = N_{^{89}Y} \times \varphi\sigma t$。随后，经过简单积分便可给出 ^{87}Y 核素的数量 $N_{^{87}Y} = N_{^{89}Y} \times (\varphi\sigma t)^2/2$，最终可得到中子注量 $\varphi t = (2/\sigma)(N_{^{87}Y}/N_{^{88}Y})$。注意，为了得到一个可测量的商值，中子注量必须很高。例如，σ = 1b、原子比为 0.5，则中子注量需要达到 10^{28} 高能中子/m^2(约 2mol/cm^2)的量级，这在地球上只有在聚变装料中才能达到。

17. "中国-17"（1975 年 6 月 27 日）

这是中国的第二次地下核试验。

18. "中国-18"（1976 年 1 月 23 日）

该试验爆后约两周，地面上开始出现此次试验的碎片[19]。在高空中未发现任何东西。样品清楚地呈现出反向分凝模式，且未发现任何单个的热粒子。这与"中国-12"的爆后

---

18 Arntsing, R., De Geer, L.-E. and Vintersved, I., *Radioactivity from Nuclear Explosions in Ground Level Air at Three Swedish Sampling Stations: Ge(Li) Measurements up to Midyear 1975*, Försvarets Forskningsanstalt (FOA) Report no. C 40038-T2(Al) (FOA: Stockholm, 1976). 也发表在 US Energy Research and Development Administration (USERDA), Health and Safety Laboratory (HASL), Quarterly report (1 Sep. 1976 through 1 Dec. 1976), HASL-315, UC-11, 1 Jan. 1977, http://www.osti.gov/scitech/servlets/purl/7126236.

19 De Geer, L.-E. et al., *Particulate Radioactivity, Mainly from Nuclear Explosions, in Air and Precipitation in Sweden Mid-year 1975 to Mid-year 1977*, FOA report C 40089-T2(Al) (Försvarets Forskningsanstalt: Sundbyberg, Nov. 1978), http://www.iaea.org/inis/collection/NCLCollectionStore/_Public/11/543/11543720.pdf. 也发表在 *Environmental Quarterly*, Report EML-349 (Environmental Measurements Laboratory: New York, 1979)。

情况相同，两者重要差异是：此次试验的 (n, γ) ：$(n, 2n)$ 反应比大于 30，试验装置可能是一个纯裂变装置。

19.“中国-19”（1976 年 9 月 26 日）

第十九次中国核试验爆炸，在瑞典造成了自 1962 年苏联大型系列核试验以来最严重的短寿命放射性核素沉降。在瑞典南部地区，随降水沉降的 ^{131}I 和 ^{140}Ba 达数百贝克勒尔每平方米(Bq/m^2)[20]。试验后的 8～10 天，地面上和高空中首次出现了碎片，直至当年底，这些碎片随后成为空气中各种人为放射性核素的主要贡献者。(n, γ) ：$(n, 2n)$ 反应比为 31 ± 3，预示着试验装置是一个裂变装置，但与此同时，^{54}Mn、^{58}Co 等铁的活化产物，又是令人困惑的高能中子的见证者。因此，试验装置可能是一个加有“主”热核级终端的纯助爆器或助爆式初级。对于后一种情形，可能表明中国在为未来不得不对全威力加以限制的地下核试验做准备。

针对此次试验，共检查了近 300 个粒径介于 0.7～7.8μm 的热粒子，其中绝大多数为红色。尽管有些热粒子呈椭圆形，但大部分呈球形。所发现的热粒子存在典型的分凝效应。随着时间的推移，在 1976 年的最后一个季度，三个地面台站清晰地测到了 ^{103}Ru 的分凝系数 f_{103}（通过其极易挥发的氧化物，见图 B.2）。十月份的球形热粒子表现出较低的 f_{103}，之后，镜像粒子组分逐渐占优势，直至年底，f_{103} 每周约增加 0.3。

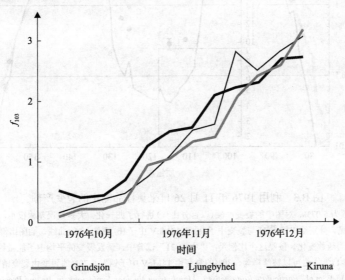

图 B.2　“中国-19”核爆炸后 ^{103}Ru 的分凝系数
1976 年 9 月 26 日“中国-19”核试验后的 3 个月内，位于瑞典 Kiruna、Grindsjön 和 Ljungbyhed 的
三个台站曾进行了地面空气测量

资料来源: De Geer, L.-E. et al., *Particulate Radioactivity, Mainly from Nuclear Explosions, in Air and Precipitation in Sweden Mid-year 1975 to Mid-year 1977*, FOA report C 40089-T2 (A1) (Försvarets Forskningsanstalt: Sundbyberg, Nov. 1978), http://www.iaea.org/inis/collection/NCLCollectionStore/_Public/11/543/11543720.pdf. 也发表在 *Environmental Quarterly*, Report EML-349 (Environmental Measurements Laboratory: New York, 1979)

---

20 De Geer et al. (note 19)。

20. "中国-20"（1976 年 10 月 17 日）

"中国-20"是中国第三次地下核试验。

21. "中国-21"（1976 年 11 月 17 日）

此次试验是迄今为止中国进行过的最大的热核试验，(n, γ)：(n, 2n) 反应比为 1.34±0.04，放射性烟云在爆后第八天进入瑞典领空[21]。11 月 26 日在 14km 高空处收集到异常强放射性的样品，对应于超过 10^{11} 次裂变，利用 γ 和 α 谱仪对该样品进行了一年多的详细研究。不过，直到 1977 年春，在地面上才发现了很少东西。此次试验并未发现热粒子，碎片基本上无分凝。在十分丰富的样品中，共识别和定量分析了 25 种裂变产物（不包括已识别核素的衰变子体）和 12 种活化产物。由于碎片未发生分凝，可进行质量数–产额曲线分析（图 B.3）。探测到的钴和锰同位素的比值，与钢铁在热核中子注量中的暴露辐照相一致。正如"中国-16"中用钇作为高能中子注量探测器一样。

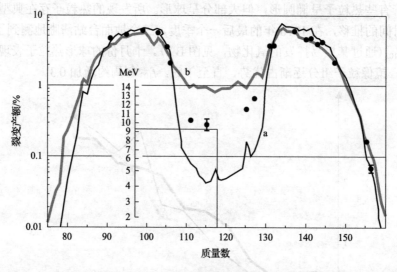

图 B.3　利用 1976 年 11 月 26 日采集样品测定的裂变产额

按照质量数-95 的产额为 5.07%，对图中的裂变产额（以百分比计）进行了归一化。大多数误差棒很小，以至于被隐藏于数据点背后。为比较起见，分别给出了 ^{238}U 与裂变中子(a)和 14MeV 中子(b)质量–产额曲线。插图比例尺反映了对称裂变产额随入射中子能量的函数变化。按照这个比例尺，"中国-21"试验中，诱发裂变的平均中子能量约为 9～10MeV，略高于"中国-11"。这可以被解释为，30%的裂变由 14MeV 中子诱发，70%的裂变由裂变谱中子诱发

资料来源: De Geer, L.-E. et al., *Particulate Radioactivity, Mainly from Nuclear Explosions, in Air and Precipitation in Sweden Mid-year 1975 to Mid-year 1977*, FOA report C 40089-T2（Al）（Försvarets Forskningsanstalt: Sundbyberg, Nov. 1978），http://www.iaea.org/inis/collection/NCLCollectionStore/_Public/11/543/11543720.pdf . 也发表在 *Environmental Quarterly*, Report EML-349（Environmental Measurements Laboratory: New York, 1979）

α 辐射测量显示存在 ^{238}Pu、^{239}Pu、^{240}Pu 和 ^{241}Am。惰层–助推器中通过吸收一个中子随后快速衰变而生成的 ^{239}Pu，可通过测量新鲜样品中的 ^{239}Np 活度测得。重要超铀元

---

21 De Geer et al.（note 19）。

素之间的这些关系，是瑞典国防研究机构考察在当时尚未充分领会的 Teller-Ulam 氢弹原理的重要思路。此外，由于有专家(例如，洛斯·阿拉莫斯实验室理论部门前主任 Carson Mark 和 20 世纪 70 年代劳伦斯·利弗莫尔实验室第一任主任 Herbert York)声称，从爆炸碎片有可能会推断出 Teller-Ulam 设计的基本原理，因此"中国-21"试验似乎为进行这样的尝试提供了一个很好的机会。

最初的思路(基于铀"扳机"的错误假设)十分有趣，足以使人产生类似于曾在首个苏联热核装置"Sloika(多层蛋糕)"有过的想法[22]。后来，当各种民用聚变计划开始披露热核过程的原理，以及某些武器试验报告在美国被意外解密，这个谜团开始得以澄清。随后便产生了 Mark 和 York 或许曾有过的两种想法，只不过这次是针对钚初级的假设[23]。

第一种想法是基于对"中国-21"试验的分析，分析表明，如果钚装料紧靠着热核燃烧区，那么源自扳机的残余 ^{239}Pu 将多于预期值。第二种想法则较为简单，且基于测得的很低的 ^{238}Pu：^{237}U 质量比(0.0002)。^{238}Pu 和 ^{237}U 均为主要燃料的(n, 2n) 反应产物，其截面曲线的形状相当相似，只不过在数量上相差 5 倍。倘若合理地假设扳机中的钚质量为 5kg，则可估算出 ^{238}U 惰层-助推器的质量为 5/(5×0.0002) = 5000kg，体积对应于 250L。这看起来太多，并提供了一个新指标，即扳机钚经历了比惰层-助推器少得多的聚变中子。最近文献指出，^{238}Pu 与 ^{237}U 的截面相差约 2.5 倍，而不是 5 倍，由于惰层-助推器的质量估值翻倍至 10t(0.5m^3)，从而强化了这一论点。

因此，上述两种想法均表明扳机是被分离放置，且可能与热核区进行了屏蔽。设法摆脱紧贴燃料模式是突破 Teller-Ulam 设计原理的关键，由此引发的思考很快促成了对辐射内爆的认知。不过，这一过程得益于爆炸时热核燃料发生极端压缩的事实。这种压缩可用中子注量和聚变产额作为参数进行相当简单的估算。

按照 1962 年公开的数据，代号"Mike"的首次热核试验爆炸中，通过助推器的中子注量大于 2mol/cm^2，压缩比估计达 100 量级，裂变弹可达到的压缩比较之黯然失色。很显然，这需要某些非同寻常的物理机制才能实现。事实上，早在 1955 年，当"Mike"试验碎片中发现超铀元素锿(原子序数为 99)和镄(原子序数为 100)被对外公开时，外界就应该认识到这一点。因为这些元素只有在极高中子注量条件下并通过 ^{238}U 多中子俘获及其衰变方可产生。

人们会有趣地注意到，当科学家正在斯德哥尔摩诺贝尔研究所开展加速器试验，即将制造出这些元素的某些轻同位素并设法解密其研究发现时，他们是如何充当了潜在的扩散者[24]。宣布首次发现某种新元素将会获得很高的学术声望，且有权被授予元素冠名，因此研究人员认为必须将其研究成果公开发表。据报道，尽管美国研究小组曾率先发现了 102 号元素，但后来当他们同意将其命名为锘时，虽然颇具骑士风度，但仍表现

---

22 详见第 7 章。

23 De Geer, L.-E., 'The radioactive signature of the hydrogen bomb', *Science & Global Security*, vol. 2, no. 4 (1991), pp. 351-363.

24 Hoffman, D. C., Ghiorso, A. and Seaborg, G. T., *The Transuranium People: The Inside Story* (Imperial College Press: London, 2000)。

出些许内疚。

22. "中国-22"（1977 年 9 月 17 日）

爆后 11～13 天，所有地面台站都首次发现了新鲜碎片的信号。许多相当长寿命的放射性核素仅略高于前一年"中国-21"核试验残存的本底。样品起初无分凝，10 月下旬，挥发性组分含量逐渐升高，表明此次爆炸发生在相当高的高空。(n, γ)：$(n, 2n)$ 反应比为 27 ± 3，证实试验的裂变特性。

23. "中国-23"（1978 年 3 月 15 日）

爆后 10～11 天，所有台站均首次探测到了此次试验的碎片。3 月 28 日，碎片收集飞机于 8km 高空处进行首次穿云取样。碎片存在严重分凝现象，富含挥发性质量链，分凝系数高达 13。试验必定发生了严重的近距离沉降，清除了碎片中进行远程输运的难熔性质量链，这也是近地爆炸的一个标志。(n, γ)：$(n, 2n)$ 反应比为 30 ± 5，与裂变装置相符。

24. "中国-24"（1978 年 3 月 15 日）

"中国-24"是中国第四次地下核试验。

25. "中国-25"（1978 年 12 月 14 日）

1978 年 12 月 18 日至 25 日，露置于地面的过滤器上首次出现了相当弱的新鲜裂变产物样品。样品中富含大量挥发性核素，这一点与之前在 3 月份进行的大气层试验中采集到的样品极为相似。

26. "中国-X"（1979 年 9 月 13 日）

"中国-X"是一次彻底失败的试验，瑞典国防研究机构并未将此次试验统计在内。试验中，降落伞未能打开。

27. "中国-26"（1980 年 10 月 16 日）

此次试验是中国进行的最后一次大气层核试验，距中国第一次核试验正好 16 年整。爆后第十天，在 14km 高空处首次探测到了试验碎片。次日，在同一高度处又采集到了最强的样品，放射性活度相当于 10^{10} 次裂变。样品显示混有各种裂变产物和活化产物，呈现出相当高威力的热核爆炸的典型特征。观测到的 (n, γ)：$(n, 2n)$ 反应比为 1.56 ± 0.03。样品几乎无分凝，与"中国-21"一样，也进行了"质量数-产额"分析（图 B.4）。有可供利用的较好的产额数据与测量数据进行比较，因此可推断出全部裂变事件中约 57% 为 ^{238}U 裂变谱中子诱发反应，30% 为 ^{238}U 高能中子诱发反应，13% 为 ^{239}Pu 裂变谱中子诱发反应。有意思的是，这与在"中国-21"中发现的裂变中子裂变与高能中子裂变的比值一致性较好。"中国-26"试验的最后一个细节是探测到了 ^{92m}Nb，^{92m}Nb 是稳定铌发生 $(n, 2n)$ 反应的一种产物。这最初被认为是一种注量探测器，但随后被重新解释为用铌作为铀中的一种稳定剂所致。2003 年，"中国-26"全谱分析被全面禁止核试验条约组织(Comprehensive Nuclear-Test-Ban Treaty Organization，CTBTO)实验室用作进行水平测试的一种基准[25]。

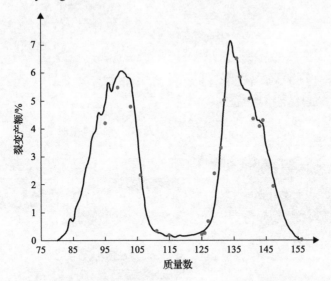

图 B.4　源自"中国-26"的链产额实验数据

将实验数据与采用 57%的 ^{238}U 快中子诱发裂变、30%的 ^{238}U 高能中子诱发裂变和 13%的 ^{239}Pu 快中子诱发裂变拟合所得的复合产额曲线进行比较。质量数 95、99 和 103 处的产额略低于拟合曲线，由于其主要元素为冷凝温度均非常高(介于 4000～5000℃)的锆、铌、钼、锝和钌，因此这可能是发生了轻微逆向分凝的一个标志

资料来源: De Geer, L.-E., Försvarets Forskningsanstalt (FOA), 1981

28. "中国-26"之后

直到 1996 年 7 月 29 日最后一次中国核试验，中国在竖井和平峒中又进行了 18 次地下核试验。"中国-26"之后的前 6 次地下试验主要是为了发展中子弹。有人认为，有 1 次试验(1990 年 5 月 26 日的"中国-34"，威力约 10kt)是由巴基斯坦或为巴基斯坦在罗布泊进行的试验，使用的是在"中国-4"中曾试验过的一个 12kt 装置的改进装置[26]。其他 11 次试验均旨在试验各种海基和陆基弹道导弹弹头，包括测试各种安全特性，例如测试初级中的钝感高能炸药。

25　Karhu, P. et al., 'Proficiency test for gamma spectroscopic analysis with a simulated fission product reference spectrum', *Applied Radiation and Isotopes*, vol. 64, nos 10-11 (2006), pp. 1334-1339。

26　Reed, T. C. and Stillman, D. B., *The Nuclear Express: A Political History of the Bomb and Its Proliferation* (Zenith Press: Minneapolis, MN, 2009)。

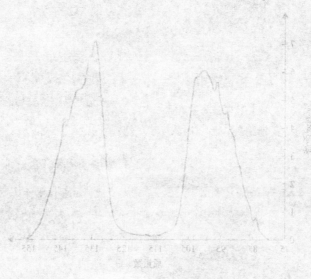